新工科建设之路·计算机类创新教材

Spring Boot 实用教程

（含实例视频教学）

（第4版）

郑阿奇　主　编
孟波波　吴刚祥　编　著

电子工业出版社
Publishing House of Electronics Industry
北京·BEIJING

内 容 简 介

Spring Boot 是目前 Java 编程开发 Web 应用的最流行的方法之一。本书是《JavaEE 基础实用教程》和《JavaEE 实用教程》的升级版，由于 JavaEE 这个名称目前已经不太流行，所以直接称为"Spring Boot"。本书内容包括 HTML 5 基础和 Spring Boot 环境、Spring Boot 开发入门、Thymeleaf 模板引擎、Spring Boot 核心编程与开发技术、Spring Boot 数据库开发、Spring Boot 安全框架、REST 风格接口开发、Spring Boot 其他功能和 Spring Boot 综合应用。

为了让读者能够解决实际应用问题，知识点相关实例尽可能选择网络商城各子功能，但它们是独立的，"Spring Boot 综合应用"一章比较系统地介绍了网络商城的基本功能，将前面各部分内容有机结合在一起，同时覆盖了 Spring Boot 的主要内容。

本书包括教程、习题、实验和综合应用，配有教学课件、教程实例和综合应用工程源文件，同时提供相关数据库，需要者可在华信教育资源网上免费下载。本书是目前国内不多见的系统介绍 Spring Boot 的教材。

本书可作为大学本科和高职学校有关专业的教材，也可以供自学和培训使用。

未经许可，不得以任何方式复制或抄袭本书之部分或全部内容。
版权所有，侵权必究。

图书在版编目（CIP）数据

Spring Boot 实用教程：含实例视频教学 / 郑阿奇主编. —4 版. —北京：电子工业出版社，2022.12
ISBN 978-7-121-44679-5

Ⅰ．①S… Ⅱ．①郑… Ⅲ．①JAVA 语言－程序设计－高等学校－教材 Ⅳ．①TP312.8

中国版本图书馆 CIP 数据核字（2022）第 238074 号

责任编辑：白　楠　　特约编辑：王　纲
印　　刷：三河市君旺印务有限公司
装　　订：三河市君旺印务有限公司
出版发行：电子工业出版社
　　　　　北京市海淀区万寿路 173 信箱　邮编　100036
开　　本：787×1092　1/16　印张：22.5　字数：648 千字
版　　次：2009 年 1 月第 1 版
　　　　　2022 年 12 月第 4 版
印　　次：2025 年 2 月第 5 次印刷
定　　价：66.50 元

凡所购买电子工业出版社图书有缺损问题，请向购买书店调换。若书店售缺，请与本社发行部联系，联系及邮购电话：（010）88254888，88258888。

质量投诉请发邮件至 zlts@phei.com.cn，盗版侵权举报请发邮件至 dbqq@phei.com.cn。
本书咨询联系方式：（010）88254592，bain@phei.com.cn。

前　言

Java 是目前最流行的编程语言之一，为了规范引导 Java 的发展，出现了 JavaEE，包含 Struts、Hibernate 和 Spring 等，是 Sun 公司（2009 年被 Oracle 公司收购）为企业级应用推出的标准平台，用来开发 B/S 架构软件。2009 年，为了方便教学，我们推出了《JavaEE 基础实用教程》和《JavaEE 实用教程》。此后又一直跟踪 JavaEE 的发展，先后推出了第 2 版和第 3 版。

但随着 Java 开发技术的发展，目前企业开发直接使用 JDK 及 Maven 等管理第三方的 JAR 包来实现功能，常用的 JavaEE 规范只充当了一个程序的入口。

Spring Boot 是 2013 年由 Pivotal 团队提供的全新框架，其设计目的是简化新 Spring 应用的初始搭建及开发过程。2014 年 4 月，全新开源的第一个 Spring Boot 版本发布，称为 Spring Boot 1.x，它基于 Spring 4.0 进行了全面优化。2018 年 3 月，Spring Boot 2.0 发布，它是基于 Spring 5.0 开发的，支持 Java 8、Java 9 及 Quartz，调度程序大大简化了安全自动配置，还支持嵌入式 Netty，目前版本为 Spring Boot 2.x。

目前市场上介绍 Spring Boot 的书不少，但适合初学者学习的教材很少。

本书内容包括 HTML 5 基础和 Spring Boot 环境、Spring Boot 开发入门、Thymeleaf 模板引擎、Spring Boot 核心编程与开发技术、Spring Boot 数据库开发、Spring Boot 安全框架、REST 风格接口开发、Spring Boot 其他功能和 Spring Boot 综合应用，系统介绍 Spring Boot 2.x 及其应用开发，是目前国内不多见的系统介绍 Spring Boot 的教材。

如今，网络商城非常流行，它涉及的数据库表功能丰富。为了让读者能够解决实际应用问题，本书知识点相关实例尽可能选择网络商城各子功能，但它们是独立的。同时，以已经介绍的实例作为入口介绍新知识。"Spring Boot 综合应用"一章比较系统地介绍了网络商城的基本功能，将前面各部分内容有机组合在一起，同时覆盖了 Spring Boot 的主要内容。

本书包括教程、习题、实验和综合应用，配有教学课件、教程实例和综合应用工程源文件，同时提供相关数据库。需要的读者可以到电子工业出版社华信教育资源网上免费下载。

本书由南京师范大学郑阿奇主编，江苏南大先腾信息产业股份有限公司孟波波、苏州大学吴刚祥编著。

由于编者水平有限，书中难免存在不妥之处，敬请广大师生、读者批评指正。

编　者

本书视频目录

序号	位置	内容
1	第1章	本章视频内容简介
2	1.1.3	【实例1.2】介绍超链接标签、HTML文件的基本结构
3	1.1.3	【实例1.4】介绍表格标签应用
4	1.1.4	【实例1.5】介绍表单标签应用
5	1.1.5	【实例1.7】介绍CSS，包括内联样式、内部样式和外部样式
6	1.1.6	【实例1.8】和【实例1.9】，介绍通过画布标签对图像及图形的处理
7	1.3	结合图1.12介绍Spring Boot开发环境的构成
8	第2章	本章视频内容简介
9	2.1.1	【实例2.1】，包括项目创建、配置及Spring Boot版本、项目结构、Starter依赖添加与检索
10	2.1.2	结合【实例2.1】程序介绍MVC思想及其在Spring Boot中的实现
11	2.1.2	结合【实例2.1】程序介绍JavaEE三层架构原理及其在Spring Boot中的实现
12	2.1.3	【实例2.2】系统介绍各种URL请求参数传递方式及不同写法
13	2.3	结合【实例2.1】和【实例2.2】，归纳总结各类注解的作用
14	2.4.1	结合【实例2.4】和【实例2.5】，讲解两种格式的配置文件及三种不同读取方式
15	2.4.4	【实例2.6】，用配置文件切换"商品管理"和"商品浏览"两种用户环境，演示项目打包部署运行的步骤
16	第3章	本章视频内容简介
17	3.2.2-3	【实例3.1】介绍表单输入提交的特性
18	3.2.2-5	【实例3.1】介绍条件判断标签的应用
19	3.2.2-6	【实例3.1】介绍字符串处理应用
20	3.3.1	【实例3.2】介绍Hibernate Validator验证器的应用
21	3.3.2	【实例3.3】介绍页面国际化原理及应用
22	3.3.3	【实例3.4】介绍Thymeleaf与Bootstrap结合开发一个商品详细信息展示页
23	第4章	本章视频内容简介
24	4.1.1	以【实例4.1】程序引入容器、依赖注入的概念
25	4.1.2	比较【实例4.2】与【实例4.3】，介绍两种依赖注入方式
26	4.2.2	【实例4.5】介绍拦截器拦截主页，防止未登录用户非法访问
27	4.3.2	【实例4.6】介绍文件（商品图片）的上传与下载
28	4.4.1-1	比较【实例4.7】与【实例4.8】，阐明为何要使用AOP及代理类的作用
29	4.4.1-2	比较【实例4.8】与【实例4.9】，介绍从静态代理到动态代理的演变
30	4.4.1-3	比较【实例4.9】与【实例4.10】，介绍从用户自己开发代理到由框架内置实现代理的AOP功能演变
31	第5章	本章视频内容简介
32	5.1	介绍常用持久层框架及作用
33	5.2.4	【实例5.1】介绍MyBatis应用
34	5.3.1	介绍JPA原理及使用方法

续表

序号	位置	内容
35	5.3.2	【实例5.2】、【实例5.3】、【实例5.4】分别介绍JPA实现"一对一""一对多"和"多对多"的关联关系
36	5.4.1-3	【实例5.5】介绍模板操作Redis
37	5.4.1-4	【实例5.6】介绍缓存注解操作Redis
38	5.4.2-3	【实例5.7】介绍模板操作MongoDB
39	5.4.2-4	【实例5.8】介绍JPA操作MongoDB
40	第6章	本章视频内容简介
41	6.1.2	概述Spring Security安全应用架构
42	6.4-5	【实例6.1】介绍安全项目的创建过程
43	6.4-6	【实例6.1】介绍Spring Security框架中用户认证信息的存储与获取
44	6.4-7	【实例6.1】介绍安全处理方法及安全策略的定义规则
45	第7章	本章视频内容简介
46	7.2.2	【实例7.1】介绍用控制器注解开发REST接口，介绍Postman调试工具的安装和使用，并演示用它来测试接口
47	7.3	【实例7.2】介绍用Spring Data REST开发REST接口及测试的过程
48	第8章	本章视频内容简介
49	8.1	介绍异步消息模型及中间件的概念，比较ActiveMQ与RabbitMQ两种主流中间件
50	8.1	异步消息程序设计及运行演示（比较【实例8.1】与【实例8.2】的代码）
51	8.2.1	介绍Reactor（反应器）模型和WebFlux框架
52	8.2.2	【实例8.3】用WebFlux编程操作MongoDB，读取其中的销售详情记录
53	第9章	本章视频内容简介
54	9.1.2	介绍网站开发中Bootstrap模板的应用
55	9.2	实现分类显示商品信息功能，重点介绍MyBatis框架PageHelper分页插件的应用
56	9.3	实现用户角色控制功能，重点介绍Java接口编程、Thymeleaf条件判断th:if/th:unless标签的灵活运用
57	9.4	实现增加新商品功能，重点介绍JPA框架实现"一对一"关联、Apache Commons FileUpload文件上传应用
58	9.5	实现加入购物车和结算功能，重点介绍MyBatis执行存储过程、@Transactional事务应用
59	9.6	实现买家留言功能，演示在同一个项目中的异步消息应用
60	9.7	实现活跃用户刷新功能，演示AOP操作数据库的效果

目 录

第一部分 实用教程

第1章 HTML 5 基础和 Spring Boot 环境 ……… 1
1.1 HTML ……… 1
  1.1.1 基本结构 ……… 1
  1.1.2 基础内容 ……… 3
  1.1.3 常用标签 ……… 5
  1.1.4 表单标签 ……… 10
  1.1.5 CSS ……… 15
  1.1.6 画布标签 ……… 17
  1.1.7 高级功能 ……… 19
1.2 Spring Boot 概述 ……… 20
  1.2.1 JavaEE、Spring、Spring Boot 和 Spring Cloud ……… 20
  1.2.2 Spring Boot 的特点 ……… 22
1.3 Spring Boot 开发环境创建 ……… 22
  1.3.1 安装 JDK ……… 23
  1.3.2 安装 Maven ……… 24
  1.3.3 安装 IDEA ……… 25
1.4 Spring Boot 开发模式 ……… 33
  1.4.1 MVC 模式 ……… 33
  1.4.2 三层架构 ……… 34

第2章 Spring Boot 开发入门 ……… 36
2.1 从开发典型实例说起 ……… 36
  2.1.1 从登录功能说起 ……… 36
  2.1.2 分层设计 ……… 38
  2.1.3 URL 请求参数传递 ……… 48
  2.1.4 项目打包部署 ……… 52
2.2 Spring Boot 项目结构 ……… 55
2.3 Spring Boot 注解 ……… 58
  2.3.1 入口类注解 ……… 58
  2.3.2 常用注解 ……… 60
  2.3.3 其他注解 ……… 63
2.4 Spring Boot 配置 ……… 64
  2.4.1 配置文件的读取方式 ……… 64
  2.4.2 Properties 配置 ……… 67
  2.4.3 YAML 配置 ……… 68
  2.4.4 多环境配置与切换 ……… 74
2.5 Spring Boot 的 Starter ……… 83
  2.5.1 常用 Starter ……… 84
  2.5.2 其他官方及第三方 Starter ……… 85

第3章 Thymeleaf 模板引擎 ……… 87
3.1 Thymeleaf 简介 ……… 87
3.2 Thymeleaf 基础知识 ……… 87
  3.2.1 创建演示项目框架 ……… 88
  3.2.2 Thymeleaf 常用标签对象 ……… 90
3.3 Thymeleaf 应用进阶 ……… 103
  3.3.1 内置验证器 ……… 103
  3.3.2 页面国际化 ……… 109
  3.3.3 与 Bootstrap 结合 ……… 116

第4章 Spring Boot 核心编程与开发技术 ……… 121
4.1 IoC 机制与组件管理 ……… 121
  4.1.1 容器与依赖注入的概念 ……… 121
  4.1.2 依赖注入的方式 ……… 125
  4.1.3 组件管理 ……… 140
4.2 Spring Boot 拦截器 ……… 145
  4.2.1 原理与机制 ……… 145
  4.2.2 应用举例 ……… 145
4.3 文件上传与下载 ……… 150
  4.3.1 文件操作机制 ……… 150
  4.3.2 应用举例 ……… 151
4.4 Spring AOP ……… 156
  4.4.1 AOP 基本概念与实现 ……… 156
  4.4.2 AOP 应用举例 ……… 168

第5章 Spring Boot 数据库开发 ……… 172
5.1 数据库与持久层框架 ……… 172

5.2 MyBatis 开发基础 …………………… 173
　5.2.1 MyBatis 简介 …………………… 173
　5.2.2 MyBatis 原理 …………………… 173
　5.2.3 MyBatis 注解 …………………… 174
　5.2.4 MyBatis 应用实例 ……………… 175
5.3 JPA 开发基础 …………………………… 184
　5.3.1 JPA 简介 ………………………… 184
　5.3.2 JPA 实现"一对一"关联 …… 184
　5.3.3 JPA 实现"一对多"关联 …… 189
　5.3.4 JPA 实现"多对多"关联 …… 193
5.4 NoSQL 开发基础 ……………………… 197
　5.4.1 Redis 开发入门与应用 ………… 197
　5.4.2 MongoDB 开发入门与应用 … 213
5.5 数据库事务应用 ……………………… 227
　5.5.1 @Transactional 注解 ………… 227
　5.5.2 事务应用举例 ………………… 228

第 6 章 Spring Boot 安全框架 …………… 233
6.1 Spring Security 基础 ………………… 233
　6.1.1 Spring Security 简介 …………… 233
　6.1.2 Spring Security 安全应用架构 … 233
6.2 用户认证 ……………………………… 234
　6.2.1 安全框架中的用户 …………… 234
　6.2.2 认证信息的获取 ……………… 235
6.3 请求授权 ……………………………… 235
6.4 安全应用实例 ………………………… 236

第 7 章 REST 风格接口开发 …………… 248
7.1 REST 接口概述 ……………………… 248
　7.1.1 REST 简介 ……………………… 248
　7.1.2 Postman 接口调试工具 ……… 250
7.2 控制器注解开发 REST 接口 ………… 252
　7.2.1 开发实例 ……………………… 252
　7.2.2 测试接口 ……………………… 255
7.3 Spring Data REST 开发 REST 接口 … 257
　7.3.1 开发实例 ……………………… 257
　7.3.2 测试接口 ……………………… 258

第 8 章 Spring Boot 其他功能 …………… 262
8.1 异步消息 ……………………………… 262
　8.1.1 异步消息模型及中间件 ……… 262
　8.1.2 ActiveMQ 实现异步消息 …… 265

　8.1.3 RabbitMQ 实现异步消息 …… 274
8.2 响应式编程 …………………………… 284
　8.2.1 响应式编程概述 ……………… 284
　8.2.2 响应式编程举例 ……………… 286

第 9 章 Spring Boot 综合应用 …………… 291
9.1 创建网上商城项目 …………………… 291
　9.1.1 创建 Spring Boot 项目 ………… 291
　9.1.2 应用 Bootstrap ………………… 293
9.2 首页——分类显示商品信息 ………… 297
　9.2.1 展示效果 ……………………… 297
　9.2.2 涉及知识点 …………………… 298
　9.2.3 设计模型 ……………………… 299
　9.2.4 持久层开发 …………………… 300
　9.2.5 表示层开发 …………………… 300
9.3 登录/注销、注册——用户角色
　　控制 …………………………………… 304
　9.3.1 展示效果 ……………………… 304
　9.3.2 涉及知识点 …………………… 305
　9.3.3 设计模型与实体 ……………… 305
　9.3.4 持久层开发 …………………… 309
　9.3.5 业务层开发 …………………… 309
　9.3.6 表示层开发 …………………… 310
　9.3.7 用户注册 ……………………… 314
9.4 商品管理页——增加新商品 ………… 319
　9.4.1 展示效果 ……………………… 319
　9.4.2 涉及知识点 …………………… 320
　9.4.3 持久层开发 …………………… 320
　9.4.4 表示层开发 …………………… 321
　9.4.5 运行 …………………………… 329
9.5 购物车页——加入购物车和结算 …… 330
　9.5.1 展示效果 ……………………… 330
　9.5.2 涉及知识点 …………………… 331
　9.5.3 设计模型 ……………………… 331
　9.5.4 持久层开发 …………………… 332
　9.5.5 业务层开发 …………………… 333
　9.5.6 表示层开发 …………………… 334
　9.5.7 运行 …………………………… 339
9.6 买家留言 ……………………………… 341
　9.6.1 展示效果 ……………………… 341

  9.6.2 实现方式——RabbitMQ ……… 341

  9.6.3 编程开发 …………………… 341

 9.7 活跃用户刷新 …………………… 344

  9.7.1 功能描述 …………………… 344

  9.7.2 实现方式——Spring AOP …… 344

  9.7.3 编程开发 …………………… 345

第二部分   网络文档

习题及参考答案部分 ………………… 349

实验部分 …………………………… 350

综合应用实习 ………………………… 351

第一部分 实用教程

第 1 章 HTML 5 基础和 Spring Boot 环境

网页开发包括前端开发和后端开发。传统的前端开发包括 HTML（描述网页结构）+CSS（描述样式）+JavaScript（描述行为脚本）。但完全用 HTML+CSS 描述网页比较烦琐，可以借助 Bootstrap 前端开发的开源 CSS/HTML 框架工具包进行开发，只需要写 HTML 标签调用它的类就可以快速设计丰富、优美的网页。JavaEE 是 Java Web 程序的传统后端开发方式，而 Spring Boot 是目前主流的 JavaEE 开发方式。

▶第 1 章视频提纲

1.1 HTML

HTML 产生于 1990 年，是超文本标记语言（Hyper Text Markup Language），用于描述网页文档。随着功能不断完善、版本不断升级，1997 年 HTML 4 成为了互联网标准，并广泛应用于互联网应用的开发。2000 年年底，国际 W3C 组织公布了 XHTML 1.0 版本。XHTML 1.0 是基于 HTML 4.01 的，并没有引入任何新标签或属性，唯一的区别是语法，HTML 语法不太严谨，而 XHTML 要求与 XML 类似的严格语法。此后经过不断努力，于 2008 年发布了 HTML 5。HTML 5 是用于取代 HTML 4.01 和 XHTML 1.0 标准的 HTML 标准版本，强化了 Web 网页的表现性能，追加了本地数据库等 Web 应用的功能。2014 年 10 月，W3C 组织宣布 HTML 5 标准规范终于定稿。

HTML 5 是专门为承载丰富的 Web 内容而设计的，并且不，需要额外的插件。它拥有新的语义、图形及多媒体元素，提供的新元素和新 API 简化了 Web 应用程序的搭建，可在不同类型的硬件（PC、平板、手机、电视等）平台上运行。用户在浏览器中进行网页浏览时，HTML 5 将 HTML 等描述的网页转换成可阅读的信息。

下面先来介绍 HTML 文件的基本结构及用法。

1.1.1 基本结构

HTML 文件的基本结构如图 1.1 所示。
说明：
（1）<html>标签：HTML 标签。

```
<html>
  <head>
      文档头部分
  </head>
  <body>
      文档主体部分
  </body>
</html>
```

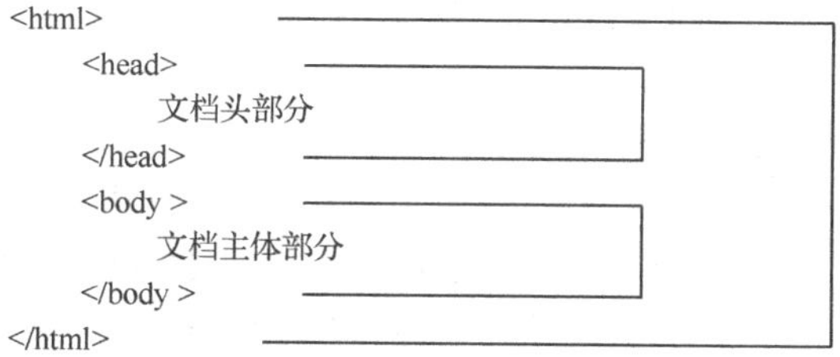

图 1.1　HTML 文件的基本结构

<html>表示文档内容开始标签，</html>是结束标签。其他所有的 HTML 代码都位于这两个标签之间。浏览器将该标签中的内容视为一个 Web 文档，按照 HTML 规则对文档内的标签进行解释。

（2）<head>标签：首部标签，描述文档头。

首部标签中提供与网页有关的各种信息，这些信息首先向浏览器提供，但不作为文档内容提交。

（3）<body>标签：正文标签，描述网页的主体。

【实例 1.1】 第一个简单网页。

打开 Windows 附件"记事本"程序，输入下列内容：

```
<html>
<head>
<title>第一个 HTML 网页</title>
</head>
<body>
下面是南京师范大学图片：<p>
<img src="image\nnu.jpg"><p>
下面是南京师范大学文字超链接：<p>
<a href="http://www.nnu.edu.cn/"><b>南京师范大学</b></a>
</body>
</html>
```

说明：

（1）文档头部分有<title>网页标题标签，文档主体部分有<img>图片标签、<p>换行标签、<a>文字超链接标签、<b>加粗标签。

（2）在当前网页文件目录下，image 子目录包含 nnu.jpg 图片。

保存上面的纯文本网页内容为文本文件 mytest1，文件扩展名为 html。

双击 mytest1.html 文件（或者用浏览器打开该文件），系统显示网页如图 1.2 所示。

图 1.2　第一个 HTML 网页

单击"南京师范大学"超链接，跳转到 http://www.nnu.edu.cn 网页。

1. <HTML>类型和标签

1）<!DOCTYPE>声明

<!DOCTYPE>声明不是 HTML 标签，它是指示 Web 浏览器关于页面使用哪个 HTML 版本进行编写的指令。

在 HTML 4.01 中，<!DOCTYPE>声明引用 DTD，因为 HTML 4.01 基于 SGML。DTD 规定了标签语言的规则，这样浏览器才能正确地呈现内容。

对于 HTML 4.01 Frameset，<!DOCTYPE>声明如下：

```
<!DOCTYPE HTML PUBLIC "-//W3C//DTD HTML 4.01 Frameset//EN"
"http://www.w3.org/TR/html4/frameset.dtd">
```

HTML 5 不基于 SGML，所以不需要引用 DTD，只需要简单描述如下：

```
<!DOCTYPE html>
```
<!DOCTYPE>声明必须处于 HTML 文档的第一行,位于<html>标签之前。如省略,浏览器将按照默认规范解释。

2)<html>标签

常用属性:

lang=值("en",…):"en"表示语言为英文。

xmlns=键值对:定义 XML 命名空间属性。

例如:

```
<html lang="en" xmlns: th="http://
```
定义 th 符号对应 URL=http://www.thymeleaf.org 位置的命名空间 XML 文件描述功能。这样,在网页的主体中可以通过 th 符号引用 Thymeleaf 模板功能。

2. 首部标签

首部标签<head>中提供与网页有关的各种信息,这些信息首先向浏览器提供,但不作为文档内容提交。作为容器,可包含下列标签。

(1)<title>标签:定义网页的标题。

(2)<style>标签:定义文档内容样式表。样式会在本章后面专门介绍。

(3)<script>标签:插入脚本语言程序。

(4)<meta>标签:描述网页信息。

<meta>标签提供 HTML 文档的元数据。元数据用于设置页面的描述(description)、关键词(keywords)、文档的作者(author)、最后修改时间等。元数据可用于浏览器(如何显示内容或重新加载页面)、搜索引擎(关键词)或其他 Web 服务。

<meta>标签属性如下。

● content:定义与 http-equiv 或 name 属性相关的元信息。

● name:把 content 属性关联到一个名称,可选择的规范名称有 author、description、keywords 等。

● http-equiv:把 content 属性关联到 HTTP 头部。

例如:

```
<meta name="description" content="Free Web tutorials on HTML, CSS, XML" />
<meta name="keywords" content="HTML, CSS, XML" />
<meta charset="UTF-8">
```
一些搜索引擎会利用 meta 元素的 name 和 content 属性来索引页面。

3. 正文标签

正文标签<body>描述网页的主体。正文标签之间的内容均会反映在页面上,主要包括文字、图形、图片、声音、视频、超链接等。格式如下:

```
<body 属性="值"…事件="执行的程序"…>…</body>
```
常用属性包括设置文档的文本、背景、链接等,但实际上一般用样式取代。

<body>标签事件很多,下面介绍两个。

● onload:页面加载完成之后触发。

● onunload:浏览器窗口被关闭时触发。

1.1.2 基础内容

HTML 中常用下列描述。

1. 颜色

许多标签用到了颜色属性，颜色值一般用颜色名称或十六进制数值来表示。

（1）使用颜色名称来表示。例如，红色、绿色和蓝色分别用 red、green 和 blue 表示。

（2）使用十六进制数值#RRGGBB 来表示，RR、GG 和 BB 分别表示红、绿、蓝三原色的十六进制数值。例如，红色、绿色和蓝色分别用#FF0000、#00FF00 和#0000FF 表示。

（3）使用 rgb(x,x,x)表示。例如，#FF0000 颜色可以表示成 rgb(255,0,0)。

所有现代浏览器均支持 140 种颜色名称，表 1.1 列出了 16 种标准颜色的名称及十六进制数值。

表 1.1　16 种标准颜色的名称及十六进制数值

颜色	名　称	十六进制数值	颜色	名　称	十六进制数值
淡蓝	aqua(cyan)	#00FFFF	海蓝	navy	#000080
黑	black	#000000	橄榄色	olive	#808000
蓝	blue	#0000FF	紫	purple	#800080
紫红	fuchsia(magenta)	#FF00FF	红	red	#FF0000
灰	gray	#808080	银色	silver	#C0C0C0
绿	green	#008000	淡青	teal	#008080
橙	lime	#00FF00	白	white	#FFFFFF
褐红	maroon	#800000	黄	yellow	#FFFF00

2. 字符实体

有些字符在 HTML 里有特别的含义，比如<和>就表示 HTML 描述标签，如果希望在网页中显示，就会涉及 HTML 字符实体。

一个字符实体以&符号打头，后跟实体名字，或者是#加上实体编号，最后是一个分号。最常用的字符实体如表 1.2 所示。

表 1.2　最常用的字符实体

显示结果	说　明	实体名	实体号
	显示一个空格		
<	小于	&lt;	&#60;
>	大于	&gt;	&#62;
&	&符号	&amp;	&#38;
"	双引号	&quot;	&#34;
©	版权	&copy;	&#169;
®	注册商标	&reg;	&#174;
×	乘号	&times;	&#215;
÷	除号	&divide;	&#247;

注意： 并不是所有的浏览器都支持最新的字符实体名字。而字符实体编号，各种浏览器都能处理。字符实体是区分大小写的。更多字符实体请参见 ISO Latin-1 字符集。

3. HTML 公共属性

HTML 公共属性可以给元素添加附加信息，以"属性名="属性值""成对出现。属性值应该始终包括在引号内（单引号或双引号），HTML 对大小写不敏感，所以属性和属性值也不区分大小写。

大多数元素的属性及意义如下。

（1）class：为 HTML 元素定义一个或多个类名，类名不唯一，可以重复使用。

（2）id：定义元素的唯一 ID，其值在一个页面中必须是唯一的，不能重复使用。

（3）style：规定元素的行内样式。

（4）title：描述元素的额外信息。鼠标指向该元素的时候，会显示属性值。主要用在网站优化中。

（5）lang：规定元素内容的语言。

4．常用事件

事件处理描述是一个或一系列以分号隔开的 JavaScript 表达式、方法和函数调用，并用引号引起来。当事件发生时，浏览器会执行这些代码。

事件包括窗口事件、表单及其元素事件、键盘事件、鼠标事件。

1.1.3 常用标签

1．常用标签

（1）<h1>到<h6>标签：定义内容标题。

<h1>定义最大字号的标题，<h6>定义最小字号的标题。

（2）<p>标签：定义段落。

（3）
标签：插入一个简单的换行符。

（4）<!-- -->标签：插入注释。

（5）<hr>标签：定义水平线。

常用属性如下。

align：水平对齐方式。

color：线的颜色。

size：线的宽度（以像素为单位）。

width：线的长度（像素或占页面宽度的百分数）。

noshade：一条无阴影的实线。

（6）<font>标签：定义字体、字号和颜色等。

常用属性如下。

face：字体名表。

size：字号值。

color：字体的颜色。

2．超链接标签

▶超链接标签

超链接标签<a>用于链接到当前页面的指定位置、本网站中的一个页面或者 Internet 上的另一页面。在所有浏览器中，未被访问的链接带有下画线并且是蓝色的，已被访问的链接带有下画线并且是紫色的，活动链接带有下画线并且是红色的。可使用 CSS 来设置链接的样式。

常用属性如下。

● href：链接指向的页面的 URL。

如果链接到本网站中的一个页面，则以当前页面文件所在的目录作为当前目录，描述另一个页面文件所在的路径和文件名。如果链接到 Internet 上的一个页面，则描述网址虚拟根目录、路径和文件名。如果链接到本网页的指定位置，则需要指定位置书签标记（#书签符号）。

- rel:定义当前文档与被链接文档之间的关系(text)。
- target=值:定义在何处打开链接文档。取值既可以是窗口或框架的名称,也可以是如下保留字。

_blank:响应显示在新窗口或选项卡中。
_self:响应显示在当前窗口中。
_parent:响应显示在父框架中。
_top:响应显示在窗口的整个 body 中。
framename:响应显示在命名的 iframe 中。

被链接页面通常显示在当前浏览器窗口中,除非规定了另一个目标(target 属性)。

另外,可以使用图像标签<img>作为超链接。

【实例 1.2】 链接到本网站另一页面和 Internet 网页。

输入如下 HTML 代码,保存为 mytest_a1.html。

```html
<html>
<body>
<a href="mytest_a2.html">链接到本网站的另一网页</a>
<p>本网页的内容 1</p>
<a href="http://www.microsoft.com/">链接 Microsoft 主页</a>
<p>本网页的内容 2</p>
</body>
</html>
```

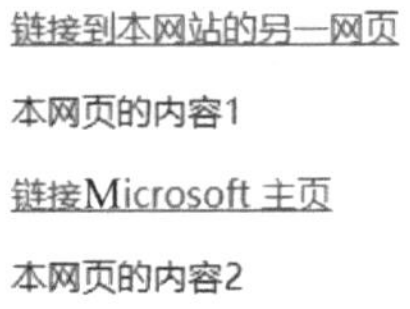

双击该文件会看到如图 1.3 所示的超链接。

单击"链接 Microsoft 主页",浏览器显示微软网站主页。单击"链接到本网站的另一网页",浏览器显示 mytest_a2.html 网页。

图 1.3 超链接

【实例 1.3】 链接到本网页的另一位置。

输入如下 HTML 代码,保存为 mytest_a2.html。

浏览结果如图 1.4(a)所示。单击"查看第 9 章",此时浏览器上第 9 章的内容就会包含在显示的内容中,如图 1.4(b)所示。

```html
<html>
<body>
<p>
<a href="#C9">查看第 9 章</a>
</p>
<h2>第 1 章</h2>
<p>第 1 章详细内容</p>
<h2>第 2 章</h2>
<p>第 2 章详细内容</p>
<h2>第 3 章</h2>
<p>第 3 章详细内容</p>
<h2>第 4 章</a></h2>
<p>第 4 章详细内容</p>
<h2>第 5 章</h2>
<p>第 5 章详细内容</p>
<h2>第 6 章</h2>
<p>第 6 章详细内容</p>
<h2>第 7 章</h2>
<p>第 7 章详细内容</p>
```

图 1.4 链接到本网页的另一位置

```
<h2>第 8 章</h2>
<p>第 8 章详细内容</p>
<h2><a name="C9">第 9 章</a></h2>
<p>第 9 章详细内容</p>
<h2>第 10 章</h2>
<p>第 10 章详细内容</p>
</body>
</html>
```

3. 区域和块标签

<div>标签定义文档中的节、一行或多行区域,是用于组合 HTML 元素的容器,包含的内容可以不在一行,可以设置元素的宽、高。在该标签后会自动换行。

<span>标签定义文档一行中的小块或区域,可用作文本的容器,不可设置宽、高,超过最大限度才换行。

<div>标签和<span>标签通过 class 和 style 属性设置样式,<div>标签还可使用表格定义布局。

例如:

```
<body>
<div>div 内容 1</div>
<div>div 内容 2</div>
<span>span 内容 1</span>
<span>span 内容 2</span>
</body>
```

结果:

```
div 内容 1
div 内容 2
span 内容 1 span 内容 2
```

4. 多媒体标签

网页上除了可以显示文本,还可以用下列标签描述多媒体信息。

(1) <img>标签:在网页中嵌入一幅图像。

常用属性如下。

- src=值 (URL):设置显示图像的 URL。
- alt=值 (text):设置图像的代替文本。
- align=值:设置图像与文本在垂直方向上的对齐方式,取值为 top、middle、bottom。当在图像左右绕排文本时,align 属性取值为 left、right。
- border:设置图像周围的边框(像素)。
- height:设置图像显示的高度(像素或百分比)。
- hspace:设置图像左侧和右侧的空白(像素)。
- vspace:设置图像顶部和底部的空白(像素)。
- width:设置图像显示的宽度(像素或百分比)。

(2) <audio>标签:播放声音文件或音频流。属性如下。

- autoplay=值 (autoplay):如果包含该属性,则音频就绪后马上播放。
- controls=值 (controls):如果包含该属性,则向用户显示控件,比如播放按钮。
- loop=值 (loop):如果包含该属性,则每当音频结束时重新开始播放。
- muted=值 (muted):静音。
- preload=值 (preload):如果包含该属性,则音频在页面加载时进行加载,并预备播放。如果包含"autoplay"属性,则忽略该属性。
- src=值(URL):设置要播放的音频的URL。

(3) <video>标签:设置视频显示的标准方式。属性如下。
- autoplay=值(autoplay):如果包含该属性,则视频就绪后马上播放。
- controls=值(controls):如果包含该属性,则向用户显示控件,比如播放按钮。
- height=值(pixels):设置视频播放器的高度(像素)。
- loop=值(loop):如果包含该属性,则当视频完成播放后再次开始播放。
- preload=值(preload):如果包含该属性,则视频在页面加载时进行加载,并预备播放。如果包含"autoplay"属性,则忽略该属性。
- src=值(URL):设置要播放的视频的URL。
- width=值(pixels):设置视频播放器的宽度(像素)。

5. 表格标签

▶表格标签

表格由表头、行和单元格组成,常用于组织和显示信息,还可以用于安排页面布局。用<table>标签定义表格;表格中的每一行用<tr>标签来表示,行中的单元格用<td>或<th>标签定义。其中<th>标签定义表格的列标题单元格,表格的标题说明则用<caption>标签来定义。定义表格的格式图解,如图1.5所示。

1) <table>标签属性

<table>标签属性如下。
- align:表格的对齐方式(left、center、right)。
- background:表格背景图片的URL。
- bgcolor:表格的背景颜色。
- border:表格边框的宽度(像素),默认值为0。
- bordercolor:表格边框的颜色,border不为0时起作用。
- bordercolordark:三维边框的阴影颜色,border不为0时起作用。
- bordercolorlight:三维边框的高亮显示颜色,border不为0时起作用。
- cellpandding:单元格内数据与单元格边框之间的距离(像素)。
- width:表格的宽度(像素或百分比)。

2) <caption>标签:表格的标题

<caption>标签必须直接放置到<table>标签之后。

属性align=值(left、right、top、bottom):设置标题的对齐方式。

3) <tr>标签属性

<tr>标签属性如下。
- align:行中单元格的水平对齐方式(left、center、right)。
- background:行的背景图片的URL。
- bgcolor:行的背景颜色。
- bordercolor:行的边框颜色,只有当table标签的border不为0时起作用。
- bordercolordark:行的三维边框的阴影颜色,只有当table标签的border不为0时起作用。
- bordercolorlight:行的三维边框的高亮显示颜色,只有当table标签的border不为0时起作用。
- valign:行中单元格内容的垂直对齐方式(top、middle、bottom、baseline)。

4) <td>和<th>标签属性

<td>和<th>标签的属性如下。
- align:行中单元格的水平对齐方式。

- background:单元格的背景图片的URL。
- bgcolor:单元格的背景颜色。
- bordercolor:单元格的边框颜色,只有当table标签的border不为0时起作用。
- bordercolordark:单元格的三维边框的阴影颜色,只有当table标签的border不为0时起作用。
- bordercolorlight:单元格的三维边框的高亮显示颜色,只有当table标签的border不为0时起作用。
- colspan:合并单元格时一个单元格跨越的表格列数。
- rowspan:合并单元格时一个单元格跨越的表格行数。
- valign:单元格中文本的垂直对齐方式(top、middle、bottom、baseline)。
- nowrap:若指定该属性,则要避免Web浏览器将单元格里的文本换行。

注意:实际应用时表格的属性一般使用样式。

【**实例1.4**】 制作表格,如图1.5所示。

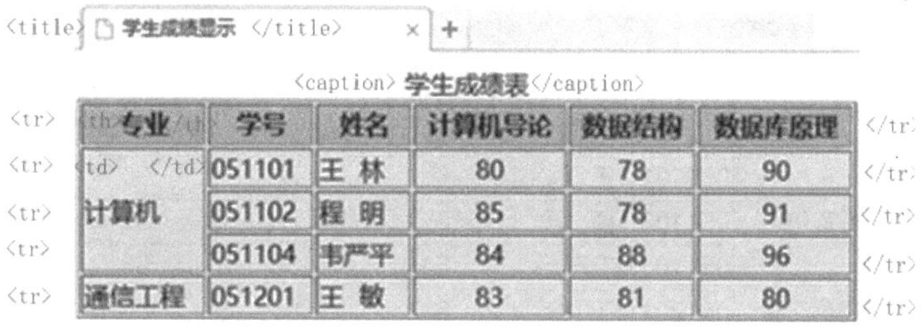

图1.5 表格的格式图解

输入如下HTML代码,保存为mytest_tab1.html。

```html
<html>
<head>
    <title>学生成绩显示</title>
</head>
<body>
    <center>
    <table border="1" width="500" bgcolor="#E3E3E3">
    <caption>学生成绩表</caption>
        <tr bgcolor="silver">
            <th>专业</th><th>学号</th><th>姓名</th><th>计算机导论</th>
            <th>数据结构</th><th>数据库原理</th>
        </tr>
        <tr>
            <td rowspan="3">计算机</td>
            <td>051101</td><td>王  林</td>
            <td align="center">80</td><td align="center">78</td>
            <td align="center">90</td>
        </tr>
        <tr>
            <td>051102</td><td>程  明</td>
            <td align="center">85</td><td align="center">78</td>
            <td align="center">91</td>
        </tr>
        <tr>
```

```
                <td>051104</td><td>韦严平</td>
                <td align="center">84</td><td align="center">88</td>
                <td align="center">96</td>
            </tr>
            <tr>
                <td>通信工程</td>
                <td>051201</td><td>王  敏</td>
                <td align="center">83</td><td align="center">81</td>
                <td align="center">80</td>
            </tr>
        </table>
        </center>
</body>
</html>
```

双击该文件会看到如图 1.6 所示的界面。

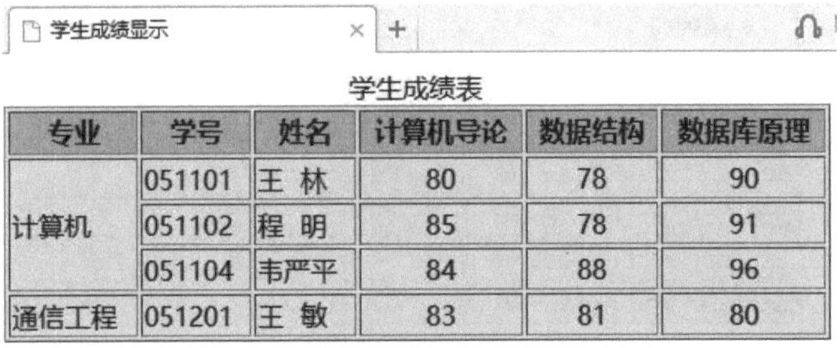

专业	学号	姓名	计算机导论	数据结构	数据库原理
计算机	051101	王 林	80	78	90
	051102	程 明	85	78	91
	051104	韦严平	84	88	96
通信工程	051201	王 敏	83	81	80

图 1.6　表格实例

6. 框架标签

<frameset>标签可定义一个框架集。它被用来组织多个窗口（框架）。每个框架有独立的文档。在其最简单的应用中，仅会使用 cols 或 rows 属性指定在框架集中存在多少列或多少行。

<frame>标签定义 frameset 中的一个特定的窗口（框架）。frameset 中的每个框架都可以设置不同的属性，如 border、scrolling、noresize 等。

例如：

```
<html>
<frameset cols="25%,50%,25%">
<frame src="frame_a.htm" />
<frame src="frame_b.htm" />
<frame src="frame_c.htm" />
</frameset>
</html>
```

注意：不能与<frameset></frameset>标签一起使用<body></body>标签。不过，如果需要为不支持框架的浏览器添加一个<noframes>标签，务必将此标签放置在<body></body>标签中。

1.1.4　表单标签

▶表单标签

表单用来从用户（站点访问者）处收集信息，然后将这些信息提交给服务器进行处理。表单中可以包含用户进行交互的各种控件（表单元素），如文本框、列表框、复选框和单选按钮等。用户在表单中输入或选择数据后提交给指定的表单处理程序。

表单结构如下：
```
<form 定义>
    表单元素（控件）
</form>
```
<form>标签属性如下。

- accept-charset=值（charset_list）：设置服务器可处理的表单数据字符集。
- action=值（URL）：设置提交表单时向何处发送表单数据。
- autocomplete=值（on、off）：设置是否启用表单的自动完成功能。
- method=值（get、post）：设置用于发送 form-data 的 HTTP 方法。

（1）GET（默认）方法：如果表单提交是被动的（比如搜索引擎查询），并且没有敏感信息。当使用 GET 方法时，表单数据在页面地址栏中是可见的。

```
<form action =表单处理程序 method="get">
控件1
控件2
…
</form>
```

表单提交后，浏览器地址栏显示如下：

表单处理程序?控件名=值&控件名=值…

注意：GET 方法最适合少量数据的提交，浏览器会设定容量限制。

（2）POST 方法：如果表单正在更新数据，或者包含敏感信息（例如密码），则 POST 方法的安全性更好，因为在页面地址栏中被提交的数据是不可见的。

<form>标签常用属性如下。

- name=值（form_name）：设置表单的名称。
- target=值（_blank、_self、_parent、_top、framename）：设置在何处打开 action URL。默认值为 _self，这意味着网页将在当前窗口中打开。

<form>标签有以下事件。

- onsubmit：提交表单时调用的处理程序。
- onreset：重置表单时调用的处理程序。

下面具体介绍表单中的控件。

1. 输入控件

```
<input 属性="值"…事件="代码"…>
```

输入控件通过 type 值来定义不同的控件。

因为输入控件的值需要引用，name 属性定义名称，value 属性引用它的值。

下面分别说明。

1）单行文本框

```
<input type="text" 属性="值"…事件="代码"…>
```

常用属性如下。

- defaultvalue：文本框的初始值。
- size：文本框的宽度（字符数）。
- maxlength：允许在文本框内输入的最大字符数。
- form：所属的表单（只读）。

常用方法如下。

- click()：单击该文本框。

- focus()：得到焦点。
- blur()：失去焦点。
- select()：选择文本框的内容。

常用事件如下。
- onclick：单击该文本框时执行的代码。
- onblur：失去焦点时执行的代码。
- onchange：内容变化时执行的代码。
- onfocus：得到焦点时执行的代码。
- onselect：选择内容时执行的代码。

2）密码文本框

```
<input type="password" 属性="值"…事件="代码"…> 选项文本
```

密码文本框的属性、方法和事件与单行文本框的设置基本相同，只是密码文本框没有 onclick 事件。

3）隐藏域

```
<input type="hidden" 属性="值"…>
```

隐藏域的属性、方法和事件与单行文本框的设置基本相同，只是没有 defaultvalue 属性。

4）复选框

```
<input type="checkbox" 属性="值"…事件="代码"…> 选项文本
```

常用属性如下。
- name：复选框的名称。如果若干复选框作为一个组，复选框的名称要相同。
- value：选中时提交的值。
- checked：当第一次打开表单时该复选框处于选中状态。
- defaultchecked：判断复选框是否定义了 checked 属性。

常用方法如下。
- focus()：得到焦点。
- blur()：失去焦点。
- click()：单击该复选框。

常用事件如下。
- onfocus：得到焦点时执行的代码。
- onblur：失去焦点时执行的代码。
- onclick：单击该文本框时执行的代码。

例如，要创建以下复选框：

☑苹果 □香蕉 □橘子

代码如下：

```
<input name="fruit" type="checkbox" checked>苹果
<input name="fruit" type="checkbox">香蕉
<input name="fruit" type="checkbox">橘子
```

5）单选按钮

```
<input type="radio" 属性="值"…事件="代码"…> 选项文本
```

单选按钮的属性如下。
- name：单选按钮的名称。若干名称相同的单选按钮可构成一个控件组，在该组中只能选中一个选项。
- value：提交时的值。

- checked：当第一次打开表单时该单选按钮处于选中状态。该属性是可选的。

例如，创建以下单选按钮：

性别：◉男 ○女

代码如下：

```
性别：<input name="sex" type="radio" checked>男
     <input name="sex" type="radio">女
```

6）三种按钮

使用 input 标签可以在表单中添加 3 种类型的按钮：提交按钮、重置按钮和自定义按钮。

```
<input 属性="值" …onclick="代码">
```

常用属性如下。

- type：按钮种类，具体如下。

type="submit"：创建一个提交按钮。

type="reset"：创建一个重置按钮。

type="button"：创建一个自定义按钮。

- name：按钮的名称。
- value：显示在按钮上的标题文本。

常用事件如下。

- onclick：单击按钮执行的脚本代码。

7）文件域

```
<input type ="file" 属性 ="值"…>
```

其中，"属性="值""部分可以进行如下设置。

- name：文件域的名称。
- value：初始文件名。
- size：文件名输入框的宽度。

2. 滚动文本框

```
<textarea 属性="值"…事件="代码"…>初始值</textarea>
```

常用属性：

- name：滚动文本框控件的名称。
- rows：控件的高度。
- cols：控件的宽度。
- readonly：表示文本框中的内容是只读的，不能被修改。

该标签的其他属性、方法和事件与单行文本框基本相同。

3. 选项选单

```
<select name="值" size="值"[multiple]>
    <option[selected] value="值">选项 1</option>
    <option[selected] value="值">选项 2</option>
    …
</select>
```

或者通过<optgroup>标签把相关的选项组合在一起：

```
<select>
<optgroup label="opt1">
    <option[selected] value="值">选项 11</option>
    <option[selected] value="值">选项 12</option>
```

```
    ...
</optgroup>
<optgroup label="opt2">
    <option[selected] value="值">选项 21</option>
    <option[selected] value="值">选项 22</option>
    ...
</optgroup>
</select>
```

（1）<select>标签：创建单选或多选菜单。

常用属性如下。

- data：设置自动插入数据（URL）。
- disabled：设置是否禁用该菜单（true、false）。
- multiple：设置是否可一次选定多个项目（true、false）。
- name：设置下拉列表的唯一标识符。

（2）<optgroup>标签：定义选项组。

常用属性如下。

- label：为选项组添加描述（text）。
- disabled：禁用该选项组。

（3）<option>标签：定义下拉列表中的一个选项。

常用属性如下。

- disabled：该选项应在首次加载时被禁用。
- label：定义使用<optgroup>时所使用的标注（text）。
- selected：该选项表现为选中状态。
- value：定义送往服务器的选项值（text）。

下面用一个例子来演示这些表单控件的用法。

【实例 1.5】 表单控件的使用。

输入下列内容，文件命名为 mytest_form1.html。

```
<html>
    <head>
    <title>综合实例</title>
    </head>
    <body bgcolor="#E3E3E3">
        <h2 align="left">综合展现 HTML 标签</h2>
        <hr align="left" size="2" width="200">
        <font size="4">下面展示表单的应用</font>
        <form action="" method="post">
            姓名：<input type="text" name="username" maxlength="10"><br>
            密码：<input type="password" name="pwd"><br>
            <input type="hidden" name="action" value="隐藏的">
            性别：<input name="sex" type="radio" checked>男
            <input name="sex" type="radio">女<br>
            水果：<input name="fruit" type="checkbox" checked>苹果
            <input name="fruit" type="checkbox">香蕉
            <input name="fruit" type="checkbox">橘子<br>
```

第 1 章　HTML 5 基础和 Spring Boot 环境　15

```
        备注：<textarea rows="3" cols="25">滚动文本框</textarea><br>
        专业：<select name="zy" size="1">
                <option value="计算机">计算机</option>
                <option value="英语">英语</option>
                <option value="数学">数学</option>
              </select><br>
        课程：<select name="kc" size="3" multiple>
                <option value="计算机导论">计算机导论</option>
                <option value="数据结构">数据结构</option>
                <option value="软件工程">软件工程</option>
                <option value="高等数学">高等数学</option>
                <option value="离散数学">离散数学</option>
              </select><br>
        <input type="submit" value="提交"/>
        <input type="reset" value="重置"/>
    </form>
  </body>
</html>
```

双击 mytest_form1.html 文件，在页面上就会出现如图 1.7 所示的内容。

图 1.7　表单控件实例

可以看出，整体的排列效果不是很好，没有统一规划。如果用表格布局，效果会更好。

1.1.5　CSS

▶样式 CSS

CSS 是一种描述 HTML 文档样式的语言，它描述应该如何显示 HTML 元素。当浏览器读到一个样式表时，它就会按照这个样式表来对文档进行格式化。

有三种方式来插入样式表，当同时存在一种方式以上的样式表时，优先级为内联样式表→内部样式表→外部样式表。

1. 外部样式表

一个网站包含很多网页，当全部或部分网页需要统一样式时，可以将样式先定义在一个 CSS 文件中，然后在<link>标签中引用该 CSS 文件。

例如：

```
<head>
<link rel="stylesheet" type="text/css" href="mystyle1.css" >
```

```
</head>
<body>
所有标签使用样式表文件定义的样式,没有定义的采用默认样式
</body>
```

可以通过更改这个 CSS 文件中的样式来改变整个站点的外观。

样式表达格式请参考有关文档。

2. 内部样式表

当单个网页需要特别样式时,就可以在头部分通过<style>标签定义内部样式表。

【实例 1.6】 内部样式表的使用。

输入下列内容,文件命名为 mytest_css1.html。

```
<head>
<style type="text/css">
    body { color: blue; background-color: lightblue }
    p { background-color:white; margin-left: 20px }
</style>
</head>
<body>
<b>正文使用 body{…}定义的样式</b>
<p>p1: 内容使用 p{…}定义的样式.</p>
<p>p2: 内容使用 p{…}定义的样式</p>
</body>
```

浏览效果如图 1.8 所示。

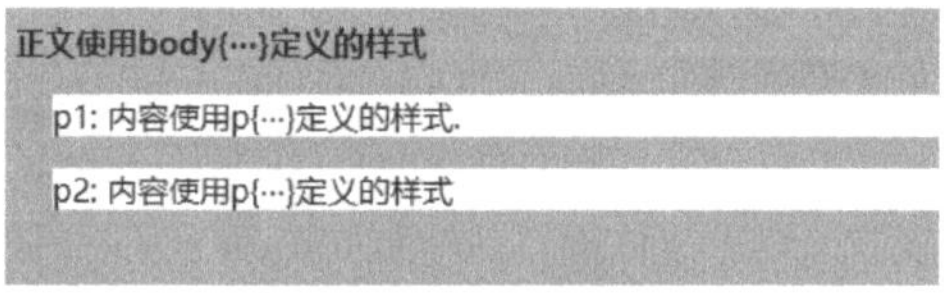

图 1.8 内部样式表

3. 内联样式表

当特殊的样式需要应用到个别元素时,可以使用内联样式表。使用内联样式表的方法是在相关的标签中使用样式属性。样式属性可以包含任何 CSS 属性。以下实例显示如何改变段落的颜色和左外边距。

例如:

```
<p style="color: red; margin-left: 20px">
仅此段用这里 style 定义的样式
</p>
```

4. ID 和 Class 样式

可以在#后跟一个 id 名称,再在{}中定义 id 的 CSS 属性。可以在点(.)后跟一个 class 名称,再在{}中定义 id 类的 CSS 属性。同一个类名可以由多个 HTML 元素使用,而一个 id 名称只能由页面中的一个 HTML 元素使用。

【实例 1.7】 样式表综合使用。

输入下列内容,文件命名为 mytest_css2.html。

```
<html><head>
<style type="text/css">
p {margin-left: 20px}
#myHeader {
```

```
    background-color: lightblue;
    color: black;
    padding: 40px;
    text-align: center;
}
.city {
    background-color: tomato;
    color: white;
    padding: 10px;
}
</style>
</head><body>
<h1 id="myHeader">江苏省</h1>
<h2 class="city">南京市</h2>
<p >介绍南京市风土人情</p>
<h2 class="city">靖江市</h2>
<p>介绍靖江市河豚、汤包和猪肉脯.</p>
<p style="color: blue; margin-left: 20px">介绍靖江市交通港口.</p>
</body></html>
```

浏览效果如图1.9（a）所示。如果修改上述代码如下，其他代码不变，另存为mytest_css3.html，浏览效果如图1.9（b）所示。

```
<div id="myHeader">
<h1>江苏省</h1>
...
</div>
```

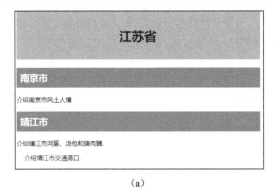

(a)　　　　　　　　　　　　　　　　　　(b)

图1.9　样式表综合使用

1.1.6　画布标签

▶画布标签

HTML的<canvas>标签用于通过脚本（通常是JavaScript）动态绘制图形。为了HTML 5内容的完整性，这里简单介绍一下下列内容。

Canvas对象表示一个HTML画布元素<canvas>。它没有自己的行为，但是定义了一个API支持脚本化客户端绘图操作。

可以直接在该对象上指定宽度和高度，但是，其大多数功能都可以通过CanvasRenderingContext2D对象获得。这是通过Canvas对象的getContext()方法并且把字符串"2d"作为唯一的参数传递给它而获得的。

Canvas 对象的属性如下。

● height 属性：画布的高度。和一幅图像一样，这个属性可以指定为一个整数像素值或窗口高度的百分比。当这个值改变时，在该画布上已经完成的任何绘图都会擦除掉。默认值是 300。

● width 属性：画布的宽度。和一幅图像一样，这个属性可以指定为一个整数像素值或窗口宽度的百分比。当这个值改变时，在该画布上已经完成的任何绘图都会擦除掉。默认值是 300。

Canvas 对象的方法如下。

● getContext()：返回一个用于在画布上绘图的环境。

HTML Canvas 其他内容请参考有关文档。

大多数 Canvas 绘图 API 都没有定义在<canvas>元素本身上，而是定义在通过画布的 getContext() 方法获得的一个"绘图环境"对象上。Canvas API 也使用了路径的表示法。但是，路径由一系列的方法调用来定义，而不是描述为字母和数字的字符串，比如调用 beginPath()和 arc()方法。一旦定义了路径，其他的方法，如 fill()，都是对此路径操作。绘图环境的各种属性，比如 fillStyle，说明了这些操作如何使用。

Canvas API 非常紧凑的一个原因是它没有对绘制文本提供任何支持。要把文本加入一个<canvas>图形，要么自己绘制再用位图图像合并，要么在<canvas>上方使用 CSS 定位来覆盖 HTML 文本。

【实例 1.8】 <canvas>标签图像处理。

输入下列内容，文件命名为 mytest_can1.html。

```
<!DOCTYPE html>
<html>
<body>

<p>&lt;img 图片显示:&gt;</p>
<img id="myimg" width="224" height="162"
style="border:1px solid #d3d3d3;"
src="image/flower.png" alt="图片没有找到!">

<p>&lt;Canvas 图片:&gt;</p>
<canvas id="myCanvas" width="224" height="162"
    style="border:1px solid #d3d3d3;">
你的浏览器 HTML 5 &lt;canvas&gt;标签!
</canvas>

<script>
window.onload = function() {
    var canvas = document.getElementById("myCanvas");
    var ctx = canvas.getContext("2d");
    var img = document.getElementById("myimg");
ctx.drawImage(img, 0, 0);
};
</script>

</body>
</html>
```

浏览效果如图 1.10 所示。

【实例 1.9】 <canvas>标签图形处理。

输入下列内容，文件命名为 mytest_can2.html。

```
<!DOCTYPE html>
<html>
<body>

<canvas id="myCanvas" width="120" height="140"
        style="border:1px solid #d3d3d3;">
</canvas>

<script type="text/javascript">
var canvas1=document.getElementById("myCanvas");
var cxt=canvas1.getContext("2d");

cxt.moveTo(20,20);
cxt.lineTo(100,60);
cxt.lineTo(20,60);
cxt.lineTo(20,20);
cxt.stroke();
cxt.fillStyle="#FF0000";
cxt.fillRect(20,80,80,40);
</script>

</body>
</html>
```

浏览效果如图 1.11 所示。

<img图片显示:>

<Canvas图片:>

图 1.10　图像处理

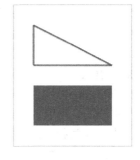

图 1.11　图形处理

1.1.7　高级功能

HTML 5 包含了下列高级功能。
1. Web 存储

HTML 5 提供了 Web 存储功能。如果存储复杂数据，可以使用 Web SQL 数据库，通过 SQL 操作本地数据库；如果存储简单键值对信息，可以使用 Web Storage。当然，也可以同时使用它们。

2. 离线应用

HTML 5 离线功能：在用户没有与 Internet 连接时，依然能够访问站点或应用；在用户与 Internet 连接时，自动更新缓存数据。

3. 多线程处理

HTML 5 的 Web Workers 支持多线程处理，它可以创建一个不影响前台处理的后台线程，并且在这个后台线程中创建多个子线程，使得它的 JavaScript 应用程序可以充分利用多核 CPU 的优势，将耗时长的任务分配给 Web Workers 执行，这样就避免了页面有时反应迟钝甚至假死的现象。

4. 地理位置

HTML 5 Geolocation API 允许用户在 Web 应用程序中共享位置信息，使其能够享受位置感知服务。Geolocation 位置信息来源包括纬度、经度和其他特性，以及获取这些数据的途径（GPS、Wi-Fi 和蜂窝移动站点）。

1.2 Spring Boot 概述

1.2.1 JavaEE、Spring、Spring Boot 和 Spring Cloud

1. Java 语言

Java 是由 Sun 公司（2009 年被 Oracle 公司收购）于 1995 年 5 月推出的高级程序设计语言，它在吸收 C++语言优点的同时摒弃了难以理解的多继承、指针等概念，具有简单性、面向对象、分布式、健壮性、安全性、平台独立与可移植性、多线程、动态性等特点。Java 可以编写 Web 应用程序、分布式系统和嵌入式系统应用程序，也可以编写桌面应用程序，是目前最流行的编程语言之一。

1995 年，Sun 公司提供了 JDK Beta 对 Java 进行测试，JDK 全称为 Java Development Kit，即开发工具包。

1996 年 1 月，Sun 公司发布了 Java 的第一个开发工具包（JDK 1.0），之后随着 Java 语言功能的不断增强，在 2004 年 Java 语言版本 5 发布后，开发工具包为 Java SE x（x=5~17）。在这些版本中，有些只会得到短期技术支持，有些是长期支持的版本（Long Term Support，LTS）。其中 Java 8、Java 11 和 Java 17（2021 年 9 月发布）是 LTS。在网站上下载对应的压缩文件包 jdk-x…，默认的安装目录仍有差异。

JDK 是整个 Java 的核心，包括 Java 运行环境（Java Runtime Environment，JRE）、一些 Java 工具和 Java 基础的类库（即 Java API）。JRE 包含 JVM（Java Virtual Machine，Java 虚拟机），它是整个 Java 实现跨平台的最核心的部分。所有的 Java 程序会首先被编译为.class 文件，这种文件不直接与操作系统相对应，可以在虚拟机上执行，由虚拟机将程序解释给本地系统执行，类似于 C#中的 CLR。

JVM 不能单独执行.class 文件，解释.class 文件的时候 JVM 需要调用解释所需要的类库 lib。在 JDK 的 jre 目录里面有两个文件夹 bin 和 lib，在这里可以认为 bin 中的内容就是 JVM，lib 中则是 JVM 工作所需要的类库。

Java 的继承开发平台（IDE）包括 J2SE（标准版）、J2EE（企业版）和 J2ME（移动设备、嵌入式设备版）。Eclipse、IntelliJ IDEA 等其他 IDE 有自己的编译器，而不用 JDK 的 bin 目录中自带的，所以在安装时选中 jre 路径就可以了。

2. JavaEE

Java 刚发布的时候，因为各种应用和生态不成熟，需要有人牵头制定强制规范引导 Java 的发展，于是就出现了 JavaEE。JavaEE（Java Platform Enterprise Edition）为 Java 平台企业版，是 Sun 公司为企业级应用推出的标准平台，用来开发 B/S 架构软件。JavaEE 可以说是一个框架，也可以说是一种规范，它曾经引领了企业级应用的开发。但随着越来越多公司和组织的参与，又出现了各种各样的 JavaEE 组件的替代者，Java 官方制定的 JavaEE 规范反而不太受欢迎。实际上，企业开发直接使用 JDK 加上 Maven 等管理第三方的 JAR 包来实现功能，常用的 JavaEE 规范 Servlet、JSP、JMS、JNDI 只是充当了一个程序的入口。

2018 年，JavaEE 改名为 JakartaEE，但这种称呼还没有流行起来。

3. Spring

Spring 框架是 Java 平台上的一种开源应用框架，尽管自身对编程模型没有限制，但其在 Java 中的频繁应用让它备受青睐，以至于让它作为 EJB（Enterprise Java Beans）模型的补充，甚至是替补。Spring 框架具有控制反转（IoC）特性，方便项目维护和测试；提供了一种通过 Java 的反射机制对 Java 对象进行统一配置和管理的方法；利用容器管理对象的生命周期，容器可以通过扫描 XML 文件或类上特定 Java 注解来配置对象，开发者可以通过依赖查找或依赖注入来获得对象。Spring 的面向切面编程（SpringAOP）框架基于代理模式，运行时可配置，对模块之间的切入点进行模块化，其基本的 AOP 特性虽无法与 AspectJ 框架相比，但通过与 AspectJ 的集成，也可以满足基本需求。Spring 框架下的事务管理、远程访问等功能均可以通过使用 SpringAOP 技术实现。Spring 的事务管理框架为 Java 平台带来了一种抽象机制，使本地和全局事务及嵌套事务能够与保存点一起工作，并且几乎可以在 Java 平台的任何环境中工作。Spring 集成了多种事务模板，系统可以通过事务模板、XML 或 Java 注解进行事务配置，并且事务框架集成了消息传递和缓存等功能。Spring 的数据访问框架解决了开发人员在应用程序中使用数据库时遇到的常见困难。它不仅对 Java/JDBC、iBATIS/MyBatis、Hibernate、Java 数据对象（JDO）、Apache OJB 和 Apache Cayenne 等流行的数据访问框架提供支持，同时还可以与 Spring 的事务管理一起使用，为数据访问提供了灵活的抽象。Spring 框架的 Web 组件 Spring MVC 可实现对 Struts Web 框架的表示层和请求处理层之间以及请求处理层和模型之间的分离。

4. Spring Boot

Spring Boot 是 2013 年由 Pivotal 团队提供的全新框架，其设计目的是用来简化新 Spring 应用的初始搭建及开发过程。该框架使用了特定的方式来进行配置，从而使开发人员不再需要定义样板化的配置。通过这种方式，Spring Boot 致力于在蓬勃发展的快速应用开发领域成为领导者。2014 年 4 月，发布了全新开源的轻量级框架——第一个 Spring Boot 版本，称为 Spring Boot 1.x，它基于 Spring 4.0 设计，不仅继承了 Spring 框架原有的优秀特性，而且还通过优化配置来进一步简化了 Spring 应用的整个搭建和开发过程。另外，Spring Boot 通过集成大量的框架使依赖包版本冲突及引用的不稳定性等问题得到了很好的解决。

2018 年 3 月，Spring Boot 2.0 发布，它基于 Spring 5.0 开发完成，基于 Java 8，支持 Java 9，支持 Quartz，调度程序大大简化了安全自动配置，还支持嵌入式 Netty。目前版本为 Spring Boot 2.x。

基于 Spring Boot 和 JavaFX 开发 Java 桌面应用程序，改变了单一风格的 Java GUI 界面。

5. Spring Cloud

Spring Cloud 是将各家公司开发的比较成熟、经得起实际考验的服务框架组合起来，通过 Spring Boot 风格进行再封装，屏蔽了复杂的配置和实现原理，最终给开发者提供了一套简单易懂、易部署和易维护的分布式系统开发工具包。

1.2.2 Spring Boot 的特点

1. Spring Boot 的特征

Spring Boot 的特征如下。

（1）可以创建独立的 Spring 应用程序，并且基于 Maven 或 Gradle 插件，可以创建可执行的 JAR 或 WAR 包。

（2）内嵌 Tomcat 或 Jetty 等 Servlet 容器。

（3）提供自动配置的 Starter 项目对象模型（POM）以简化 Maven 配置。

（4）尽可能自动配置 Spring 容器；提供准备好的特性，如指标、健康检查和外部化配置；绝对没有代码生成，不需要 XML 配置。

2. Spring Boot 的两个重要策略

Spring Boot 框架中有下列两个非常重要的策略。

（1）开箱即用（Out of Box）：通过在 Maven 项目的 pom 文件中添加相关依赖包，使用对应注解来代替烦琐的 XML 配置文件以管理对象的生命周期，使得开发人员摆脱了复杂的配置工作及管理工作，更加专注于业务逻辑。

（2）约定优于配置（Convention Over Configuration）：就是由 Spring Boot 内部配置目标结构，由开发者在结构中添加信息的软件设计范式，虽降低了部分灵活性，但降低了 Bug 定位的复杂性，减少了开发人员需要做出决定的次数，同时减少了大量的 XML 配置，并且可以将代码编译、测试和打包等工作自动化。

3. 前端到后台的基本架构设计

前端常使用的模板引擎主要有 Thymeleaf 和 FreeMarker，它们都是用 Java 语言编写的，渲染模板并输出相应文本，使得界面的设计与应用逻辑分离，同时前端开发还会使用到 Bootstrap、AngularJS、JQuery 等。在浏览器的数据传输格式上采用 JSON 而非 XML，同时提供 RESTful API。Spring MVC 框架用于数据到达服务器后处理请求。数据访问主要有 Hibernate、MyBatis、JPA 等持久层框架，数据库常用 MySQL，开发工具推荐 IntelliJ IDEA。

1.3 Spring Boot 开发环境创建

▶Spring Boot 开发环境

使用 Spring Boot 开发项目需要 Java 编译环境、工具环境和 IDE 开发工具。

（1）Spring Boot 2.0 要求 Java 8 作为最低版本，需要在本机安装 JDK 8 并进行环境变量配置，同时需要安装构建工具编译 Spring Boot 项目，还需要准备顺手的 IDE 开发工具。

（2）构建工具是一个把源代码生成可执行应用程序的自动化工具，Java 领域中主要有三大构建工具：Ant、Maven 和 Gradle。Maven 发布于 2004 年，目的是解决程序员使用 Ant 所带来的一些问题，它的好处在于可以将项目过程规范化、自动化、高效化并带来强大的可扩展性。Spring Boot 官方支持 Maven 和 Gradle 作为项目构建工具。Gradle 虽然有更好的理念，但是相比 Maven 来讲其行业使用率偏低，并且 Spring Boot 官方默认使用 Maven，因此本书选择 Maven 作为 Spring Boot 项目构建工具。

（3）Java 领域最流行的 IDE 开发工具有 Eclipse 和 IDEA。Eclipse 是 Java 的集成开发环境（IDE），也是 Java 领域最流行的 IDE 开发工具之一，只是 Eclipse 这些年发展缓慢。IDEA（IntelliJ IDEA）也是用于 Java 语言开发的集成环境，目前在业界被公认为是最好的 Java 开发工具之一，尤其是智能代码助手、代码自动提示、重构、J2EE 支持、创新的 GUI 设计等方面的功能非常实用。因此，本书使用

IntelliJ IDEA 开发 Spring Boot 项目。

上述三者之间的关系如图 1.12 所示。

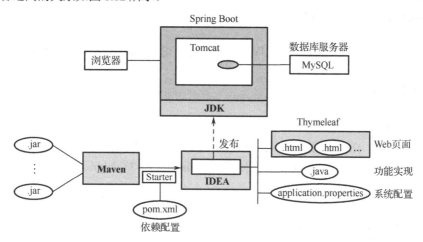

图 1.12　Spring Boot 开发平台

由于 IntelliJ IDEA 是在线运行的，在该开发环境下需要选择当前安装的 JDK 版本。

1.3.1　安装 JDK

1. 下载 JDK

在官网 https://www.oracle.com/java/technologies/javase/javase8-archive-downloads.html 上下载得到安装包（jdk-8u152-windows-x64.exe）。

2. 安装 JDK

双击安装包执行该文件。一旦安装开始，将会看到安装向导，单击"下一步"按钮，指定 JDK 安装目录，安装默认路径为 C:\Program Files\Java\jdk1.8.0_152\。单击"更改"按钮，可改变安装路径。单击"下一步"按钮，进入 JDK 安装。

在 JDK 安装后，安装 JRE，指定 JRE 安装目录，安装默认路径为 C:\Program Files\Java\jre1.8.0_152\。单击"更改"按钮，可改变安装路径。单击"下一步"按钮，进入 JRE 安装。

安装完成后显示"Java SE Development Kit 8 Update 152(64-bit)已成功安装"。单击"关闭"按钮，结束安装。

3. 配置环境变量

在桌面上右击"此电脑"（Windows 10 系统）图标，从弹出的快捷菜单中选择"属性"命令，打开"系统"窗口，单击"高级系统设置"选项，打开"系统属性"对话框，单击"环境变量"按钮，系统显示当前环境变量的情况。在底部列出的"系统变量"列表中，如果 JAVA_HOME 项不存在，单击"新建"按钮，系统显示"新建系统变量"对话框，在"变量名"栏输入 JAVA_HOME，在"变量值"栏输入安装 JDK 的位置 C:\Program Files\Java\jdk1.8.0_152，单击"确定"按钮，将环境变量 JAVA_HOME 添加到"系统变量"列表中。

接下来添加系统 Path 环境变量。在"系统变量"列表中选中"Path"，单击"编辑"按钮，出现"编辑环境变量"对话框，单击"新建"按钮，在系统已有的 Path 变量行后面的空行中输入以下内容：

```
%JAVA_HOME%\bin
```

连续三次单击"确定"按钮，返回最初的"系统"窗口。这样，系统就在原来的 Path 路径上增加了一个指向新安装 JDK 的查找路径。

4. 检查安装

在 Windows 命令行窗口中输入：

```
Java -version
```

如果显示安装的 Java SE 的版本号和 JVM 的版本号，说明 JDK 安装和配置成功。

1.3.2 安装 Maven

1. 下载 Maven

打开 Maven 官网，在"Apache Maven Project"网页单击"Download"链接，在"Files"部分列出的文件下载表中单击"Binary zip archive"行的"apache-maven-3.6.3-bin.zip"链接，在弹出的对话框中单击"下载"按钮，下载压缩包文件。

2. 解压

将下载的压缩包解压到一个路径下，如 C:\mvn\apache-maven-3.6.3。

3. 配置环境变量

（1）新建系统变量 MAVEN_HOME，变量值为 C:\mvn\apache-maven-3.6.3。
（2）选择系统变量 Path，加上%MAVEN_HOME%\bin 项。

4. 检查安装

在 Windows 命令行窗口中输入：

```
mvn -V
```

出现如图 1.13 所示的信息，开头包含了 Maven 的路径、Java 版本、操作系统版本等，说明安装成功。其中，"b0202"是本机的 Windows 10 系统超级用户名。

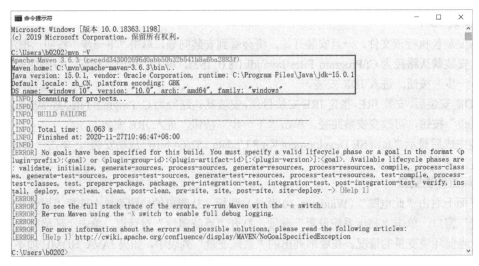

图 1.13　检查安装

5. 配置 Maven 仓库

在配置文件中按照要求加入相应的配置项，settings.xml（位于 Maven 安装目录下的 conf 文件夹）是 Maven 的全局配置文件，而 pom.xml 文件是所在项目的局部配置文件。另外，3.0+版本还有用户配置，位于 C:\Users\用户名\.m2\repository 目录下。

配置优先级从高到低：pom.xml>用户 settings>全局 settings。如果这些文件同时存在，在应用配置时，会合并它们的内容，如果有重复的配置，优先级高的配置会覆盖优先级低的配置。

settings.xml 中包含本地仓库位置、修改远程仓库服务器、认证信息等配置。

（1）指定 Maven 管理下载的 JAR 包存放路径。

打开 settings.xml 文件，找到 localRepository 标签（初始是被注释的），用下列内容取代。

```
<localRepository>C:\mvn\apache-maven-3.6.3\repository</localRepository>
```

注意：已经在 Maven 安装目录 C:\mvn\apache-maven-3.6.3 下创建了 repository 子目录。

（2）配置远程仓库。

repository 就是仓库。Maven 中有两种仓库：本地仓库和远程仓库。远程仓库相当于公共仓库，大家都能看到。本地仓库是本地的缓存副本，只有用户看得到，主要起缓存作用。当向仓库请求插件或依赖的时候，会先检查本地仓库里是否有，如果有则直接返回，否则会向远程仓库请求，并被缓存到本地仓库。

mirror 相当于一个拦截器，它会拦截 Maven 请求的 repository 地址，重定向到 mirror 中配置的地址。

在 settings.xml 中找到 mirror 标签，在下面添加配置：

```
<mirror>
    <id>nexus-aliyun</id>
    <mirrorOf>*</mirrorOf>
    <name>Nexus aliyun</name>
    <url>http://maven.aliyun.com/nexus/content/groups/public</url>
</mirror>
```

这样，就会为名为 nexus-aliyun 的远程仓库生成镜像，地址为 http://maven.aliyun.com/nexus/content/groups/public。

其中，"*" 匹配所有远程仓库。如为 "repo1"，则匹配仓库 repo1；如为 "repo1, repo2"，则匹配仓库 repo1 和 repo2；如为 "*,!repo1"，则匹配除 repo1 外的所有远程仓库。

配置完成的 settings.xml 内容如图 1.14 所示。

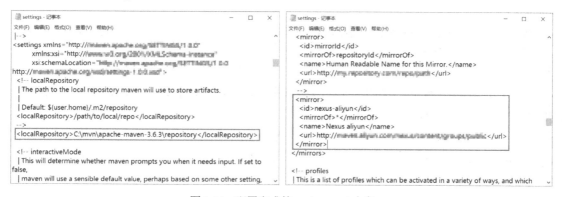

图 1.14　配置完成的 settings.xml 内容

1.3.3　安装 IDEA

1. 下载 IDEA

访问 IDEA 官网，下载 Ultimate 版本，得到安装包文件（例如 ideaIU-2021.2.2.exe）。

2. 安装 IDEA

（1）双击安装包 ideaIU-2021.2.2.exe，启动 IDEA 安装向导。单击 "Next" 按钮，进入指定安装目录（Choose Install Location）对话框，如图 1.15 所示。

（2）单击"Next"按钮，进入指定安装选项（Installation Options）对话框（见图1.16）。

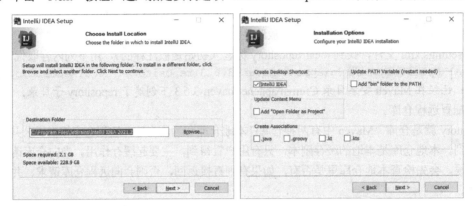

图1.15 指定安装目录　　　　　　　　图1.16 指定安装选项

其中选项如下。

IntelliJ IDEA：选中，安装后在桌面创建启动 IDEA 的快捷方式。

Add "bin" folder to the PATH：增加 IDEA 子目录 bin 路径到 PATH 环境变量中，以方便此后对该目录下文件的查找和执行。

Add "Open Folder as Project"：增加"Open Folder as Project"到 IDEA 上下文菜单中。

.java：选中，IDEA 可编写 Java 语言程序。

.groovy：选中，IDEA 可编写 Groovy 语言程序。Groovy 是 Apache 旗下的一门基于 JVM 平台的动态/敏捷编程语言，语法非常简练和优美，开发效率也非常高，可以与 Java 语言无缝对接。

.kt：选中，IDEA 可编写 Kotlin 语言程序。Kotlin 可以编译成 Java 字节码，也可以编译成 JavaScript，方便在没有 JVM 的设备上运行。除此之外，Kotlin 还可以编译成二进制代码直接运行（例如嵌入式设备或 iOS）。

.kts：选中，IDEA 可以解析.kts 文件。Kotlin 作为一个脚本语言使用，文件后缀为.kts。

（3）在"Choose Start Menu Folder"对话框中指定启动菜单文件夹（默认为 JetBrains），如图1.17所示。

（4）单击"Next"按钮开始安装，显示安装进度。最后在"Completing IntelliJ IDEA Setup"对话框中单击"Finish"按钮结束安装，如图1.18所示。

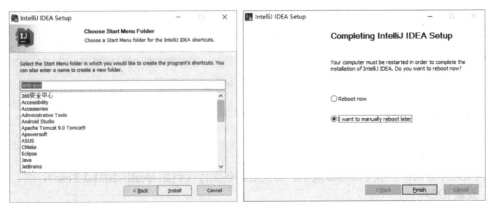

图1.17 指定启动菜单文件夹　　　　　　图1.18 安装结束

安装完成，IntelliJ IDEA 就会出现在 Windows 主菜单和桌面上。

3. 初次启动

（1）显示"JETBRAINS USER AGREEMENT"对话框，可滚动浏览用户协议，选择接受该协议，如图 1.19 所示。单击"Continue"按钮。

（2）显示"DATA SHARING"对话框，如图 1.20 所示。选择不共享给匿名用户，单击"Don't Send"按钮。

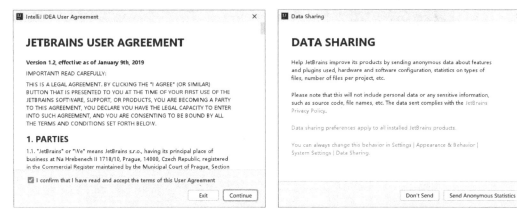

图 1.19　用户协议　　　　　　　　　　　图 1.20　数据共享

注意：如果用户当前计算机此前曾安装过 IDEA，初次启动系统会显示如图 1.21 所示对话框。若选择第 1 项，用于指定此前 IDEA 安装目录，系统会将此前的 IDEA 配置信息加入当前 IDEA 中。若选择第 2 项，则不将此前的 IDEA 配置信息加入当前 IDEA 中。单击"OK"按钮继续。

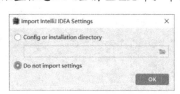

图 1.21　原配置处理

（3）显示"License Activation"对话框（图 1.22），进行许可激活。

图 1.22　许可激活

默认购买 License，选择"Activate IntelliJ IDEA"，可激活 IDEA。对于学习用户，选择"Evaluate for free"，进入软件使用评估界面，这样，IDEA 可以免费使用 30 天，此后根据需要进行购买。

注意：Spring Boot 是免费的，但使用 IDEA 作为开发环境需要付费，否则可以使用 Eclipse，但作为 Spring Boot 开发工具，IDEA 更为流行。

（4）单击"Evaluate"按钮，"License Activation"对话框如图 1.23 所示。

图 1.23　激活 IDEA

如果没有购买 License，单击"Continue"按钮，系统就进入了 IntelliJ IDEA 欢迎界面，它包含四部分，如图 1.24 所示。

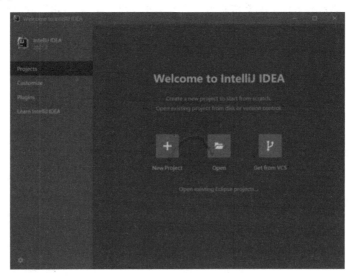

图 1.24　IntelliJ IDEA 欢迎界面

说明如下。

● Projects：IDEA 项目操作。

包括新建项目（New Project）、打开项目（Open）和通过 VCS 创建项目（Get from VCS）。VCS 是 IntelliJ IDEA 创建项目的一种方式，通过指定 VCS 的 URL 地址，然后定位 Git 的 URL 地址可以克隆并下载项目。

还可以打开 Eclipse 创建的项目（Open existing Eclipse projects）。
- Customize：显示定制开发界面，如图 1.25 所示。

图 1.25　定制开发界面

定制开发界面包含下列选项。

Color theme：开发环境亮度，可以与操作系统同步。

默认情况下背景为黑色（Darcula），如图 1.26 所示。但设置为"IntelliJ Light"更好一些。也可选择"Sync with OS"与操作系统同步。

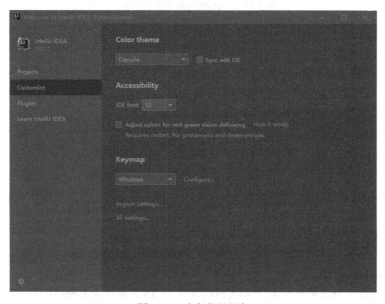

图 1.26　改变背景颜色

Accessibility：调整字号等。

Keymap：使用的操作系统。

- Plugins：处理插件或外挂程序。

- Learn IntelliJ IDEA：学习 IDEA。

4．新建 IDEA 项目

（1）选择"Projects"，单击"New Project"，系统显示"New Project"对话框。因为 IDEA 可以开发的东西较多，所以界面分成左右两部分。左边可以选择分类，右边显示当前选择的分类的详细内容。这里仅关注"Spring Initializr"，"Java"设置为"8"，其他选项采用默认值，如图 1.27 所示。单击"Next"按钮，进入下一个界面。

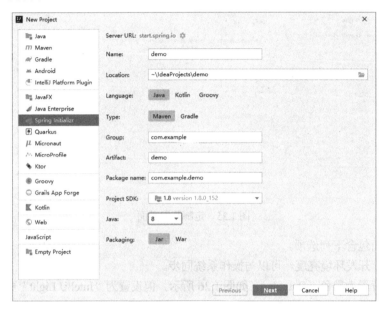

图 1.27 "Spring Initializr"的选项

选项说明如下。
- Server URL：显示当前开发使用的网上服务器的地址。
- Name：创建新项目名称。实际开发时应该取有意义的名称。
- Location：项目文件存放的位置。默认在安装 IDEA 所在的目录下创建与该项目名称对应的目录。
- Language：该项目开发选择的语言。默认为 Java。
- Type：默认项目的类型。
- Group：项目所在的组。初学者不需要过多关注，采用默认值。
- Artifact：项目制品的名称。
- Package name：项目包名称。前面是 Group 的名称，后面跟项目名。也就是说，一个 Group 可包含多个项目包。
- Project SDK：默认的内容为当前主机安装的 JDK 对应的版本。
- Java：指定 Java 语言的版本。但当前选择的版本必须是对应的 JDK 所支持的。这里选择"8"，因为安装的是 JDK1.8.0_152。

注意：这里列出了 Java 8 的 JDK 长期支持的版本（LTS）和短期支持的版本。也就是说，今天创建项目时看到的短期支持 JDK 版本号，明天如果超出了支持时间，就不会显示了。

- Packaging：项目压缩包，可选择"Jar"和"War"。

"Jar"包一般只包括一些 class 文件，通常是开发时要引用的通用类，打成包便于存放及管理。该文件格式以流行的 ZIP 文件格式为基础。与 ZIP 文件不同的是，"Jar"文件不仅用于压缩和发布，而且用于部署和封装库、组件和插件程序，并可被编译器和 JVM 这样的工具直接使用，在声明了 Main_class 之后是可以用 Java 命令运行的。

"War"文件表示完成一个 Web 应用（通常是网站）后，打成包部署到容器中。这个包中的文件按一定目录结构来组织。classes 目录下包含编译好的或所依赖的类，可以打包并放到 WEB-INF 下的 lib 目录下，它是可以直接运行的。

（2）出现的界面供用户选择项目所用 Spring Boot 的版本，以及要集成的框架或依赖库。

● "Spring Boot"：选择 Spring Boot 版本，如图 1.28 所示。

说明：

IDEA 会不定期地自动与 Spring Boot 官方同步更新和加载新的版本，有快照版（SNAPSHOT）、里程碑版（M2）和正式版（不带任何文字标注的）。其中，快照版是在前一个版本基础上做出很小的更新而发布的临时过渡版本；里程碑版的改进较大，但不够稳定；只有正式版是久经考验和充分测试后推出的稳定版本。从事正规开发还是建议使用 Spring Boot 的正式版。

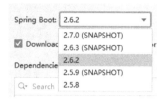

图 1.28　选择 Spring Boot 版本

● "Dependencies"：选择项目所要集成的框架或依赖库。

"Developer Tools"（开发工具）：选择 Lombok、Spring Boot DevTools。

"Web"：选择 Spring Web。Spring Boot 开发的项目基本是 Web 类型的应用程序。

"Template Engines"：选择 Thymeleaf。表示前端页面开发用 Thymeleaf 模板引擎。

"SQL"：选择 JDBC API、MySQL Driver。后台访问 MySQL 数据库需要 JDBC 和相应的驱动（MySQL Driver）支持。

以上选择全部完成后，在右侧"Added dependencies"列表中可以看到已选中的组件，如图 1.29 所示。单击"Finish"按钮开始创建 Spring Boot 项目。

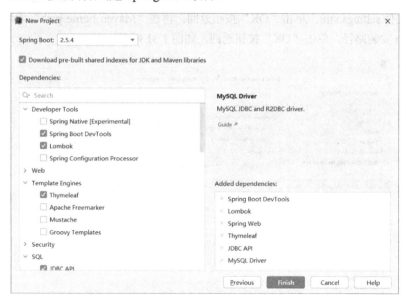

图 1.29　已选中的组件

注意：由于项目中整合了前面选择的诸多组件，IDEA 需要联网逐一下载并安装它们，因此创建第一个项目的过程可能需要一点时间。

关闭"Tip of the Day"对话框。

创建完成后，在 IDEA 集成开发环境左侧的子窗口中可看到 Spring Boot 项目的工程目录树，如图 1.30 所示。

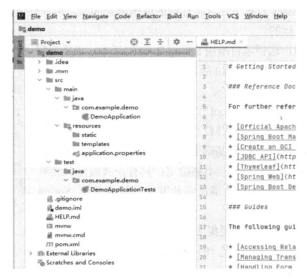

图 1.30　Spring Boot 项目的工程目录树

5. 整合 Maven

进入 IDEA 后，选择主菜单"File"→"Settings"命令，弹出"Settings"窗口，展开左侧树状导航视图"Build, Execution, Deployment"→"Build Tools"→"Maven"，先选中"User settings file"项后面的"Override"复选框。再单击 图标，在"Select User Settings File"界面选择 Maven 安装路径下的用户配置文件 settings.xml，单击"OK"按钮返回。再在"Maven home path"项后单击"…"按钮，选择 Maven 安装路径，单击"OK"按钮返回，如图 1.31 所示。

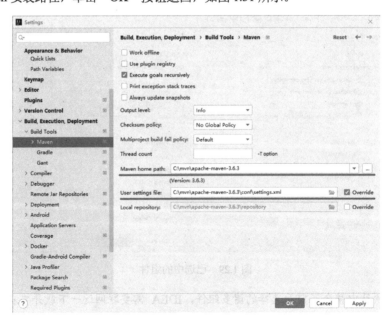

图 1.31　Maven 路径配置

单击"OK"按钮保存设置。

1.4　Spring Boot 开发模式

实际中 Spring Boot 主要用于互联网应用 Web 程序的开发,目前这类程序通行的开发模式是 MVC,而对于规模较大的互联网应用还会在此基础上扩充为三层架构。

1.4.1　MVC 模式

MVC 是 Model(模型)、View(视图)、Controller(控制器)的缩写,其思想最早由 Trygve Reenskaug 于 1974 年提出,而作为一种软件设计模式,则是 Xerox PARC 在 20 世纪 80 年代为 Smalltalk-80 语言发明的,后又被推荐为 Web 开发的标准模式,受到越来越多互联网应用开发者的欢迎,至今已被广泛使用。

1. 基本思想

MVC 强制性地要求把应用程序的数据处理、数据展示和响应控制分隔开来,将一个 Web 应用程序划分为三大模块——模型、视图和控制器,分别执行不同的任务。

- **模型**(Model):其作用是在内存中暂时存储数据,并在数据有更新时通知控制器,如果要持久化,还需要把它写入数据库或磁盘文件。在 Spring Boot 程序代码中,模型以 Java 实体 Bean 的形式存在,代表存取数据的对象或 POJO(Plain Ordinary Java Objects,简单 Java 对象)类,也可以自带逻辑。
- **视图**(View):主要用来解析、处理和显示数据内容,对前端页面进行渲染。
- **控制器**(Controller):主要用来处理视图中的用户请求。它决定如何调用模型的实体 Bean,如何对数据执行增加、删除、修改、查询等业务处理,以及如何选择适当的视图来呈现结果。

以上三者之间的协作关系如图 1.32 所示。

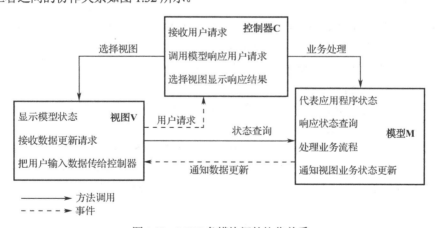

图 1.32　MVC 各模块间的协作关系

这样的好处是显而易见的:将应用程序的用户界面和控制逻辑分离,使代码具备良好的可扩展性、可复用性、易维护性和灵活性。

2. 实现方式

在 Spring Boot 中,MVC 是通过 Spring 内部的 Spring MVC 框架实现的,其中的 DispatcherServlet 处于核心的位置,它继承自 HttpServlet,负责协调和组织不同组件,以完成请求处理并返回控制响应。用户浏览器并不直接访问视图,而是访问 DispatcherServlet 核心组件,由它来处理映射和调用视图渲染，然后返回给用户想要的视图内容。

以最简单的 JDBC 操作 MySQL 数据库为例，Spring Boot 的 MVC 工作流程如图 1.33 所示。

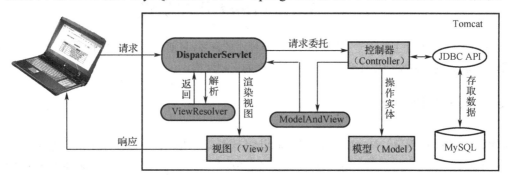

图 1.33　Spring Boot 的 MVC 工作流程

说明：

（1）客户端（用户通过浏览器）发出的请求由 Spring Boot 内置的服务器（Tomcat）接收，随即转交给 DispatcherServlet 处理。

（2）DispatcherServlet 匹配控制器中配置的映射路径，将处理工作交给控制器。

（3）控制器操作模型实体，通过 JDBC API 存取 MySQL 数据，得到 ModelAndView 返回给 DispatcherServlet。

（4）DispatcherServlet 通过 ViewResolver 将 ModelAndView（或 Exception）解析成 View。然后 View 会调用 render()方法，并根据 ModelAndView 中的数据渲染出页面。

1.4.2　三层架构

Spring Boot 所开发的是 JavaEE 系统，在 JavaEE 领域经常会听到"三层架构"的概念，就是将整个应用程序划分为表示层（UI）、业务层（Service）、持久层（DAO），各层的职能如下。

● **表示层**：用于展示界面。主要对用户的请求进行接收，以及返回数据。它为客户端（用户）提供应用程序的访问接口（界面）。

● **业务层**：这是三层架构的服务层，负责处理业务逻辑，主要是调用持久层的 DAO 对数据进行增加、删除、修改和查询等操作。

● **持久层**：该层直接与数据库进行交互，被业务层的服务（Service）调用。在 Spring Boot 中，它的某些通用的功能由 Repository 接口实现，Repository 相当于仓库管理员，执行进/出货操作，其地位等效于传统 JavaEE 开发中由用户自定义实现的 DAO，都可以对底层数据库表进行增、删、改、查操作。

那么，JavaEE 三层架构与 MVC 模式之间又有什么关系呢？

在开发规模较大的 Web 应用系统的时候，由于业务逻辑复杂，若全都放在控制器中实现，代码将变得十分庞杂而难以维护，这个时候就有必要将业务逻辑从原控制功能中分离出来，单独开发为一个个独立的服务（Service），控制器需要的时候再调用服务，这些服务实体就构成了系统的业务层；而用 JDBC 直接操作数据库的方式往往不能满足性能和 SQL 优化等方面的需要，也与 Java 面向对象的编程风格格格不入，实际开发中多采用现成的框架（JPA、MyBatis 等）来辅助实现对象-关系（ORM）映射，通过接口（DAO 或 Repository）操作数据，这样一来，操作数据的接口（及其实现类）和框架一起又形成了持久层，整个系统的结构演变为如图 1.34 所示的样子。

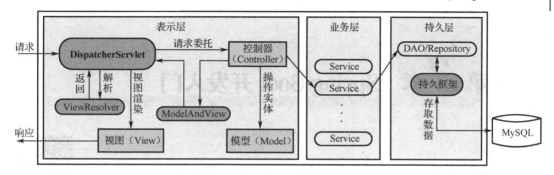

图 1.34　Spring Boot 的三层架构

由图 1.34 可见，MVC 仅仅是三层架构中最前面的表示层，先通过 MVC 把前端的程序按页面控制机制进行模块划分，三层架构则是在此基础上进一步基于整个系统的业务逻辑和功能来划分的。

第 2 章 Spring Boot 开发入门

本章通过典型实例引导读者入门，在此基础上讲解 Spring Boot 项目结构、注解、配置及 Starters 依赖等基本知识。

▶第2章视频提纲

2.1 从开发典型实例说起

2.1.1 从登录功能说起

下面先以 MVC 及三层架构来实现一个简单的 Spring Boot 程序，读者可按照书上的步骤试做，初步熟悉 Spring Boot 的开发流程。

▶创建 Spring Boot 项目

【实例 2.1】 实现"商品信息管理系统"商家登录功能。

设计登录页面，包含用户名和密码输入框，以及"登录"和"重置"按钮。用户输入用户名和密码，单击"登录"按钮，系统在 netshop（网上商城）数据库的 supplier（商家）表中查询是否包含该用户记录。如果没有找到，根据用户名和密码匹配情况，显示相应用户不存在或密码错误。如果找到对应记录，转到另一个网页，显示该商家用户的注册信息。

1．设计系统结构

系统运行在单一的 Web 服务器（Spring Boot 内部的 Tomcat）上；由 Thymeleaf 模板引擎实现前端页面，客户端用浏览器直接访问 Web 服务器上的网页；后台 JavaEE 程序分为控制器、业务层和持久层；底层用 JDBC API 操作 MySQL 数据库，如图 2.1 所示。

图 2.1 系统结构

2．创建数据库和表

在计算机上准备数据库操作环境。

（1）在开发 Spring Boot 的计算机上安装 MySQL 8.0/5.x 数据库（根用户为 root，密码为 123456）。
（2）安装 Navicat for MySQL 或 Navicat Premium 15 可视化工具。

(3) 打开 Navicat，创建 MySQL 服务器连接。
(4) 打开连接，在查询编辑器中执行 SQL 语句：

```sql
CREATE DATABASE IF NOT EXISTS netshop
    DEFAULT CHARACTER SET = gbk
    DEFAULT COLLATE = gbk_chinese_ci
    ENCRYPTION = 'N';                      /*(a)*/
USE netshop;                               /*(b)*/
CREATE TABLE supplier                      /*(c)*/
(
    SCode       char(8)      NOT NULL PRIMARY KEY,        /*商家编码*/
    SPassWord   varchar(12)  NOT NULL DEFAULT '888',      /*商家密码*/
    SName       varchar(16)  NOT NULL,                    /*商家名称*/
    SWeiXin     varchar(16)  CHARACTER SET utf8mb4 NOT NULL,
                                                          /*微信*/
    Tel         char(13) NULL,                            /*电话（手机）*/
    Evaluate    float(4, 2)  DEFAULT 0.00,                /*商家综合评价*/
    SLicence    mediumblob   NULL                         /*营业执照图片*/
);
```

说明：

以上语句创建了名为 netshop（网上商城）的数据库和 supplier（商家）表。

(5) 为了后面测试程序需要，往 supplier 表中录入一条商家用户的信息记录，执行 SQL 语句：

```sql
USE netshop;
INSERT INTO supplier(SCode, SPassWord, SName, SWeiXin, Tel)
    VALUES('SXLC001A', '888', '陕西洛川苹果有限公司', '8123456-aa.com', '0911-812345X');
```

netshop 数据库 supplier 表数据记录如图 2.2 所示。

SCode	SPassWord	SName	SWeiXin	Tel	Evaluate	SLicence
▶ SXLC001A	888	陕西洛川苹果有限公司	8123456-aa.com	0911-812345X	0	(Null)

图 2.2 netshop 数据库 supplier 表数据记录

3. 创建 Spring Boot 项目

在 IDEA 中创建 Spring Boot 项目，步骤如下。

(1) 启动 IDEA，在初始窗口中单击"New Project"按钮新建项目。

(2) 在接下来的界面中进行项目设置。在窗口左侧选择项目类型为"Spring Initializr"，"Name"设置为 mystore，"Java"项选择所使用的 JDK 版本，注意一定要与开发计算机上安装的 JDK 版本一致（这里是 8），其他选项保持默认，单击"Next"按钮。

(3) 选择项目所用 Spring Boot 的版本以及要集成的框架或依赖库。

选择使用的 Spring Boot 正式版（不带任何文字标注的），在下方"Dependencies"列表中选中项目所要集成的框架或依赖库。

"Developer Tools"：选中 Lombok、Spring Boot DevTools。

"Web"：选中 Spring Web；

"Template Engines"：选中 Thymeleaf。

"SQL"：选中 JDBC API、MySQL Driver。

完成后，在右侧"Added dependencies"列表栏里可看到已选中的组件名称。单击"Finish"按钮开始创建 Spring Boot 项目。

4. 配置数据库连接

在项目工程目录树的 src→main→resources 下可看到有一个 application.properties 文件,它专门用来对 Spring Boot 框架进行各种全局配置。

application.properties 中的内容写成"键名 = 值"的形式,其中,"键名"可以是 Spring/Spring Boot 及第三方框架或依赖库内部所支持的配置项,也可以是用户自定义的全局配置项名称(程序中必须引用一致);"值"则是任意的字符串、数值或布尔型(true/false)。

这里配置 Spring 框架内部对 MySQL 数据库的连接,内容如下:

```
spring.datasource.url = jdbc:mysql://localhost:3306/netshop?useUnicode=true&characterEncoding= utf8&serverTimezone=UTC&useSSL=true
spring.datasource.username = root
spring.datasource.password = 123456
spring.datasource.driver-class-name = com.mysql.cj.jdbc.Driver
spring.jackson.serialization.indent-output = true
```

其中:

spring.datasource.url:访问数据源的 URL,即数据库连接字符串。

spring.datasource.username、**spring.datasource.password**:访问数据库的用户名和密码。root 用户是 MySQL 系统默认的管理员用户(拥有最高权限),密码(123456)是安装 MySQL 时设置的根用户口令。

spring.datasource.driver-class-name:MySQL 数据库驱动类名。从 MySQL 8 开始,驱动类名为 com.mysql.cj.jdbc.Driver。

spring.jackson.serialization.indent-output:将 JSON 对象格式化输出。JSON 是目前互联网应用通行的前后端数据传输格式,此配置项设为 true 可向前端返回格式化的 JSON 数据对象,以层次分明的形式显示其内部嵌套对象的结构,易读且更为美观,后面运行程序时读者会看到效果。

2.1.2 分层设计

我们严格按照 JavaEE 标准的三层架构来设计程序,分为表示层、业务层、持久层,程序结构如图 2.3 所示,图中画出了程序中各个类、接口、对象、方法所属的层次和所在的源程序包,并标注了它们各自在系统中扮演的角色及相互关系。

▶MVC 模式　　▶三层架构

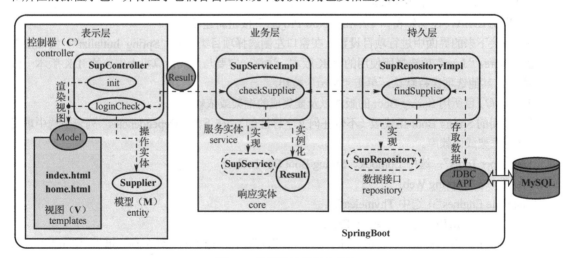

图 2.3　分层设计的程序结构

下面结合图2.3，就即将开发的这个程序来简要介绍一下各部分的工作原理。

表示层：包括两个页面index.html（初始页，含用户名和密码输入框）和home.html（欢迎页，显示用户注册信息），以及一个控制器和一个模型Supplier（商家用户模型）。页面以HTML 5编写，其上需要显示动态数据的地方都嵌入了Model（Spring MVC的模型接口）；控制器是一个SupController类，其中有两个方法init()和loginCheck()。init()用于程序一开始启动访问时定向到初始页（index.html），loginCheck()则通过调用业务层类中的方法（向其传入Supplier模型），获取商家用户信息数据（以Result响应实体的形式返回），提取出来后作为属性添加到页面的Model中，即可看到网页上的用户注册信息内容。

业务层：有一个服务实体SupServiceImpl类，它实现SupService业务接口，其中的checkSupplier()方法专门负责处理对登录商家用户信息进行验证的业务功能（表示层控制器就是调用该方法执行验证的），验证结果通过实例化包装进Result响应实体中返回给前端。

持久层：定义了一个数据接口SupRepository，它是持久层对业务层暴露的"操作界面"，业务层调用其中的findSupplier()方法查询用户数据。SupRepositoryImpl类实现了该数据接口，通过JDBC存取MySQL中的数据。

以上三层中所有的类、接口、模型、对象实体等组件全都置于Spring Boot这个大容器中统一管理。Spring Boot管理组件的细节对开发人员是完全透明的，开发者丝毫"感觉不到"Spring Boot的存在，只须按上述标准的分层结构开发各层内的组件即可。

1. 持久层开发

右击项目工程目录树的src→main→java→com.example.mystore节点，选择"New"→"Package"命令，如图2.4所示。

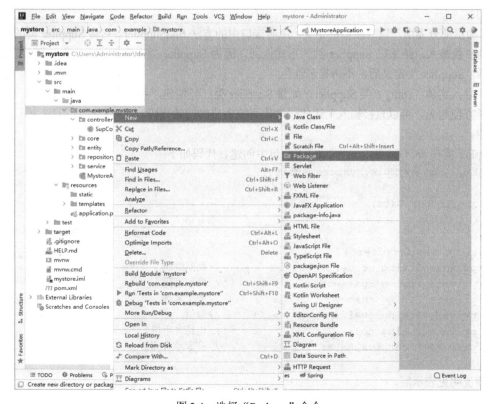

图2.4 选择"Package"命令

在"New Package"文本框中默认前缀"com.example.mystore."后输入"repository"并回车,创建一个名为 repository 的包,如图 2.5 所示。

在 repository 包中开发数据接口及其实现类,分为以下两步。

1)定义数据接口

右击新创建的 repository 包节点,选择"New"→"Java Class"命令,在提示框列表中选中"Interface",上方框内输入接口名称为"SupRepository",如图 2.6 所示。

图 2.5　创建 Java 源程序包

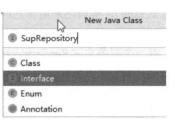

图 2.6　创建 Java 接口

回车,"SupRepository.java"接口代码如下:

```
package com.example.mystore.repository;

import com.example.mystore.entity.Supplier;                    //(b)

public interface SupRepository {
    public Supplier findSupplier(Supplier supplier);           //(a)
}
```

说明:

(a)加粗部分为用户输入接口的定义,声明接口中的方法 findSupplier。它将 Supplier 类的 supplier 实例作为参数带入,结果以 Supplier 类的形式返回。因为 Supplier 类在表示层才定义,所以目前会以红色显示。Supplier 类定义后,不再显示红色。

(b)导入实体(entity)类 Supplier。如果 Supplier 类已经创建,系统会自动生成本行。

为了方便起见,可以直接输入上述代码取代系统生成的初始代码。

其中:

Supplier 类在 com.example.mystore.entity 包中创建。代码如下:

```
package com.example.mystore.entity;

import lombok.Data;

@Data
public class Supplier {
    private String scode;              //商家编码
    private String spassword;          //商家密码
    private String sname;              //商家名称
    private String sweixin;            //微信
    private String tel;                //电话(手机)
    private Float evaluate;            //商家综合评价
}
```

详细说明见表示层。

2）开发接口实现类

右击 repository 包节点，选择"New"→"Java Class"命令，出现提示框，在列表中选中"Class"，上方框内输入类名称。

创建接口 SupRepository 的实现类 SupRepositoryImpl，代码如下：

```java
package com.example.mystore.repository;

import com.example.mystore.entity.Supplier;
import org.springframework.beans.factory.annotation.Autowired;
import org.springframework.jdbc.core.BeanPropertyRowMapper;
import org.springframework.jdbc.core.JdbcTemplate;
import org.springframework.jdbc.core.RowMapper;
import org.springframework.stereotype.Repository;

@Repository
public class SupRepositoryImpl implements SupRepository {
    @Autowired
    private JdbcTemplate jdbcTemplate;                      //Spring Boot 自带的 JDBC 模板

    @Override
    public Supplier findSupplier(Supplier supplier) {
        try {
            String sql = "SELECT * FROM supplier WHERE SCode = ?"; // (a)
            Object args[] = {
supplier.getScode()
            };                                              // (b)
            RowMapper<Supplier> rowMapper = new BeanPropertyRowMapper<Supplier>(Supplier.class);                                              // (c)
            Supplier supObj = jdbcTemplate.queryForObject(sql, args, rowMapper);
                                                            // (d)
            return supObj;
        } catch (Exception e) {
            return null;
        }
    }
}
```

这里使用了 Spring Boot 自带的 JDBC 模板组件 jdbcTemplate 来操作 JDBC 的 API，存取 MySQL 的数据，十分方便。

说明：

（a）**String sql = "SELECT * FROM supplier WHERE SCode = ?"**：根据商家编码查询商家记录的 SQL 语句。

（b）**Object args[] = { supplier.getScode() }**：在传入 findSupplier()方法的 Supplier 对象参数中获取商家编码实参值。

（c）**RowMapper<Supplier> rowMapper = new BeanPropertyRowMapper<Supplier>(Supplier.class)**：RowMapper 是 jdbcTemplate 提供的类，用于将查询数据库得到的多列数据映射到一个具体的模型类（本例就是 Supplier 类）上。

（d）**Supplier supObj = jdbcTemplate.queryForObject(sql, args, rowMapper)**：调用 jdbcTemplate 模板的 queryForObject 方法执行查询，需要提供三个参数，包括执行的 SQL 语句、实参（在对象数组

args 中）及行数据映射对象 rowMapper。

注意：如果@Repository 开始的代码通过其他文档粘贴完成，则其中的类名会显示红色，需要在显示红色的部分按 Alt+Enter 组合键，或者输入打头字母后通过系统提供的列表选择完成输入，系统同时会自动生成上面对应的 import 行代码。

2. 业务层开发

1）设计响应实体 Result 类

在项目工程目录树的 com.example.mystore 节点下创建 core 包，在其中定义 Result 类，代码如下：

```java
package com.example.mystore.core;

public class Result {
    private int code;                          // (a) 返回码
    private String msg;                        // (b) 返回消息
    private Object data;                       // (c) 数据内容

    /**各属性的get/set方法*/
    public int getCode() {
        return this.code;
    }

    public void setCode(int code) {
        this.code = code;
    }

    public String getMsg() {
        return this.msg;
    }

    public void setMsg(String msg) {
        this.msg = msg;
    }

    public Object getData() {
        return this.data;
    }

    public void setData(Object data) {
        this.data = data;
    }
}
```

说明：

（a）**private int code**：code 是返回码，标识登录验证通过与否。若验证通过，返回 200；若失败则视具体情况返回 403（密码错）/404（用户不存在）。

（b）**private String msg**：msg 是字符串形式的消息，描述客户端请求执行的情况。若成功，填写成功信息；若失败，简单说明失败原因。这样用户就可从返回的消息内容中得知登录失败的原因，便于纠正错误后重新登录。

（c）**private Object data**：这里存储的是从数据库得到的数据内容，以 Java 对象的形式存储，传回前端后由表示层控制器解析为模型对象，供前台页面 Model 使用。

Result 类是自定义的，实际开发中，还可以根据应用需求设计新的属性，为前台提供更多有价值的信息。

2）定义业务接口

在项目工程目录树的 com.example.mystore 节点下创建 service 包，在其下定义名为 SupService 的接口，代码如下：

```java
package com.example.mystore.service;

import com.example.mystore.core.Result;
import com.example.mystore.entity.Supplier;

public interface SupService {
    public Result checkSupplier(Supplier supplier);
}
```

3）开发服务实体

在 service 包下创建业务接口的实现类 SupServiceImpl，代码如下：

```java
package com.example.mystore.service;

import com.example.mystore.core.Result;
import com.example.mystore.entity.Supplier;
import com.example.mystore.repository.SupRepository;
import org.springframework.beans.factory.annotation.Autowired;
import org.springframework.stereotype.Service;

@Service
public class SupServiceImpl implements SupService {
    @Autowired
    private SupRepository supRepository;

    @Override
    public Result checkSupplier(Supplier supplier) {
        Supplier supObj = supRepository.findSupplier(supplier);//调用持久层方法
        Result result = new Result();
        if (supObj == null) {
            result.setCode(404);
            result.setMsg("用户不存在！");
        } else {
            if (!supplier.getSpassword().equals(supObj.getSpassword())) {
                result.setCode(403);
                result.setMsg("密码错！");
            } else {
                result.setCode(200);
                result.setMsg("验证通过");
                result.setData(supObj);
            }
        }
        return result;
    }
}
```

可以看到，服务实体类中是按照用户登录验证过程的逻辑来组织代码的：先调用持久层方法查询用户数据，再用持久层返回的数据验证用户合法性，然后根据结果的不同情形实例化出不一样的 Result 响应实体。这样经过 Result 的封装，就对前端表示层屏蔽了验证过程具体的业务逻辑流程，表示层接收到数据后，根据其中不同的返回码进行解析和转发即可。

3. 表示层开发

1）设计模型

模型是 JavaEE 系统中数据传递和交互的媒介，一个模型对应后台数据库中的某个表，是关系数据库表在 Java 系统中的映射对象，它是为实现数据库关系表的面向对象操作和编程而引入的。控制器以模型实体作为参数向后台提交数据，后台处理得到的结果数据也以模型对象的形式（要包装进 Result 响应实体）返回给前端，控制器再对模型对象进行解析，提取出有用数据来渲染页面。

本例针对数据库 supplier（商家）表设计一个商家用户模型 Supplier。

在项目工程目录树的 com.example.mystore 节点下创建 entity 包，在其中创建模型类 Supplier，代码如下：

```java
package com.example.mystore.entity;

import lombok.Data;

@Data
public class Supplier {
    private String scode;          //商家编码
    private String spassword;      //商家密码
    private String sname;          //商家名称
    private String sweixin;        //微信
    private String tel;            //电话（手机）
    private Float evaluate;        //商家综合评价
}
```

说明：

（1）传统 JavaEE 数据模型类的设计代码必须遵循严格的规范，类的各个属性对应于要显示的数据记录的各个字段（数据库表的列名），每一个属性都对应一对 get/set 方法。但由于本例在前面创建 Spring Boot 项目的时候引入了 Lombok 框架（通过选中"Developer Tools"→"Lombok"），故这里可以省略所有属性的 get/set 方法代码。

（2）实际开发时可根据应用需求灵活调整模型属性的数目，并非数据库表的所有列都要有属性。可以看到，这里暂未定义 supplier 表的"SLicence"（营业执照图片）列属性，因为本例用不到，即只要保证程序要用的列在模型里有对应的属性就可以。但是属性名必须严格与数据库表的列名一致（建议全部小写），否则模型可能无法获取相应表列中的数据内容。

图 2.7 创建页面

2）设计前端页面

右击项目工程目录树的 src→main→resources→templates 节点，选择"New"→"HTML File"命令，出现提示框，在下面列表中选中"HTML 5 file"，创建前端页面，上方框内输入页面名称，如图 2.7 所示。

本例要创建两个页面：index.html 和 home.html。

（1）index.html 是初始的登录页，页面代码如下：

```html
<!DOCTYPE html>
<html lang="en" xmlns:th="http://                    ">   <!--引入Thymeleaf-->
<head>
```

```html
    <meta charset="UTF-8">
    <style>                                          /* (a) */
    .mytd {
            width: 80px;
            font-size: xx-small;
            color: red;
        }
    </style>
    <title>商品信息管理系统</title>
</head>
<body bgcolor="#e0ffff">
<br>
<div style="text-align: center">
<form action="/check" method="post">              <!-- (b) -->
<table style="text-align: center;margin: auto">
<caption><h4>商家登录            </h4></caption>
<tr>
<td>用 户 </td>
<td><input th:type="text" name="scode" size="16" th:value="${scode}"></td>
                                                   <!-- (c) -->
<td class="mytd"><span th:if="${result.getCode()==404}" th:text="${result.getMsg()}"></span></td>
                                                   <!-- (d) -->
</tr>
<tr>
<td>密 码 </td>
<td><input th:type="password" name="spassword" size="16" th:value="${spassword}"></td>
                                                   <!-- (c) -->
<td class="mytd">
<span th:if="${result.getCode()==403}" th:text="${result.getMsg()}"></span></td>
                                                   <!-- (d) -->
</tr>
</table>
<br>
<input th:type="submit" value="登录">  
<input th:type="reset" value="重置">  
</form>
</div>
</body>
</html>
```

其中：

（a）**<style>.mytd{ … }</style>**：定义登录失败提示消息文字的样式，为红色、xx-small（超特小号）字体。

（b）**<form action="/check" method="post">**：/check 是页面表单请求的提交路径，必须与控制器 @RequestMapping 注解中指定的路径一致才能调用控制器的方法。

（c）**<input th:type="text" name="scode" size="16" th:value="${scode}">、<input th:type="password" name="spassword" size="16" th:value="${spassword}">**：每一个 HTML 5 标签的属性都有一个对应的 Thymeleaf 属性，以"th:"标注，如 input 标签的 type、value 属性分别对应 Thymeleaf 的 th:type、th:value 属性，在 Thymeleaf 引擎启动的情况下就会生效，取代原 HTML 5 标签属性，相反，

Thymeleaf 属性只是一个无用的自定义属性,浏览器内核并不认识,这样即便后台返回的数据有错也不会影响前台基本页面的呈现(仅对应数据位置处无内容而已),这是 Thymeleaf 相较于传统 JSP 的优势,因此它被普遍认为是取代 JSP 的 Web 页面开发利器,受到 Spring Boot 官方的大力推荐。这里还要特别注意一点:就是 input 标签的 name 属性必须与设计的模型类的对应属性名称完全一样;而 th:value 中的属性变量名则不要求与模型类属性同名,与控制器代码中添加的 Model 属性名一致即可。

(d) `<span th:if="${result.getCode()==404}"th:text="${result.getMsg()}"></span>`、`<span th:if="${result.getCode()==403}"th:text="${result.getMsg()}"></span>`:用 Thymeleaf 的条件判断属性 th:if 定义了两个"隐藏"的行,当登录验证失败时根据返回 Result 响应实体中 code 码的不同,显示不同的提示文字。

(2) home.html 是登录成功后的欢迎页,页面代码如下:

```html
<!DOCTYPE html>
<html lang="en" xmlns:th="http://              ">
<head>
<meta charset="UTF-8">
<style>
        .mydiv {
            margin: auto;
            width: 350px;
            text-align: left;
        }
</style>
<title>商品信息管理系统</title>
</head>
<body bgcolor="#e0ffff">
<br>
<div style="text-align: center">
<h4 style="display: inline">用户 </h4><span th:text="${scode}"></span>
<h3>您好!欢迎使用商品信息管理系统</h3>
<div th:text="您在本站的注册信息如下" class="mydiv" style="height: 30px"></div>
<div th:text="''商家: '+${sname}" class="mydiv"></div>
<div th:text="''微信: '+${sweixin}" class="mydiv"></div>
<div th:text="''电话: '+${tel}" class="mydiv"></div>
</div>
</body>
</html>
```

3)开发控制器

在项目工程目录树的 com.example.mystore 节点下创建 controller 包,在其中创建控制器类 SupController,代码如下:

```java
package com.example.mystore.controller;

import com.example.mystore.core.Result;
import com.example.mystore.entity.Supplier;
import com.example.mystore.service.SupService;
import org.springframework.beans.factory.annotation.Autowired;
import org.springframework.stereotype.Controller;
import org.springframework.ui.Model;
import org.springframework.web.bind.annotation.*;

@Controller
public class SupController {
```

```java
    @Autowired
    private SupService supService;

    @GetMapping("/index")
    public String init(Model model) {
        //初始化 Result 响应实体
        Result result = new Result();
        result.setCode(100);
        result.setMsg("初始状态");
        model.addAttribute("result", result);
        return "index";                                    //定向到初始登录页
    }

    @RequestMapping("/check")
    public String loginCheck(Model model, Supplier supplier) {
        //通过模型获取商家编码（用户名）和密码
        model.addAttribute("scode", supplier.getScode());
        model.addAttribute("spassword", supplier.getSpassword());
        Result result = supService.checkSupplier(supplier);   //调用业务层方法
        model.addAttribute("result", result);
        if (result.getCode() == 200) {                        //验证通过
            //解析登录的商家用户注册信息，并添加到 Model 属性用于渲染页面
            Supplier supObj = (Supplier) result.getData();
            model.addAttribute("sname", supObj.getSname());
            model.addAttribute("sweixin", supObj.getSweixin());
            model.addAttribute("tel", supObj.getTel());
            return "home";
        } else return "index";                               //验证失败重回初始页
    }
}
```

4. 运行测试

1）启动项目

单击 IDEA 工具栏的启动按钮（位于开发环境界面右上方的绿色三角形按钮  ），底部窗口出现 Spring Boot 的启动信息，稍候片刻，显示"Started MystoreApplication in 1.747 seconds (JVM running for 2.75)"（秒数会有不同）就表示启动成功，如图 2.8 所示。

图 2.8　启动项目

2）访问页面

此时打开浏览器，在地址栏中输入 http://localhost:8080/index 并回车，可以看到登录页面，如图 2.9 所示。

3）验证失败的提示

输入错误的用户名或密码并提交，页面在对应文本框后显示红色的"用户不存在！"或者"密码错！"信息。

4）登录成功

输入正确的用户名（SXLC001A）和密码（888），单击"登录"按钮，成功登录后页面显示欢迎文字和该商家用户的注册信息，如图 2.10 所示。

图 2.9　登录页面

图 2.10　成功登录后显示的信息

如果要让 IDEA 回到开发状态，可以单击启动按钮后面的停止按钮。

2.1.3　URL 请求参数传递

▶URL 请求参数传递

上面的实例，客户端请求参数（用户名、密码）是通过前端页面表单提交的，但在某些情况下（如前端尚未开发）想要提前试运行程序以测试业务功能，就需要通过 URL（统一资源定位符）直接向控制器传递参数。

在 Spring Boot 中，将 URL 映射到后台程序是通过注解@RequestMapping 处理的。URL 映射其实就是用控制器定义要访问的 URL 路径，用户通过输入路径来访问控制器的某个方法，如图 2.11 所示。

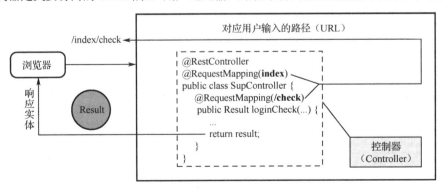
图 2.11　控制器中的 URL 映射

实际编程开发中，控制器获取 URL 参数的方式非常灵活，可以采用多种方式，而每一种方式又有多种不同的写法，下面通过一个实例来系统地演示不同类型的参数传递方式，并总结出常用的注解语句写法。

【实例 2.2】 商家登录"商品信息管理系统"，通过输入 URL 提交用户名及密码，浏览器返回 JSON 格式的响应实体（内含用户注册信息），若失败则返回的 JSON 实体中含有消息可提示原因。

本例在【实例 2.1】基础上重写控制器 SupController 的代码，介绍三种参数传递方式。

1. 形参名（无注解）接收参数

这是最简单的方式，用控制器中的方法形参名直接接收来自 URL 的请求参数。

【实例 2.2】控制器

1）控制器编程

修改控制器 SupController，代码如下：

```
...
@RestController
@RequestMapping("index")
public class SupController {
    @Autowired
    private SupService supService;

    @RequestMapping("/check")                //处理 URL 映射的注解语句
    public Result loginCheck(String scode, String spassword) {
        Supplier supplier = new Supplier();
        supplier.setScode(scode);
        supplier.setSpassword(spassword);
        Result result = supService.checkSupplier(supplier);
        return result;
    }
}
```

2）运行

启动项目，打开浏览器，在地址栏中输入 http://localhost:8080/index/check?**scode**=SXLC001A&&**spassword**=888 并回车，以 JSON 格式返回的响应实体数据如图 2.12 所示。

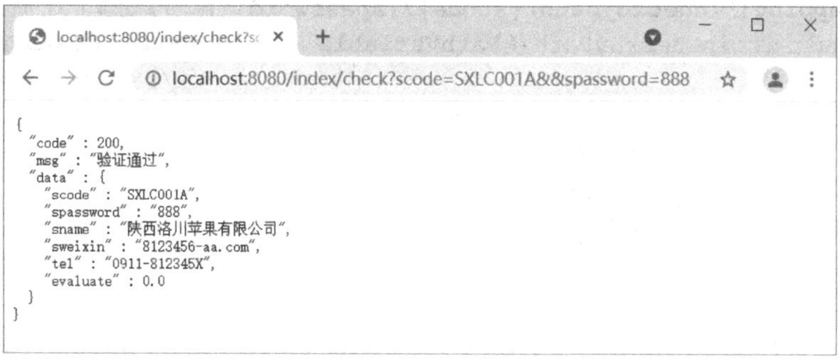

图 2.12　以 JSON 格式返回的响应实体数据

若故意将 URL 携带的用户名或密码写错，提交后返回的 JSON 数据中也会含错误码及失败原因的提示文字（"用户不存在！""密码错！"），此时 JSON 数据键（data）显示值为空（null），如图 2.13 所示。

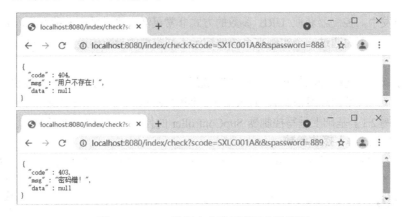

图2.13　JSON 数据内含错误码及失败原因

3）说明

（1）用形参接收参数，要求控制器方法的形参名必须与 URL 携带的参数名完全一致且严格对应，URL 中既不能省略某个参数，也不能凭空多出额外的参数。

（2）URL 携带的参数均以"参数名=值"的形式写在路径之后，与路径之间隔一个"?"，各参数之间以"&&"（或"&"）分隔。

（3）Spring Boot 用来处理 URL 映射的注解语句有多种不同形式的写法，本例代码中的"@RequestMapping("/check")"还可以写成如下几种形式：

```
@RequestMapping(value = "check", method = RequestMethod.GET)
@GetMapping("/check")
@GetMapping(value = "check")
```

2. 路径（@PathVariable）传递参数

当下互联网应用流行的 RESTful 风格接口，要求客户端将请求参数值直接写在访问 URL 的路径中，如"http://地址/路径/值 1/值 2/…/值 n"的形式，这种情况只能依靠路径自身传递参数值，在 Spring Boot 中用@PathVariable 注解参数。

1）控制器编程

在控制器 SupController 中添加一个 loginCheckByPath 方法，代码如下：

```
@RequestMapping("/checkbypath/{scode}/{spassword}")    //处理 URL 映射的注解语句
public Result loginCheckByPath(@PathVariable String scode, @PathVariable String spassword) {                                    //@PathVariable 注解参数
    Supplier supplier = new Supplier();
    supplier.setScode(scode);
    supplier.setSpassword(spassword);
    return supService.checkSupplier(supplier);
}
```

2）运行

启动项目，打开浏览器，在地址栏中输入 http://localhost:8080/index/checkbypath/**SXLC001A/888** 并回车，看到以 JSON 格式返回的响应实体数据与图 2.12 中的一样。

若故意写错 URL 路径中的用户名或密码，提交后返回的结果同图 2.13。

3）说明

（1）用"@RequestMapping("/checkbypath/{**scode**}/{**spassword**}")"注解语句处理 URL 映射，在访问"http://localhost:8080/index/checkbypath/**SXLC001A/888**"时，Spring Boot 会自动将 URL 中的模板变

量{scode}、{spassword}绑定到通过@PathVariable 注解的同名参数上,从而获取路径中的参数值。处理 URL 映射的注解语句也可以写成如下几种等效的形式:

```
@RequestMapping(value = "checkbypath/{scode}/{spassword}", method = RequestMethod.GET)
@GetMapping("/checkbypath/{scode}/{spassword}")
@GetMapping(value = "checkbypath/{scode}/{spassword}")
```

(2)控制器方法"public Result loginCheckByPath(**@PathVariable** String **scode**, **@PathVariable** String **spassword**)"用@PathVariable 注解声明参数,还可以写成如下两种形式:

```
public Result loginCheckByPath(@PathVariable("scode") String scode, @PathVariable("spassword") String spassword)
public Result loginCheckByPath(@PathVariable(value = "scode") String scode, @PathVariable(value = "spassword") String spassword)
```

其中,@PathVariable(value = "xxx")中的"xxx"为参数名,它必须与注解语句"@RequestMapping("/checkbypath/{**xxx**}/…")"中的模板变量名相一致,但与其后声明的参数名可以不同,比如,写成下面这样也是正确的:

```
public Result loginCheckByPath(@PathVariable(value = "scode") String code, @PathVariable(value = "spassword") String password)
```

3. 用@RequestParam 映射参数

现在,一些规模较大的互联网应用系统都提倡前后端分离开发,这就要求前后端程序之间能够顺利地对接和进行互操作,但是由不同工程师团队所开发的程序往往内部使用的是不一样的变量命名规范,而且在访问外部系统的时候,出于安全考虑,某些参数(如密码)是不宜公开放在 URL 中传输的,这就要求前端发送的参数能够正确地映射到后端接口上,且允许省略其中的某些敏感参数或采用默认值。为适应这类应用需求,Spring Boot 专门提供了@RequestParam 注解来支持程序间参数的映射和默认赋值,下面简单演示这种用法。

1)控制器编程

在控制器 SupController 中添加一个 loginCheckByPara 方法,代码如下:

```
@RequestMapping(value = "checkbypara", method = RequestMethod.GET)
public Result loginCheckByPara(@RequestParam(value = "scode") String scode
    , @RequestParam(value = "spassword", required = false, defaultValue = "888") String spassword) {
    Supplier supplier = new Supplier();
    supplier.setScode(scode);
    supplier.setSpassword(spassword);
    return supService.checkSupplier(supplier);
}
```

其中,@RequestParam(value = "xxx")中的"xxx"为参数名,必须与前端 URL 中携带的参数名一致,但与其后声明的参数名可以不同,这样就实现了前后端参数名的映射,便于前后端分离开发时各自使用不同名称的参数;当需要省略某个参数时,设置"required = false",然后用"defaultValue"指定参数的默认值即可,这里指定了默认的登录密码。

2)运行

启动项目,打开浏览器,在地址栏中输入 http://localhost:8080/index/checkbypara?scode=SXLC001A(省略了密码)并回车,看到以 JSON 格式返回的响应实体数据与图 2.12 中的一样。

若故意写错用户名,提交后返回含错误码 404 及"用户不存在!"提示消息的 JSON 数据体。

3)说明

(1)处理 URL 映射的注解语句"@RequestMapping(value = "checkbypara", method = RequestMethod.

GET)"也可以写成下面几种等效的形式：
```
@RequestMapping("/checkbypara")
@GetMapping("/checkbypara")
@GetMapping(value = "checkbypara")
```
（2）用@RequestParam 注解声明参数还可以写成如下两种形式：
```
public Result loginCheckByPara(@RequestParam("scode") String scode,
@RequestParam(value = "spassword", required = false, defaultValue = "888") String
spassword)
    public Result loginCheckByPara(@RequestParam String scode,
@RequestParam(value = "spassword", required = false, defaultValue = "888") String
spassword)
```

以上介绍了三种 URL 请求参数的传递方式，实际开发中请读者根据应用场景选择最合适的方式来编写程序。

2.1.4 项目打包部署

Spring Boot 框架已将 Tomcat 等服务器整合其中，故开发者无须额外安装和配置 Web 服务器，可用 IDEA 将开发好的项目打成 JAR 包，脱离开发环境，直接在 JVM（Java 虚拟机）上运行。

下面以【实例 2.1】介绍 Spring Boot 项目打包部署的操作步骤。

（1）用 IDEA 打开需要打包的【实例 2.1】项目工程。

在 IDEA 开发环境中，选择主菜单"File"→"Project Structure"命令，弹出"Project Structure"窗口，如图 2.14 所示。

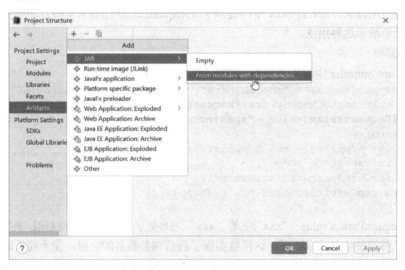

图 2.14 "Project Structure"窗口

在左侧选择"Project Settings"→"Artifacts"，单击界面左上方的 + 按钮，出现"Add"下拉菜单，选择"JAR"→"From modules with dependencies"命令，弹出"Create JAR from Modules"对话框。

（2）单击"Create JAR from Modules"对话框"Main Class"栏右侧的 按钮，弹出"Select Main Class"框，选中项目 com.example.mystore 包下的主类 MystoreApplication，单击"OK"按钮，如图 2.15 所示。

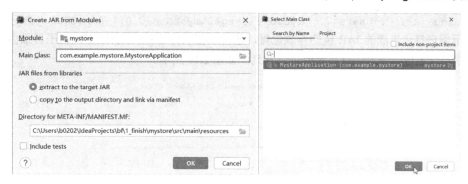

图 2.15　选中项目主类

（3）继续单击"OK"按钮，回到"Project Structure"窗口，如图 2.16 所示，界面上列出了即将打包的名称、类型、输出目录、包中元素的层次布局等相关信息，确认无误后单击"OK"按钮。

（4）单击 IDEA 开发环境右侧边栏上的"Maven"标签按钮，在出现的"Maven"子窗口中双击"mystore"→"Lifecycle"→"package"项启动打包过程，如图 2.17 所示。

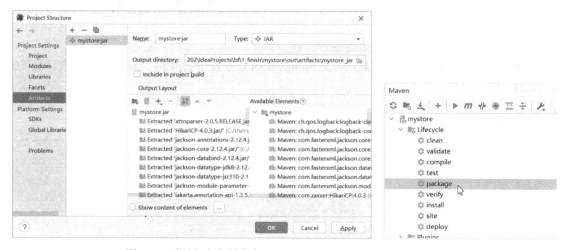

图 2.16　确认打包相关信息　　　　　　　　　　图 2.17　启动打包过程

（5）此时，下方控制台子窗口中输出一系列信息，稍候片刻，待出现"BUILD SUCCESS"文字就表示打包成功了，如图 2.18 所示。

图 2.18　打包成功

在控制台输出信息中，还有一行（图中特别框出）：

```
Building jar: C:\Users\...\mystore\target\mystore-0.0.1-SNAPSHOT.jar
```
它提示用户打包生成的 JAR 包的存放位置，通常放在项目 target 子目录下，该子目录由 IDEA 在打包过程中自动生成，进入项目目录就可以看到，如图 2.19 所示。

图 2.19 打包生成的 target 子目录

（6）进入 target 子目录，可看到一个名为 mystore-0.0.1-SNAPSHOT.jar 的文件，它就是打包得到的 JAR 包，可直接在 JVM 上运行。将这个文件复制到某个特定的目录下，通过 Windows 命令行进入其所在目录，执行语句：

```
java -jar mystore-0.0.1-SNAPSHOT.jar
```

控制台输出如图 2.20 所示的信息，可见 Spring Boot 已经开始工作了，与在 IDEA 开发环境下的启动信息一样。

图 2.20 控制台输出信息

现在就可以脱离 IDEA 开发环境运行这个程序了。打开浏览器，在地址栏中输入 http://localhost:8080/index 并回车，运行效果与前面 IDEA 开发环境下的运行效果完全一样。

说明：

① 如果项目在先前已经打过包，再次打包前需要先清理原来的 target 目录。方法是：单击 IDEA 开发环境右侧边栏上的"Maven"标签按钮，在出现的"Maven"子窗口中双击"mystore"→"Lifecycle"→"clean"项。

② 打包生成的 JAR 包文件 mystore-0.0.1-SNAPSHOT.jar 可以根据需要重命名，只要运行时命令语句"java -jar"后面跟的文件名与之一致即可。

③ JAR 包文件可以部署到任何计算机上启动运行，只要该计算机安装了版本匹配的 JDK。

④ 若想结束程序运行，只须直接关闭启动 JAR 包的命令行窗口。

2.2 Spring Boot 项目结构

用 IDEA 开发的 Spring Boot 项目有着固定的结构，【实例 2.1】项目的结构如图 2.21 所示，其中，平时开发最常用的部分包括：程序开发目录、资源文件目录、测试目录和依赖配置文件，图中分别框出并标示了它们各自所在的位置，下面分别加以介绍。

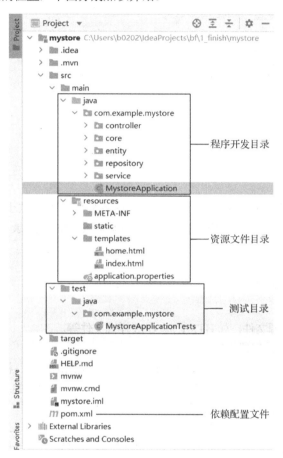

图 2.21 Spring Boot 项目结构

1. 程序开发目录

这就是开发 Spring Boot 程序全部源代码的存放目录，位于项目目录的 src→main→java 路径下，其中包含一个总的程序包和一个主启动类。

1）总程序包

它用于分门别类地存放程序各个模块（层次）的源代码，本例的总程序包名为 com.example.mystore，这个名称是在创建项目的时候由向导根据用户设置内容自动生成的，如图 2.22 所示，生成规则为：Group.Artifact，其中 Group 为组名，默认为 com.example，当然也可以由用户自己命名；Artifact 是项目整体的模块包名，默认为项目名。通常开发时，根据项目程序分层架构和模块划分，再在总程序包下创建各个子包来存放不同部分的源代码，一般来说，程序员都会遵守一些约定俗成的"标准"，比如，用命名为 controller 的包来放控制器类，entity 或 model 包存放模型实体类，repository 或 dao 包存放持久层接口及其实现类，service 包存放业务接口及服务实体类等。

2）主启动类

这是整个 Spring Boot 项目的运行启动类，相当于主程序入口，该类也是由向导在创建项目时自动生成的，类名构成规则为：项目名+Application，如本例项目名为 mystore，主启动类名就是 MystoreApplication（注意首字母大写）。一般在开发时不要对主启动类的代码进行任何修改。

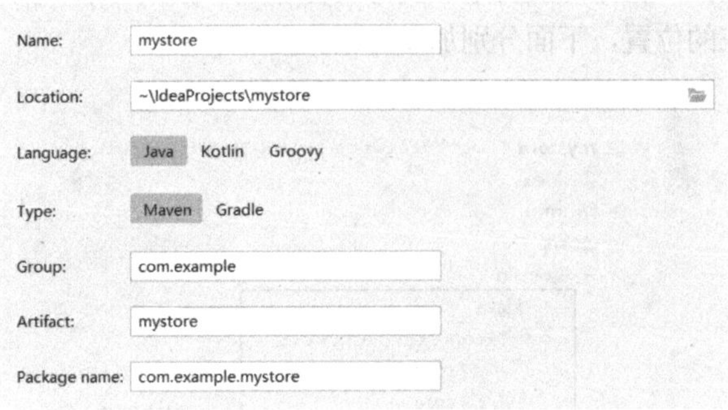

图 2.22 创建项目时生成总程序包名

2. 资源文件目录

这个目录是专门用来存放项目前端页面及用到的各种资源的，位于项目目录的 src→main→resources 路径下（与程序开发目录同级），其中包含 static 和 templates 目录、application.properties 配置文件。

1）static 目录

它用于存放项目静态资源，如需要在页面上显示的图片等。

2）templates 目录

它用于存放前端页面源文件，如 HTML 5、CSS 样式文件等。

3）application.properties 配置文件

这是项目中唯一的配置文件，主要用来配置程序全局要使用的变量、框架属性等。IDEA 默认生成的是以.properties 为后缀的文件，当然用户也可以依使用习惯改成通用的.yml 格式文件，只须重命名后缀即可，后面会详细介绍这两种格式配置文件的用法。

3. 测试目录

IDEA 开发的 Spring Boot 项目支持单元测试，即在尚未完成整个项目开发的阶段就对某个已开发好的模块（如控制器类）提前单独地进行测试和调试，为此，在与 src→main 同级的项目路径下自带了一个测试目录（src→test），其中含有与程序开发目录几乎一模一样的结构：一个总程序包和一个主类，程序包的名称也是 com.example.mystore，只不过主类名变成了 MystoreApplicationTests（后跟 Tests 表示测试类），用户可将开发好的模块先放进测试目录下对应层次的包中，再在主类中编写测试代码（以 @Test 等注解标注），然后启动测试主类，系统就会模拟真实环境的请求处理过程对目标模块执行测试，Spring Boot 本身也提供了一些现成的测试框架方便开发者使用。

4. 依赖配置文件 pom.xml

Spring Boot 发明的初衷就是简化传统 Spring 开发中复杂的 XML 配置，故它的项目中去除了一切不必要的配置文件，所有要用的组件都由 Spring Boot 框架本身自动配置注入，项目中仅仅保留一个依赖配置文件 pom.xml，本例该文件的完整内容如下：

```
<?xml version="1.0" encoding="UTF-8"?>
<project xmlns="http://                              "  xmlns:xsi="http://
                                    "
```

```xml
xsi:schemaLocation="http://                    https://
                ">
<modelVersion>4.0.0</modelVersion>
<parent>
<groupId>org.springframework.boot</groupId>
<artifactId>spring-boot-starter-parent</artifactId>
<version>2.5.4</version>
<relativePath/><!-- lookup parent from repository -->
</parent>
<groupId>com.example</groupId>
<artifactId>mystore</artifactId>
<version>0.0.1-SNAPSHOT</version>
<name>mystore</name>
<description>mystore</description>
<properties>
<java.version>1.8</java.version>
</properties>
<dependencies>
<dependency>
<groupId>org.springframework.boot</groupId>
<artifactId>spring-boot-starter-jdbc</artifactId>
</dependency>
<dependency>
<groupId>org.springframework.boot</groupId>
<artifactId>spring-boot-starter-thymeleaf</artifactId>
</dependency>
<dependency>
<groupId>org.springframework.boot</groupId>
<artifactId>spring-boot-starter-web</artifactId>
</dependency>

<dependency>
<groupId>org.springframework.boot</groupId>
<artifactId>spring-boot-devtools</artifactId>
<scope>runtime</scope>
<optional>true</optional>
</dependency>
<dependency>
<groupId>mysql</groupId>
<artifactId>mysql-connector-java</artifactId>
<scope>runtime</scope>
</dependency>
<dependency>
<groupId>org.projectlombok</groupId>
<artifactId>lombok</artifactId>
<optional>true</optional>
</dependency>
<dependency>
<groupId>org.springframework.boot</groupId>
<artifactId>spring-boot-starter-test</artifactId>
<scope>test</scope>
```

```xml
        </dependency>
    </dependencies>

    <build>
        <plugins>
            <plugin>
                <groupId>org.springframework.boot</groupId>
                <artifactId>spring-boot-maven-plugin</artifactId>
                <configuration>
                    <excludes>
                        <exclude>
                            <groupId>org.projectlombok</groupId>
                            <artifactId>lombok</artifactId>
                        </exclude>
                    </excludes>
                </configuration>
            </plugin>
        </plugins>
    </build>

</project>
```

说明：这个文件的内容是在创建项目时自动生成的，用户需要关注的只是其中<dependencies>…</dependencies>标签元素（代码中加粗）内的部分，以一对对<dependency></dependency>配置项声明了项目所整合的全部组件或第三方框架的依赖，它们在 Spring Boot 中被称为"Starter"，而 pom.xml 中默认配好的 Starter 其实就是用户在创建项目的向导界面上选中的组件。有关 Starter 后面还会介绍。

2.3 Spring Boot 注解

Spring Boot 框架是基于注解编程的。注解（annotations）用来定义类、属性或方法，以便程序能被编译，它相当于一个说明文件，告诉应用程序某个被标注的类或属性是什么、要如何处理。Spring Boot 的基本理念是"约定大于配置"，注解使代码的封装更加严密，以便开发人员将更多的精力放在代码的整体优化和业务逻辑上，所以掌握好注解对开发程序至关重要。本节结合前面两个已开发好的程序实例，系统地介绍 Spring Boot 常用注解的功能和使用方法。

▶Spring Boot 注解

2.3.1 入口类注解

从上节项目结构可见，Spring Boot 应用都有一个名为 xxxApplication（xxx 为项目名，首字母大写）的程序入口类，例如，【实例 2.1】的入口类 MystoreApplication.java 代码如下：

```java
package com.example.mystore;

import org.springframework.boot.SpringApplication;
import org.springframework.boot.autoconfigure.SpringBootApplication;

@SpringBootApplication
public class MystoreApplication {

    public static void main(String[] args) {
```

```
        SpringApplication.run(MystoreApplication.class, args);
    }
}
```

入口类中有一个标准的 Java 应用程序的 main()方法，其中通过 run()方法实例化了一个 SpringApplication 对象（SpringApplication.run(MystoreApplication.class, args);）来启动 Spring Boot 应用。

1. @SpringBootApplication

它是 Spring Boot 的核心注解，用于标注 Spring Boot 项目的入口，该注解将 MystoreApplication 标注为整个应用的启动类，一个项目有且仅有一个启动类，故源代码中只能存在一个 @SpringBootApplication 注解。

@SpringBootApplication 是一个组合注解，它组合了@Configuration/@SpringBootConfiguration、@EnableAutoConfiguration 和@ComponentScan 这三个注解，各自发挥不同的作用。

2. @Configuration/@SpringBootConfiguration

@Configuration 是 Spring Boot 应用的配置注解，它声明当前的类是一个配置类，Spring 容器处理这个配置类来为应用实例化和配置 Bean，故该注解的作用相当于传统 Spring 开发中所配置的一个 XML 文件。在 Spring Boot 应用中推荐使用@SpringBootConfiguration 注解替代@Configuration，它能够自动找到配置所在的位置。

3. @EnableAutoConfiguration

@EnableAutoConfiguration 注解可以让 Spring Boot 根据当前项目所依赖的 JAR 包自动配置与之相关的组件，它借助注解@Import，将所有符合自动配置条件的@Configuration 配置的 Bean 都加载到 IoC 容器中。例如，在 Spring Boot 项目的 pom.xml 文件中有一个 spring-boot-starter-web 依赖，Spring Boot 就会进一步添加并自动配置与之关联的 Tomcat 和 Spring MVC 依赖。

4. @ComponentScan

该注解的功能是让 Spring Boot 自动扫描入口类的同级包及其下所有子包中的配置，所以建议将入口类直接放在项目程序开发目录的总程序包（本例是 com.example.mystore）下，这样就可以确保 Spring Boot 能够自动扫描到项目所有包中的配置。

在开发中，用后三个注解替代核心注解@SpringBootApplication 也是合法的，例如，入口类的代码也可以写成如下形式：

```
package com.example.mystore;

import org.springframework.boot.SpringApplication;
import org.springframework.boot.SpringBootConfiguration;
import org.springframework.boot.autoconfigure.EnableAutoConfiguration;
import org.springframework.context.annotation.ComponentScan;

@SpringBootConfiguration
@EnableAutoConfiguration
@ComponentScan
public class MystoreApplication {

    public static void main(String[] args) {
        SpringApplication.run(MystoreApplication.class, args);
    }
}
```

运行程序结果完全一样。

2.3.2 常用注解

1. @Controller

它标注在控制器类上,声明此类是一个 Spring MVC Controller 对象。该注解所标注控制器内的方法返回的是一个字符串(String),指向前端某个页面,例如:

```
@Controller
public class SupController {
    ...
    @GetMapping("/index")
    public String init(Model model) {
        ...
        return "index";
    }
}
```

执行 init()方法后定位到初始登录页 index.html。

2. @Service

标注一个业务层服务实体,声明此类是一个业务处理类(实现业务接口),专用于处理业务逻辑。例如,【实例 2.1】中 SupServiceImpl 类实现 SupService 接口,处理登录验证逻辑:

```
@Service
public class SupServiceImpl implements SupService {...}
```

3. @Repository

标注一个持久层数据库访问类(实现数据接口)。例如,【实例 2.1】中的 SupRepositoryImpl 类实现 SupRepository 接口,从 MySQL 中查询用户信息:

```
@Repository
public class SupRepositoryImpl implements SupRepository {...}
```

4. @Component

这是通用注解,标注在无法用@Controller、@Service、@Repository 描述但又必须交由 Spring Boot 管理的类上,将类实例化到容器中。它可配合 CommandLineRunner 使用,以便在程序启动后执行一些基础任务。

5. @Autowired

它标注在类的属性上,表示被修饰的属性需要注入对象。Spring Boot 会扫描所有被@Autowired 标注的属性,然后根据其类型在 IoC 容器中找到匹配的对象进行注入。属性所属的类可以是控制器、业务层服务实体、持久层数据库访问类等,例如:

```
@Controller
public class SupController {                              //控制器类
    @Autowired
    private SupService supService;                        //注入服务实体对象
    ...
}

@Service
public class SupServiceImpl implements SupService {       //服务实体
    @Autowired
    private SupRepository supRepository;                  //注入数据库访问对象
    ...
```

```
}
@Repository
public class SupRepositoryImpl implements SupRepository {    //数据库访问类
    @Autowired
    private JdbcTemplate jdbcTemplate;                       //注入JDBC模板组件
    ...
}
```

可以看到，上层通过@Autowired注解注入要用的下层组件对象，而底层则直接注入Spring Boot框架自带的JDBC模板组件来操作数据库，仅通过一个@Autowired注解的修饰就清晰地表达了各层之间的协作及调用关系，避免了传统开发中靠XML文件配置组件依赖关系的烦琐，这也是Spring Boot注解编程最大的优势所在。

6. @RequestMapping

它用来处理请求地址映射，在程序中可标注在类和/或方法上。如果用在类上，表示该类中所有响应请求的方法都是以该注解中的地址作为父路径的；如果仅用在某个方法上，就只有此方法以注解的地址为路径；如果同时用在类及其方法上，则类注解的地址要加上方法自身注解的地址才是完整的响应路径。

例如，【实例2.1】中的控制器仅在loginCheck()方法上注解：

```
public class SupController {
    ...
    @RequestMapping("/check")
    public String loginCheck(Model model, Supplier supplier) {...}
```

运行时将请求提交到 http://localhost:8080/**check**（前端页面代码为<form action="**/check**" method="post">）。

而【实例2.2】中的控制器在类和方法上都加了注解：

```
@RequestMapping("index")
public class SupController {
    ...
    @RequestMapping("/check")
    public Result loginCheck(String scode, String spassword) {...}
    ...
}
```

运行时的访问路径就变为 http://localhost:8080/**index/check**（测试URL为 http://localhost:8080/**index/check**?scode=SXLC001A&&spassword=888）。

@RequestMapping还可以附带属性，它有6个属性。

- params：指定Request中必须包含某些参数值，才让该方法处理。
- headers：指定Request中必须包含某些指定的header值，才让该方法处理。
- value：指定请求的实际地址，可以是URI Template模式。
- method：指定请求的方法类型，如GET、POST、PUT、DELETE等。
- consumes：指定处理请求的提交内容类型（Content-Type），如"application/json, text/html"。
- produces：指定返回的内容类型。只有当Request请求头中的Accept类型中包含该指定类型时才返回。

例如，用属性设定请求参数：

```
@RequestMapping(value = "check", method = RequestMethod.GET)
```

7. @Requestbody/@ResponseBody

@Requestbody 标注在方法参数前，常用来处理 application/json、application/xml 等内容类型（Content-Type）的数据，意味着 HTTP 消息是 JSON/XML 格式，须将其转化为指定类型参数处理。通过@Requestbody 可以将请求体中的（JSON/XML）字符串绑定到相应的 Bean 上，也可以将其分别绑定到对应的字符串上。

@ResponseBody 通过转换器将控制器中方法返回的对象转换为指定的格式（JSON/XML）后，写入 Response 对象的 body 数据区。它常用来返回 JSON 格式的数据，使用该注解后，数据直接写进输入流，不需要进行视图渲染。例如，【实例 2.1】返回的商家用户信息是显示在页面上的，如果未开发前端页面，而又想从浏览器中看到数据内容，就要以 JSON 格式返回，在控制器中添加以下代码：

```
@RequestMapping("/login")
@ResponseBody
public Result loginCheck(Supplier supplier) {
    return supService.checkSupplier(supplier);
}
```

再运行程序，打开浏览器直接访问 http://localhost:8080/login?scode=SXLC001A&&spassword=888，可看到与图 2.12 一样包装成 JSON 格式的用户信息数据。

8. @RestController

这也是用于标注控制器类的，作用相当于@ResponseBody 加@Controller，但它返回的是 JSON/XML 格式的数据而非 HTML 页面。例如，【实例 2.2】通过 URL 携带的参数发起请求，而返回数据也未用页面渲染（直接采用 JSON 格式），故其控制器要以@RestController 修饰。

9. @Override

这是 Spring 的系统注解，用于修饰方法，表示此方法重写了父类（或接口）的方法。例如，【实例 2.1】的服务实体 SupServiceImpl 实现业务接口的 checkSupplier()方法、数据库访问类 SupRepositoryImpl 实现数据接口的 findSupplier()方法，都必须在方法前加注解：

```
public class SupServiceImpl implements SupService {
    ...
    @Override
    public Result checkSupplier(Supplier supplier) {...}
}

public class SupRepositoryImpl implements SupRepository {
    ...
    @Override
    public Supplier findSupplier(Supplier supplier) {...}
}
```

10. @Data

这是三层架构开发中常用的 Lombok 框架的注解，标注在模型实体类上，在编程时就可以省略模型类的一些方法以达到简化代码的目的。注意：该注解在使用前一定要先导入 Lombok 的 Data 库，代码如下：

```
import lombok.Data;

@Data
public class Supplier {
    //模型中各属性的声明
    ...
}
```

11. @Bean

标注在方法上，声明该方法的返回结果是一个由 Spring 容器管理的 Bean。

12. @PathVariable

标注在方法参数前，将 URL 获取的参数映射到方法参数上以获取路径中的参数，例如，【实例 2.2】的 URL 请求参数传递方式二：

```
@RequestMapping("/checkbypath/{scode}/{spassword}")   //处理 URL 映射的注解语句
public Result loginCheckByPath(@PathVariable String scode, @PathVariable String spassword) {...}
```

13. @Value

它标注在属性上，用于获取配置文件中的值（下节实例会具体介绍用法）。

2.3.3 其他注解

除了上面介绍的常用注解，在 Spring Boot（或 Spring）编程中还有一些注解在某些场合也会用到，说明如下。

（1）@Deprecated：用于修饰方法，表示此方法已经过时，经常在版本升级后会遇到。

（2）@SuppressWarnnings：告诉编译器忽视某类编译警告。它有以下一些属性。

- unchecked：未检查的转化。
- unused：未使用的变量。
- resource：泛型，即未指定类型。
- path：在类中的路径。原文件路径中有不存在的路径。
- deprecation：使用了某些不推荐使用的类和方法。
- fallthrough：switch 语句执行到底，不会遇到 break 关键字。
- serial：实现了 Serializable，但未定义 serialVersionUID。
- rawtypes：没有传递带有泛型的参数。
- all：代表全部类型的警告。

（3）@Resource：标注在类名、属性或构造函数参数上，作用与常用的@Autowired 类似，两者都可以用来装配 Bean，但@Resource 默认是按名称注入对象的。

（4）@Transactional：用于处理事务，它可以标注在接口、接口方法、类及类方法上。但 Spring Boot 不建议在接口或者接口方法上使用该注解，因为该注解只有在使用基于接口的代理时才会生效。如果异常被捕获（try{} catch{}）了，事务就不回滚了，如果想让事务回滚，则必须再抛出异常（try{} catch{ throw Exception}）。

（5）@Qualifier：标注在类名或属性上，为 Bean 指定名称，随后再通过名字引用 Bean。它的意思是"合格者"，用于标注哪一个实现类才是需要注入的。需要注意的是，@Qualifier 的参数名称为被注入的类中的注解@Service 标注的名称。

（6）@EnableScheduling：标注在入口类/类名上，用来开启计划任务。Spring 通过@Scheduled 支持多种类型的计划任务，包含 Cron、fixDelay、fixRate 等。

（7）@EnableAsync：标注在入口类/类名上，用来开启异步注解功能。

（8）@Aspec：用于标注切面，也可以用来配置事务、日志、权限验证等。

（9）@ControllerAdvice：标注在类名上，包含@Component，可以被扫描到，统一处理异常。

（10）@ExceptionHandler：标注在方法上，表示遇到这个异常就执行该方法。

2.4 Spring Boot 配置

▶Spring Boot 配置（一）

2.4.1 配置文件的读取方式

Spring Boot 提供了三种方式读取项目配置文件 application.properties 中的内容，每种方式各有其特点和不同的适用场合，下面通过一个实例详细介绍。

【实例 2.3】 用三种方式分别从 application.properties 文件中读取商家用户基本信息并显示。

（1）创建 Spring Boot 项目，项目名为 ConfigReader，在出现的向导界面"Dependencies"列表中仅需要选中"Web"→"Spring Web"和"Developer Tools"→"Lombok"。

（2）在项目 application.properties 中编辑用户基本信息：

```
supplier.scode = SXLC001A
supplier.spassword = 888
supplier.sname = 陕西洛川苹果有限公司
```

（3）在项目工程目录树的 com.example.configreader 节点下创建 entity 包，在其中创建模型类 Supplier，代码如下：

```
package com.example.configreader.entity;

import lombok.Data;

@Data
public class Supplier {
    private String scode;
    private String spassword;
    private String sname;
}
```

接下来就可以编程用三种不同的方式读取配置文件内容，分别使用三个控制器来实现。

1. 通过 Environment 类

Environment 是一个通用的读取应用程序运行时的环境变量的类，它用 getProperty() 方法以 key-value 的形式读取数据，语句如下：

```
Environment 对象.getProperty("键名")
```

Environment 类常用于 Spring Boot 程序获取全局变量的配置值。

在项目工程目录树的 com.example.configreader 节点下创建 controller 包，在其中创建控制器类 EnvReadController，代码如下：

```
package com.example.configreader.controller;

import com.example.configreader.entity.Supplier;
import org.springframework.beans.factory.annotation.Autowired;
import org.springframework.core.env.Environment;
import org.springframework.web.bind.annotation.RequestMapping;
import org.springframework.web.bind.annotation.RestController;

@RestController
public class EnvReadController {
    @Autowired
```

```
    private Environment environment;              //声明 Environment 对象

    @RequestMapping("/readenv")
    public Supplier readEnv() {
        Supplier supplier = new Supplier();
        supplier.setScode(environment.getProperty("supplier.scode"));
        supplier.setSpassword(environment.getProperty("supplier.spassword"));
        supplier.setSname(environment.getProperty("supplier.sname"));
        return supplier;
    }
}
```

运行程序，访问 http://localhost:8080/readenv，显示结果如图 2.23 所示。

图 2.23　显示 application.properties 中的商家用户基本信息

2. 通过@ConfigurationProperties 注解

如果要读取的数据是同一个对象实体的各属性，且属性较多，用上述 Environment 类的方式就要反复多次调用 getProperty()方法，再在程序中以 set()方法逐一为模型赋值，代码将变得十分繁冗。为此，Spring Boot 提供了@ConfigurationProperties 注解，它首先建立配置文件与对象的映射关系，然后在控制器方法中使用@Autowired 注解将对象数据整体一次性地注入进来，这种方式被广泛应用于模型对象数据的加载。

（1）先对模型实体代码进行修改，在模型类 Supplier 代码中添加注解，代码如下：

```
package com.example.configreader.entity;

import lombok.Data;
import org.springframework.boot.context.properties.ConfigurationProperties;
import org.springframework.stereotype.Component;

@Data
@Component
@ConfigurationProperties(prefix = "supplier")
public class Supplier {
    private String scode;
    private String spassword;
    private String sname;
}
```

这里，使用@Component 注解将模型类声明为一个组件，方便被控制器注入；@ConfigurationProperties 注解设置配置文件中 key 的前缀（本例为"supplier"），借助它控制器就能自动识别和加载数据。

（2）在项目工程目录树的 com.example.configreader.controller 包中，创建控制器类 CfgReadController，代码如下：

```
package com.example.configreader.controller;
```

```
import com.example.configreader.entity.Supplier;
import org.springframework.beans.factory.annotation.Autowired;
import org.springframework.web.bind.annotation.RequestMapping;
import org.springframework.web.bind.annotation.RestController;

@RestController
public class CfgReadController {
    @Autowired
    Supplier supplier;                              //注入模型实体

    @RequestMapping("/readcfg")
    public Supplier readCfg() {
        return supplier;                            //注入后直接就可以返回显示了
    }
}
```

运行程序，访问 http://localhost:8080/readcfg，显示结果同图 2.23。

3. 通过@Value 注解

用@ConfigurationProperties 注解整体载入模型数据的方式虽然简单有效，但也存在局限性，就是要求配置文件中的属性名、顺序和数目必须与程序模型严格一一对应，否则就无法正确加载数据。而且有的时候，程序只用到对象实体的一个或少数几个属性，用整体注入的方式既没必要又浪费内存，这种情况下适合用@Value 注解获取单个属性赋值给程序中的变量，用法如下：

```
@Value("${键名}")
private 类型 变量名;
```

在项目工程目录树的 com.example.configreader.controller 包中创建控制器类 ValReadController，代码如下：

```
package com.example.configreader.controller;

import com.example.configreader.entity.Supplier;
import org.springframework.beans.factory.annotation.Value;
import org.springframework.web.bind.annotation.RequestMapping;
import org.springframework.web.bind.annotation.RestController;

@RestController
public class ValReadController {
    @Value("${supplier.scode}")
    private String scode;
    @Value("${supplier.spassword}")
    private String spassword;
    @Value("${supplier.sname}")
    private String sname;

    @RequestMapping("/readval")
    public Supplier readVal() {
        Supplier supplier = new Supplier();
        supplier.setScode(scode);
        supplier.setSpassword(spassword);
        supplier.setSname(sname);
        return supplier;
```

```
    }
}
```

运行程序，访问 http://localhost:8080/readval，显示结果同图 2.23。

注意：为防止程序读取配置文件中的中文出现乱码，需要对 Spring Boot 项目进行配置，操作方法是在 IDEA 环境中选择主菜单 "File" → "Settings" 命令，弹出 "Settings" 窗口，在左侧选择 "Editor" → "File Encodings"，确保右边 "Global Encoding" "Project Encoding" 及 "Properties Files(*.properties)" 的 "Default encoding for properties files" 项均为 "UTF-8"，如图 2.24 所示，同时选中 "Default encoding for properties files" 后面的 "Transparent native-to-ascii conversion" 项，单击 "OK" 按钮。

图 2.24 Spring Boot 项目读取中文配置

Spring Boot 支持 Properties 和 YAML 两种配置，两者所用配置文件的格式不同，但都可以通过上述三种方式读取，接下来分别举例演示这两种配置的实际应用。

2.4.2 Properties 配置

Properties 配置是 Spring Boot 的默认配置，文件格式是 application.properties，其中以 "键名 = 值" 的形式书写配置内容。

【实例 2.4】 用户登录信息（商家编码和密码）预先存储在 application.properties 中，程序初始化时就将配置文件中的登录信息读取出来填写在页面表单上，方便用户直接登录。

本例在【实例 2.1】基础上修改而成。

（1）在 application.properties 配置文件中添加用户登录信息，代码如下：

```
spring.datasource.url = jdbc:mysql://localhost:3306/netshop?useUnicode=true&characterEncoding=utf8&serverTimezone=UTC&useSSL=true
    spring.datasource.username = root
    spring.datasource.password = 123456
    spring.datasource.driver-class-name = com.mysql.cj.jdbc.Driver
    spring.jackson.serialization.indent-output=true
```

```
supplier.scode = SXLC001A
supplier.spassword = 888
```

（2）在控制器中通过@Value 注解读取配置文件中的登录信息，同时修改 init()方法，将读取的商家编码和密码用 addAttribute()方法添加到页面 Model 属性中。

控制器 SupController.java 的代码如下：

```
...
@Controller
public class SupController {
    @Autowired
    private SupService supService;
    @Value("${supplier.scode}")
    private String scode;                              //商家编码
    @Value("${supplier.spassword}")
    private String spassword;                          //密码

    @GetMapping("/index")
    public String init(Model model) {
        Result result = new Result();
        result.setCode(100);
        result.setMsg("初始状态");
        model.addAttribute("result", result);
        //将从配置文件中读取的用户信息自动填写在前端页面上
        model.addAttribute("scode", scode);
        model.addAttribute("spassword", spassword);
        return "index";
    }
    ...
}
```

【实例 2.4】控制器

（3）运行程序，访问 http://localhost:8080/index，可以看到登录页的表单中已经自动填上了用户名和密码，可直接单击"登录"按钮进行提交，如图 2.25 所示。

图 2.25　登录页的表单中已经自动填上了用户名和密码

2.4.3　YAML 配置

YAML（Yet Another Markup Language）是一种以数据表达为中心的另类标记语言，它由 Clark

Evans、Ingydöt Net 和 Oren Ben-Kiki 三人共同开发。YAML 参考了多种高级语言（如 XML、C、Python、Perl 等）及电子邮件格式 RFC2822，使用空白符号缩排和大量依赖外观的特色，特别适合用来表达具有层次结构的数据及清单、散列表、标量等特殊的数据形态。此外，YAML 以空白字符和分行来分隔数据，这样既便于用 Python、Perl、Ruby 等语言操作，又巧妙地避开了各种封闭符号（如引号、括号等），易于使用。如今，YAML 的应用领域十分广泛，可用来表达或编辑数据结构、各种配置文件、调试内容、文件大纲等。

Spring Boot 也支持使用 YAML 编辑配置文件，创建的文件格式是 application.yml，需要遵循如下语法规则。

（1）以冒号分隔键名和值，且在冒号后一定要跟一个空格，写成：

```
键名:(空格)值
```

例如：

```
scode: SXLC001A
```

（2）所有数据以树状结构组织，用空格的缩进来控制层级关系，左对齐的一列数据处于同一层级（前面有几个空格不重要）。

例如：

```
supplier:
  sname: 陕西洛川苹果有限公司
  contactway:
    sweixin: 8123456-aa.com
    tel: 0911-812345X
```

这里，supplier 在顶层，sname 与 contactway 处于其下一层，而 sweixin 和 tel 处于 contactway 的下一层。

（3）对于有多个属性的对象，可在首行先定义对象名，再从下一行开始依次分行罗列对象的各属性和值（注意缩进）；也可以以"对象名: 值"的形式写在同一行上，但"值"部分的所有属性要用一个大括号括起来，其中每个属性也采用"键名:(空格)值"的形式，以逗号隔开。

例如：

```
user:
  uname: 易斯
    sex: 男
```

也可以写成：

```
user: {uname: 易斯, sex: 男}
```

（4）当定义数组时，用"- 值"表示其中的元素，分行罗列；若写在同一行，则要以中括号括起，元素间以逗号分隔。

例如：

```
user:
  uname: 易斯
    focus:
      - 食品
      - 手机电脑
      -文化用品
```

或者写成：

```
user:
  uname: 易斯
    focus: [食品,手机电脑,文化用品]
```

（5）所有键名和值都是大小写敏感的，字符串值默认不用加单引号或双引号。

【实例 2.5】 用多种方式从 application.yml 中读取不同结构的数据信息。

本例在前面【实例 2.3】的基础上开发。

1) 编辑配置文件

先将原项目的 application.properties 配置文件重命名为 application.yml（操作方法：右击该文件，选择"Refactor"→"Rename"菜单项，弹出"Rename"对话框，修改文件后缀名，单击"Refactor"按钮即可），然后删除文件中原来的内容，编辑新的配置内容，代码如下：

```yaml
supplier:
    scode: SXLC001A
    spassword: 888
    sname: 陕西洛川苹果有限公司
    contactway:
        sweixin: 8123456-aa.com
        tel: 0911-812345X
user:
    ucode: easy-bbb.com
    upassword: abc123
    details:
        uname: 易斯
        sex: 男
        sfznum: 320102196011112321#
        phone: 1355181376X
        focus:
            - 食品
            - 手机电脑
            -文化用品
spring:
    jackson:
        serialization:
            indent-output: true
```

说明：这里定义了 supplier 和 user 两个对象。

（1）supplier 是商家用户数据，其下层有 scode（商家编码）、spassword（商家密码）、sname（商家名称）、contactway（联系方式）四个属性，而 contactway 又包含了 sweixin（微信）、tel（电话）两个子属性。

（2）user 是普通用户（顾客）数据，其详细信息位于 details（详情）属性中，在其下又有一个 focus（关注）子属性是数组类型。

（3）原 application.properties 文件中以"."分隔的配置项"spring.jackson.serialization.indent-output = true"要按照 YAML 语言格式写成冒号分行的树状结构。

2) 创建模型实体

在项目工程目录树的 com.example.configreader 节点下的 entity 包中创建 3 个模型实体。

（1）商家用户。

对应模型实体类为 Supplier.java，代码如下：

```java
package com.example.configreader.entity;

import lombok.Data;
```

```java
@Data
public class Supplier {
    private String scode;              //商家编码
    private String spassword;          //商家密码
    private String sname;              //商家名称
    private String sweixin;            //微信
    private String tel;                //电话
}
```

（2）普通用户。

对应模型实体类为 User.java，代码如下：

```java
package com.example.configreader.entity;

import lombok.Data;
import org.springframework.boot.context.properties.ConfigurationProperties;
import org.springframework.stereotype.Component;

@Data
@Component
@ConfigurationProperties(prefix = "user")
public class User {
    private String ucode;              //用户编码（账号）
    private String upassword;          //登录密码
    private UserDetails details;       //详情
}
```

说明：为了确保后面的程序能整体加载用户信息，这里提前在 User 类前加上了@Component 和 @ConfigurationProperties 注解。

（3）用户详情。

普通用户的详情属性本身又是一个具有很多子属性的对象，故也要创建其模型实体类，对应类为 UserDetails.java，代码如下：

```java
package com.example.configreader.entity;

import lombok.Data;

import java.util.List;

@Data
public class UserDetails {
    private String uname;              //用户名
    private String sex;                //性别
    private String sfznum;             //身份证号
    private String phone;              //电话
    private List focus;                //关注
}
```

3）获取商家用户信息

下面采用两种不同方式读取配置文件中的商家用户（supplier）的信息。

（1）用 Environment 类。

编写控制器 EnvReadController.java，代码如下：

```java
package com.example.configreader.controller;

import com.example.configreader.entity.Supplier;
import org.springframework.beans.factory.annotation.Autowired;
import org.springframework.core.env.Environment;
import org.springframework.web.bind.annotation.RequestMapping;
import org.springframework.web.bind.annotation.RestController;

@RestController
public class EnvReadController {
    @Autowired
    private Environment environment;

    @RequestMapping("/readenv")
    public Supplier readEnv() {
        Supplier supplier = new Supplier();
        supplier.setScode(environment.getProperty("supplier.scode"));
        supplier.setSpassword(environment.getProperty("supplier.spassword"));
        supplier.setSname(environment.getProperty("supplier.sname"));
        supplier.setSweixin(environment.getProperty("supplier.contactway.sweixin"));         //获取"微信"子属性
        supplier.setTel(environment.getProperty("supplier.contactway.tel"));         //获取"电话"子属性
        return supplier;
    }
}
```

说明：当配置文件中的对象含有下一级子属性时，只要从顶层对象名开始以"."逐级引用至最终属性名即可。

运行程序，访问 http://localhost:8080/readenv，显示结果如图 2.26 所示。

图 2.26　显示结果

（2）用@Value 注解。

编写控制器 ValReadController.java，代码如下：

```java
package com.example.configreader.controller;

import com.example.configreader.entity.Supplier;
import org.springframework.beans.factory.annotation.Value;
import org.springframework.web.bind.annotation.RequestMapping;
import org.springframework.web.bind.annotation.RestController;

@RestController
```

```java
public class ValReadController {
    @Value("${supplier.scode}")
    private String scode;
    @Value("${supplier.spassword}")
    private String spassword;
    @Value("${supplier.sname}")
    private String sname;
    @Value("${supplier.contactway.sweixin}")           //获取"微信"子属性
    private String sweixin;
    @Value("${supplier.contactway.tel}")               //获取"电话"子属性
    private String tel;

    @RequestMapping("/readval")
    public Supplier readVal() {
        Supplier supplier = new Supplier();
        supplier.setScode(scode);
        supplier.setSpassword(spassword);
        supplier.setSname(sname);
        supplier.setSweixin(sweixin);
        supplier.setTel(tel);
        return supplier;
    }
}
```

可见，通过@Value 注解获取对象子属性的方法与 Environment 类一样，也是以"."分隔层次路径的方式获取。

运行程序，访问 http://localhost:8080/readval，显示结果同图 2.26。

4）获取普通用户信息

编写控制器 CfgReadController.java，代码如下：

```java
package com.example.configreader.controller;

import com.example.configreader.entity.User;
import org.springframework.beans.factory.annotation.Autowired;
import org.springframework.web.bind.annotation.RequestMapping;
import org.springframework.web.bind.annotation.RestController;

@RestController
public class CfgReadController {
    @Autowired
    User user;                                          //注入普通用户模型实体对象

    @RequestMapping("/readcfg")
    public User readCfg() {
        return user;
    }
}
```

可以看到，由于之前已经定义好了普通用户的模型实体，并且加上了@Component、@ConfigurationProperties 注解，这里用@Autowired 注入进来，即可加载其数据。

运行程序，访问 http://localhost:8080/readcfg，显示结果如图 2.27 所示。

图 2.27　显示结果

因为模型类 User 中定义了一个 UserDetails（详情）类型的属性，所以 Spring Boot 在注入 User 对象的时候也会自动将与它存在依赖关系的 UserDetails 对象注入其中，由此可见 Spring Boot 作为容器自动配置其中组件的便捷性。

以上介绍了 YAML 及 application.yml 文件的应用，需要特别指出的是，application.properties 配置文件的优先级要高于 application.yml，在一个项目中两者同时存在的情况下，Spring Boot 默认采用的还是前者。

2.4.4　多环境配置与切换

在实际应用项目的开发过程中，常常需要根据软件的具体运行环境使用不同的模式或设定不同的权限。这个时候，往往通过配置文件来实现多环境的配置与切换。

▶Spring Boot 配置（二）

【实例 2.6】　将程序的运行环境分为"商品管理"和"商品浏览"，商品管理环境下从配置文件中读取商家用户登录系统，商品浏览环境则改为以普通用户（顾客）身份登录系统，演示两者的切换。

本例在【实例 2.4】基础上开发。

1. 准备用户账号

在 netshop（网上商城）数据库中创建 user（用户）表。

通过 Navicat Premium 连接 MySQL，在其查询编辑器中执行 SQL 语句：

```sql
USE netshop;
CREATE TABLE user
(
    UCode       char(16)    NOT NULL PRIMARY KEY,            /*用户编码（账号）*/
    UPassWord   varchar(12) NOT NULL DEFAULT 'abc123',       /*登录密码*/
    UName       varchar(4)  NOT NULL,                        /*用户名*/
    Sex         enum('男','女',' ') NOT NULL DEFAULT '男',   /*性别*/
    SfzNum      char(18)    NOT NULL,                        /*身份证号*/
    Phone       char(11)    NOT NULL,                        /*电话（手机）*/
    UWeiXin     varchar(16) CHARACTER SET utf8mb4 NULL,      /*微信*/
    Focus       set('食品','服装','手机电脑','家用电器','汽车','化妆品','保健品','运动健身','文化用品'),   /*关注*/
    GeoPosition point       NULL,                            /*地理位置*/
    USendAddr   json        NULL,                            /*送货地址*/
    LoginTime   datetime    NOT NULL,                        /*最近登录时间*/
    OnLineYes   bit         NOT NULL DEFAULT 0,              /*当前登录 = 1*/
    Evaluate    float(4,2)  DEFAULT 0.00                     /*用户综合评价*/
);
```

往 user 表中录入一条用户的信息记录，执行 SQL 语句：

```
USE netshop;
INSERT INTO user(UCode, UName, Phone, SfzNum, Focus, LoginTime) VALUES('easy-bbb.com', '易斯', '1355181376X', '32010219601112321#', '食品,手机电脑,文化用品', NOW());
```

这样一来，当前数据库中就有商家（supplier）和用户（user）两个表，各自都有一条记录，如图 2.28 所示，代表两种不同类型用户（商家、顾客）的账号，程序运行时支持以这两种不同的身份登录系统。

图 2.28　数据库中两个表的记录

2. 创建配置文件

要使程序支持多个不同的运行环境，需要针对每个环境创建相应的配置文件，再在主配置文件（application.properties）中配置切换项。所有配置文件全都创建在 Spring Boot 项目目录的 src→main→resources 路径下。

1）商家用户配置文件

文件名为 application-sup.properties，内容如下：

```
supplier.scode = SXLC001A
supplier.spassword = 888
```

2）普通用户（顾客）配置文件

文件名为 application-user.properties，内容如下：

```
user.ucode = easy-bbb.com
user.upassword = abc123
```

3）主配置文件

即项目中原有的 application.properties 文件，编写其内容如下：

```
spring.datasource.url = jdbc:mysql://localhost:3306/netshop?useUnicode=true&characterEncoding=utf8&serverTimezone=UTC&useSSL=true
  spring.datasource.username = root
  spring.datasource.password = 123456
  spring.datasource.driver-class-name = com.mysql.cj.jdbc.Driver

spring.profiles.active = sup
```

说明：最后一行语句就是切换环境的配置项，这里暂时设为 sup（注意与要使用的配置文件 application-sup.properties 名称中 "-" 后的字符串一致），表示默认以商家用户配置文件中的配置项来设定运行环境。

3. 开发程序

由于程序要能同时支持以两种用户身份登录，故在【实例 2.4】的基础上，在各层中分别增加对普通用户（顾客）操作的接口、数据库访问类、服务实体类、模型等，具体如下。

1）持久层

增加普通用户的数据接口 UserRepository 及其实现类 UserRepositoryImpl。

（1）数据接口 UserRepository.java 定义如下：
```
package com.example.mystore.repository;

import com.example.mystore.entity.User;

public interface UserRepository {
    public User findUser(User user);
}
```
（2）数据库访问类 UserRepositoryImpl.java 的代码如下：
```
package com.example.mystore.repository;

import com.example.mystore.entity.User;
import org.springframework.beans.factory.annotation.Autowired;
import org.springframework.jdbc.core.BeanPropertyRowMapper;
import org.springframework.jdbc.core.JdbcTemplate;
import org.springframework.jdbc.core.RowMapper;
import org.springframework.stereotype.Repository;

@Repository
public class UserRepositoryImpl implements UserRepository {
    @Autowired
    private JdbcTemplate jdbcTemplate;

    @Override
    public User findUser(User user) {
        try {
            String sql = "SELECT * FROM user WHERE UCode = ?";
            Object args[] = {
            user.getUcode()
            };
            RowMapper<User> rowMapper = new BeanPropertyRowMapper<User>(User.class);
            User userObj = jdbcTemplate.queryForObject(sql, args, rowMapper);
            return userObj;
        } catch (Exception e) {
            return null;
        }
    }
}
```

2）业务层

（1）首先在响应实体 Result 类中增加一个新的属性 role，用来保存和返回当前访问系统的用户角色类型（商家、顾客），供前端识别，并按照不同方式处理。

Result.java 的代码修改为：
```
package com.example.mystore.core;

public class Result {
    private int code;
    private String msg;
    private String role;                        //增加"角色类型"属性
```

```
    private Object data;

    /**各属性的get()/set()方法*/
    ...
    public String getRole() {
        return this.role;
    }

    public void setRole(String role) {
        this.role = role;
    }
    ...
}
```

【实例2.6】Result 类

（2）修改原项目的服务实体类 SupServiceImpl.java，在其中添加一句设置 Result 的新属性 role 值为"商家"，代码如下：

```
package com.example.mystore.service;
...
@Service
public class SupServiceImpl implements SupService {
    ...
    @Override
    public Result checkSupplier(Supplier supplier) {
        Supplier supObj = supRepository.findSupplier(supplier);
        Result result = new Result();
        result.setRole("商家");                    //设置role值
        if (supObj == null) {
            ...
        } else {
            ...
        }
        return result;
    }
}
```

【实例2.6】服务实体

然后，增加开发验证普通用户的业务接口 UserService 及其实现类 UserServiceImpl。

（3）业务接口 UserService.java 定义如下：

```
package com.example.mystore.service;

import com.example.mystore.core.Result;
import com.example.mystore.entity.User;

public interface UserService {
    public Result checkUser(User user);
}
```

（4）服务实体类 UserServiceImpl.java 代码如下：

```
package com.example.mystore.service;

import com.example.mystore.core.Result;
import com.example.mystore.entity.User;
import com.example.mystore.repository.UserRepository;
import org.springframework.beans.factory.annotation.Autowired;
```

```java
import org.springframework.stereotype.Service;

@Service
public class UserServiceImpl implements UserService{
    @Autowired
    private UserRepository userRepository;

    @Override
    public Result checkUser(User user){
        User useObj = userRepository.findUser(user);        //调用持久层方法
        Result result = new Result();
        result.setRole("顾客");                              //设置role值
        if (useObj == null) {
            result.setCode(404);
            result.setMsg("用户不存在！");
        } else {
            if (!user.getUpassword().equals(useObj.getUpassword())) {
                result.setCode(403);
                result.setMsg("密码错！");
            } else {
                result.setCode(200);
                result.setMsg("验证通过");
                result.setData(useObj);
            }
        }
        return result;
    }
}
```

3）表示层

（1）设计模型。

本例要针对两种角色的用户分别设计模型实体。

针对商家用户，设计模型类 Supplier.java，代码如下：

```java
package com.example.mystore.entity;

import lombok.Data;

@Data
public class Supplier {
    private String scode;               //商家编码
    private String spassword;           //商家密码
    private String sname;               //商家名称
}
```

说明：由于本例并不需要用到商家用户的更多信息，故模型中只设计了 3 个必要的属性。

针对普通用户，设计模型类 User.java，代码如下：

```java
package com.example.mystore.entity;

import lombok.Data;

@Data
```

```
public class User {
    private String ucode;                    //用户编码
    private String upassword;                //登录密码
    private String uname;                    //用户名
}
```

(2) 设计前端页面。

本例的前端依旧是两个页面：index.html 和 home.html，但需要重新设计。

让不同身份的用户登录系统后看到不一样的页面内容，为简单起见，看到的内容分别用两张不同的图片显示，如图 2.29 所示。

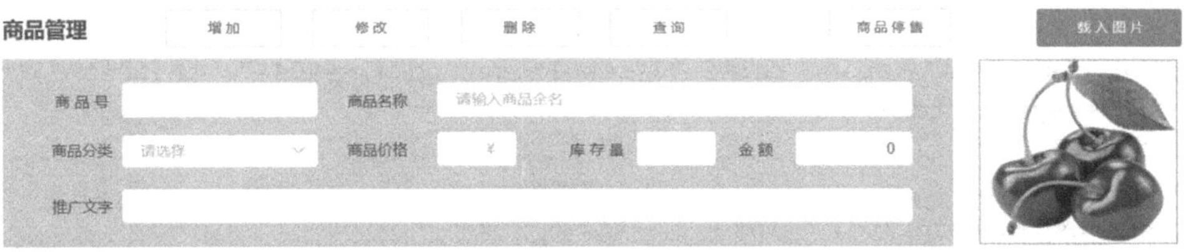

商家用户（商品管理.jpg）

普通用户（商品浏览.jpg）

图 2.29 不同身份用户登录系统后看到的内容

在项目工程目录树的 src→main→resources→static 目录下新建一个 image 子目录，将事先准备的两张图片（商品管理.jpg、商品浏览.jpg）存放进去。

编写初始登录页 index.html，代码如下：

```
<!DOCTYPE html>
<html lang="en" xmlns:th="http://...">
<head>
<meta charset="UTF-8">
<style>
    .mytd {
        width: 80px;
        font-size: xx-small;
        color: red;
    }
</style>
<title>商品信息管理系统</title>
</head>
<body bgcolor="#e0ffff">
<br>
<div style="text-align: center">
```

```html
<form action="/check" method="post">
<table style="text-align: center;margin: auto">
<caption><h4>用户登录           </h4></caption>
<tr>
<td>用 户 </td>
<td>
<input th:type="text" name="scode" size="16" th:value="${code}" th:if="${result.getRole()=='商家'}">
<input th:type="text" name="ucode" size="16" th:value="${code}" th:if="${result.getRole()=='顾客'}">
</td>
<td class="mytd"><span th:if="${result.getCode()==404}" th:text="${result.getMsg()}"></span></td>
</tr>
<tr>
<td>密 码 </td>
<td>
<input th:type="password" name="spassword" size="16" th:value="${password}" th:if="${result.getRole()=='商家'}">
<input th:type="password" name="upassword" size="16" th:value="${password}" th:if="${result.getRole()=='顾客'}">
</td>
<td class="mytd"><span th:if="${result.getCode()==403}" th:text="${result.getMsg()}"></span></td>
</tr>
</table>
<br>
<input th:type="submit" value="登录">  
<input th:type="reset" value="重置">  
</form>
</div>
</body>
</html>
```

说明：这里同样采用了 Thymeleaf 的条件判断属性 th:if 定义"隐藏"行的方式，根据返回 Result 响应实体中 role（角色类型）的不同，显示不同的输入框接收相应类型用户的用户名和密码，注意 input 输入框的 name 属性名必须与模型类中的属性名一致，而 th:value 值则是后台程序中的变量名，编程时可任取。

编写欢迎页 home.html，代码如下：

```html
<!DOCTYPE html>
<html lang="en" xmlns:th="http://        ">
<head>
<meta charset="UTF-8">
<title>商品信息管理系统</title>
</head>
<body bgcolor="#e0ffff">
<br>
<div style="text-align: center">
<h3>欢迎使用商品信息管理系统</h3>
<h4 style="display: inline">用户: </h4><span th:text="${code}"></span>
```

```html
    <h4 style="display: inline">    注册名: </h4><span th:text="${name}">
</span>
    <br>
    <br>
    <div>
        <img th:src="'image/商品管理.jpg'" height="138px" width="639px" th:if="${result.
getRole()=='商家'}">
        <img th:src="'image/商品浏览.jpg'" height="190px" width="639px" th:if="${result.
getRole()=='顾客'}">
    </div>
    </div>
    </body>
    </html>
```

可见,对于图片元素<img>同样可以用 th:if 定义条件隐藏来控制其显示。

(3) 开发控制器。

本例需要重新设计和开发控制器,在项目 controller 包中创建控制器类 LogController.java,代码如下:

```java
package com.example.mystore.controller;

import com.example.mystore.core.Result;
import com.example.mystore.entity.Supplier;
import com.example.mystore.entity.User;
import com.example.mystore.service.SupService;
import com.example.mystore.service.UserService;
import org.springframework.beans.factory.annotation.Autowired;
import org.springframework.beans.factory.annotation.Value;
import org.springframework.core.env.Environment;
import org.springframework.stereotype.Controller;
import org.springframework.ui.Model;
import org.springframework.web.bind.annotation.*;

@Controller
public class LogController {
    @Autowired
    private Environment environment;
    @Autowired
    private SupService supService;              //注入商家用户业务接口
    @Autowired
    private UserService userService;            //注入普通用户业务接口
    //当前环境配置
    @Value("${spring.profiles.active}")
    private String active;
    private String code;                        //用户名
    private String password;                    //密码
    private Result result;                      //响应结果

    @GetMapping("/index")
    public String init(Model model) {
        result = new Result();
        result.setCode(100);
        result.setMsg("初始状态");
```

```java
            if (active.equals("sup")) {                //以商家身份登录
                code = environment.getProperty("supplier.scode");
                password = environment.getProperty("supplier.spassword");
                result.setRole("商家");
            } else if (active.equals("user")) {        //以顾客身份登录
                code = environment.getProperty("user.ucode");
                password = environment.getProperty("user.upassword");
                result.setRole("顾客");
            } else {
                code = "";
                password = "";
                result.setRole("默认");
            }
            model.addAttribute("code", code);
            model.addAttribute("password", password);
            model.addAttribute("result", result);
            return "index";
        }

        @RequestMapping("/check")
        public String loginCheck(Model model, Supplier supplier, User user) {
            if (active.equals("sup")) {                //以商家身份登录
                model.addAttribute("code", supplier.getScode());
                model.addAttribute("password", supplier.getSpassword());
                result = supService.checkSupplier(supplier);
                                                       //调用商家用户业务接口的方法
            } else if (active.equals("user")) {        //以顾客身份登录
                model.addAttribute("code", user.getUcode());
                model.addAttribute("password", user.getUpassword());
                result = userService.checkUser(user);//调用普通用户业务接口的方法
            }
            model.addAttribute("result", result);
            if (result.getCode() == 200) {             //验证通过
                if (active.equals("sup")) {            //商家登录模式下返回模型 Supplier
                    Supplier supObj = (Supplier) result.getData();
                    model.addAttribute("name", supObj.getSname());
                } else if (active.equals("user")) {    //顾客登录模式下返回模型 User
                    User useObj = (User) result.getData();
                    model.addAttribute("name", useObj.getUname());
                }
                return "home";
            } else return "index";
        }
    }
```

说明：程序先通过 "@Value("${spring.profiles.active}")" 读取当前环境配置，再据此确定要以何种身份（商家、顾客）来登录系统，然后从对应身份类型的用户配置文件中读取用户信息自动填写在前端页面上。登录验证时，根据用户身份的不同而调用业务层不同的接口方法，返回数据对象也要转换为对应类型用户的模型实体。

4. 运行测试

用前面介绍的方法将项目打包发布为 mystore.jar，脱离 IDEA 开发环境，通过 Windows 命令行执行：

```
java -jar mystore.jar
```
由于项目默认配置的是以商家用户身份（spring.profiles.active = sup）登录，故运行结果如图2.30所示。

图 2.30　以商家用户身份登录的运行结果

如果想以普通用户（顾客）身份登录，在 Windows 命令行启动 mystore.jar 时在后面带上参数，如下：

```
java -jar mystore.jar --spring.profiles.active=user
```

这样执行后，访问 http://localhost:8080/index，就会看到页面表单中自动填写的是普通用户的用户名和密码，运行结果如图 2.31 所示。

图 2.31　以普通用户身份登录的运行结果

2.5　Spring Boot 的 Starter

Spring Boot 提供了非常多的 Starter，Starter 可看作这样一类组件：由 Spring Boot 框架针对某一通用功能预先打包与之相关的所有模块的 JAR 包，并完成自动配置，然后组装而成。这样用户在开发程序需要某个通用的功能时，只需要简单地将其对应的 Starter 引入项目依赖库（配置在 pom.xml 中），而完全不用管这个 Starter 在 Spring 容器内部的配置细节，真正达到"开箱即用"的效果，这也是 Spring Boot 比基于 Spring 框架整合的传统开发方式更受广大用户青睐的根本原因之一。

将 Starter 引入项目依赖库有如下两种途径。

1. 创建项目时选择

在一开始创建 Spring Boot 项目的向导界面的 "Dependencies" 列表中就列出了常用 Starter 供用户

选择，Spring Boot 会自动将用户选择的 Starter 注入项目，项目创建好后，可从 pom.xml 文件中查看所有 Starter 的依赖配置项。

2. 开发过程中自定义配置

在开发阶段直接往 pom.xml 文件中添加配置依赖项，重启 IDEA 后，再次打开项目，Spring Boot 就会自动检测到并注入新配置的 Starter。

2.5.1 常用 Starter

本书开发实例所用的 Starter 大多是在创建项目的时候直接选择的，但向导界面所列的名称与各 Starter 本身的依赖配置项名称并不完全相同，下面将常用 Starter 的功能、选项及依赖配置项的内容整理出来，列于表 2.1 中，方便读者在开发时对照。

表 2.1 常用 Starter 的功能、选项及依赖配置项

功　能	选　项	依赖配置项

项目热部署	Developer Tools→Spring Boot DevTools	`<dependency>`
		`<groupId>org.springframework.boot</groupId>`
		`<artifactId>`**spring-boot-devtools**`</artifactId>`
		`<scope>runtime</scope>`
		`<optional>true</optional>`
		`</dependency>`

模型简化	Developer Tools→Lombok	`<dependency>`
		`<groupId>org.projectlombok</groupId>`
		`<artifactId>`**lombok**`</artifactId>`
		`<optional>true</optional>`
		`</dependency>`

Web 开发	Web→Spring Web	`<dependency>`
		`<groupId>org.springframework.boot</groupId>`
		`<artifactId>`**spring-boot-starter-web**`</artifactId>`
		`</dependency>`

模板引擎	Template Engines→Thymeleaf	`<dependency>`
		`<groupId>org.springframework.boot</groupId>`
		`<artifactId>`**spring-boot-starter-thymeleaf**`</artifactId>`
		`</dependency>`

JDBC 操作	SQL→JDBC API	`<dependency>`
		`<groupId>org.springframework.boot</groupId>`
		`<artifactId>`**spring-boot-starter-jdbc**`</artifactId>`
		`</dependency>`

MySQL 驱动	SQL→MySQL Driver	`<dependency>`
		`<groupId>mysql</groupId>`
		`<artifactId>`**mysql-connector-java**`</artifactId>`
		`<scope>runtime</scope>`
		`</dependency>`

2.5.2 其他官方及第三方 Starter

1. 查看官方 Starter

Spring Boot 官方提供的所有 Starter 均可在官网上查看，选择要查看 Starter 的 Spring Boot 版本目录，如图 2.32 所示。

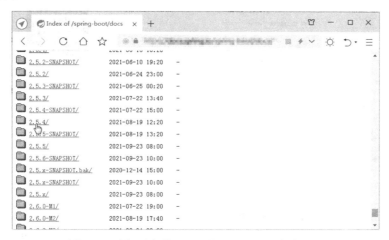

图 2.32 选择要查看 Starter 的 Spring Boot 版本目录

然后依次进入 reference→htmlsingle，可打开该版本 Spring Boot 的网页文档，在"6.1.5. Starters"下就可看到所有 Starter，如图 2.33 所示。

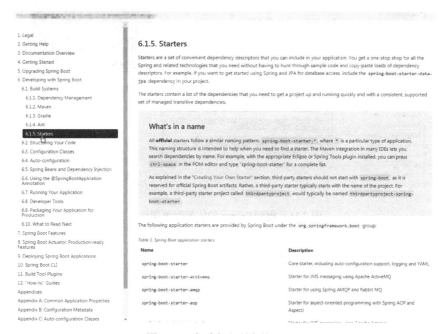

图 2.33 查看官方所有的 Starter

2. 检索第三方 Starter

除了官方提供的 Starter，Spring Boot 框架还能兼容第三方组织贡献的 Starter，如果读者在实际工作中需要用某个 Starter 的功能，但又对其具体配置细节不是很清楚，可以在相关网站上检索，如图 2.34 所示。

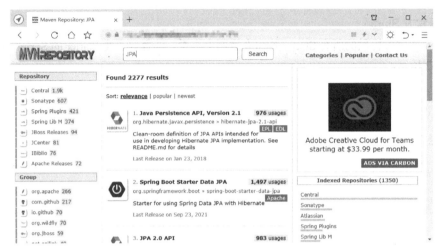

图 2.34　检索 Starter

输入关键词，单击"Search"按钮可查到所有相关的 Starter 组件，单击所需的 Starter 条目进入版本选择页，再单击要用的版本链接，就可查到该版本 Starter 的依赖配置项信息，如图 2.35 所示，将其添加至 pom.xml 文件（<dependencies>…</dependencies>标签元素内），重启 IDEA 后就可以使用了。

图 2.35　查到 Starter 的依赖配置项信息

第 3 章 Thymeleaf 模板引擎

Thymeleaf 模板引擎是 Spring Boot 推荐使用的前端开发工具，本章将系统地介绍 Thymeleaf 的基础知识及应用。

▶第 3 章视频提纲

3.1 Thymeleaf 简介

Thymeleaf 是由 Daniel Fernández 发明的 XML/XHTML/HTML 5 模板引擎，基于 Apache License 2.0 许可，是一个开源的 Java 库。

众所周知，前端的 Web 开发基本上都是动态页面，很早以前主要使用 JSP 实现，而 Thymeleaf 提供了一个用于整合 Spring MVC 的可选模块，在应用开发中可以完全替代 JSP。而且，Thymeleaf 和最新的 HTML 5 是相融合的，可以支持多种格式的动态内容渲染，功能非常强大。

Thymeleaf 提供了一种可被浏览器正确显示、格式良好的模板创建方式，它并不会破坏原有 HTML 文档的结构，所以 Thymeleaf 模板依然是有效的 HTML 文档，用它编写的网页对于前端工程师来说同样是易于理解的。Thymeleaf 模板还常被用作工作原型来进行静态建模，可以先用它创建 XML 与 HTML 模板，相对于编写复杂的逻辑代码，开发者只需要将 Thymeleaf 特有的标签属性添加到模板中，Thymeleaf 会在运行时替换掉其中的静态值，然后这些标签属性就会在 DOM（文档对象模型）上执行预先设计的逻辑。此外，Thymeleaf 的模板文件还能直接在浏览器中打开并正确显示页面，无须启动整个 Web 应用程序。

Thymeleaf 可以作为 MVC 的 View（视图）轻易地与 Spring MVC 等 Web 框架进行集成。要在 Spring Boot 开发中使用 Thymeleaf，只需要在创建项目时的向导界面的"Dependencies"列表中选择"Template Engines"→"Thymeleaf"。

Spring Boot 还支持 Apache Freemarker、Mustache、Groovy Templates 等模板引擎，但推荐使用的模板引擎还是 Thymeleaf，官方提供的 Spring Boot 程序案例也大多是基于 Thymeleaf 开发的前端，而且很多初学者使用的是不支持 Apache Freemarker 的免费版 IDEA，所以从【实例 1.1】开始就以 Thymeleaf 作为标准的前端开发工具，而本章将系统地讲解 Thymeleaf 开发，读者在学会 Thymeleaf 之后再尝试使用其他模板引擎也就轻车熟路了。而在一些大型互联网应用项目的开发中，前端 Vue＋后台 Spring Boot 的前后端分离开发模式也比较流行，读者在学好本书全部知识的基础上，也可以试着去接触这个领域。

3.2 Thymeleaf 基础知识

本节将分门别类地介绍 th 标签的应用，用同一个项目实例贯穿始终，读者可先按下面的指导创建整合了 Thymeleaf 的 Spring Boot 项目框架，然后在此基础上添加代码试验后面讲述的每一类语法元素和标签的效果。

3.2.1 创建演示项目框架

【实例 3.1】 创建整合了 Thymeleaf 的 Spring Boot 项目框架，用于接下来演示 Thymeleaf 的各语法元素和标签的效果。

1. 创建项目

在 IDEA 中创建 Spring Boot 项目，项目名为 mythymeleaf，在出现的向导界面的 "Dependencies" 列表中选择以下三项。

（1）Spring Boot 基本框架："Web" → "Spring Web"。
（2）Thymeleaf 引擎组件："Template Engines" → "Thymeleaf"。
（3）Lombok 模型简化组件："Developer Tools" → "Lombok"。

2. 设计模型

为了在演示的 Thymeleaf 页面上表达和显示信息内容，现设计如下三个模型类。

1）Supplier（商家）

Supplier.java 代码如下：

```java
package com.example.mythymeleaf.entity;

import lombok.Data;

@Data
public class Supplier {
    private String sname;          //商家名称
    private String sweixin;        //微信
}
```

2）Category（商品分类）

Category.java 代码如下：

```java
package com.example.mythymeleaf.entity;

import lombok.Data;

@Data
public class Category {
    private String tcode;          //商品分类编码
    private String tname;          //商品分类名称
}
```

3）Commodity（商品）

Commodity.java 代码如下：

```java
package com.example.mythymeleaf.entity;

import lombok.Data;

@Data
public class Commodity {
    private String pname;          //商品名称
    private String scode;          //商家编码
    private String tcode;          //商品分类编码
    private Float pprice;          //商品价格
```

```
    private Integer stocks;                    //商品库存
    private String image;                      //商品图片
}
```

3. 创建控制器

在项目工程目录树的 com.example.mythymeleaf 节点下创建 controller 包，在其中创建本实例所有视图（Thymeleaf 模板页）公用的控制器类 ViewController，代码框架如下：

```
package com.example.mythymeleaf.controller;
...
@Controller
@RequestMapping("th")
public class ViewController {

    @RequestMapping("/xxx")
    public String 方法一(参数…) {
        ...
        return "xxx";
    }

    @RequestMapping("/xxx")
    public String 方法二(参数…) {
        ...
        return "xxx";
    }
    ...
}
```

【实例3.1】控制器

说明：

（1）在类上用一个@RequestMapping("th")注解表示要演示的所有页面视图均置于 th 这个总路径下。

（2）在试验每一个标签的功能时，只需要在控制器类中添加其对应的后台方法，每个方法皆以@RequestMapping("/xxx")注解出访问该标签的子路径（xxx 为子路径，建议按标签的含义自定义），方法参数则根据页面渲染的实际需要来设置，也可不带参数。

4. 前端页面构成

开发时，通过右击项目工程目录树的 src→main→resources→templates 节点，选择"New"→"HTML File"命令，出现提示框，在下方的列表中选中"HTML 5 file"，在上方框内输入页面名称来创建前端页面。

每一种（类）标签的演示页面基本上采用了类似的结构和命名规范，例如，页面 xxx.html（其中 xxx 为 th 标签名）的源代码结构如下：

```
<!DOCTYPE html>
<html lang="en" xmlns:th="http://              ">    <!--引入 Thymeleaf-->
<head>
<meta charset="UTF-8">
<title>th:xxx 演示</title>
</head>
<body bgcolor="#e0ffff">
<br>
    <!--试验标签功能效果的代码-->
    ...
</body>
</html>
```

在接下来的试验演示中,针对 Thymeleaf 的每种标签,只给出前端试验其功能效果的代码以及后台对应的方法代码,而不再重复罗列完整的程序框架。

3.2.2 Thymeleaf 常用标签对象

1. 显示文本(th:text)

th:text 用于接收控制器传入模型的文本,将文本内容显示到所在 HTML 标签体中,使用格式如下:

```
th:text="${属性}?:'默认值'"
```

若属性未赋值,则显示默认值。通常,如果要在前端页面上显示一些固定的文字信息,可以直接写成:

```
th:text="…"
```

其中,"…"是要显示的信息内容,为字符串形式(中英文皆可)。

【实例 3.1】th:text 演示

演示举例:

(1)前端创建 text.html,编写如下代码:

```
<div style="text-align: center" th:text="${name}?:'请提交商家名称!'"></div>
```

(2)在后台控制器中添加 showText()方法,代码如下:

```
@RequestMapping("/text")
public String showText(Model model, String sname) {
    model.addAttribute("name", sname);        //属性名 name 必须与前端一致
    return "text";
}
```

(3)运行程序,访问 http://localhost:8080/th/text?sname=陕西洛川苹果有限公司,可看到 th:text 显示的文字信息如图 3.1 所示。

图 3.1 th:text 显示的文字信息

(4)第 2 步中添加的方法也可以通过返回 Spring MVC 的 ModelAndView 对象携带信息,写成如下形式:

```
@RequestMapping("/text")
public ModelAndView showText(String sname) {
    ModelAndView modelAndView = new ModelAndView("text");
                                //参数 text 要与@RequestMapping 注解中的路径名一致
    modelAndView.addObject("name", sname);
    return modelAndView;
}
```

运行程序,访问同样的 URL,显示结果如图 3.1 所示。

2. 显示对象(th:object)

th:object 用于接收后台传过来的对象,与 th:text 的不同点仅在于:对象是作为一个完整的模型实体被控制器操作的,待返回前端后再由 Thymeleaf 解析出其中的信息项加以显示,它常与表单数据对象绑定使用。

前端以变量表达式${…}的形式引用对象,写成:

```
${对象名}
```
而要解析对象中的数据内容则有两种写法：
① `*{属性}`
② `${对象名.属性}`
其中的属性与后台模型类中定义的属性名称要一致。

演示举例：

（1）前端创建 object.html，编写如下代码：
```
<div th:object="${sup}">
商家：<span th:text="*{sname}"></span><br>
微信：<span th:text="${sup.sweixin}"></span><br>
</div>
```

【实例 3.1】th:object 演示

（2）在后台控制器中添加 showObject()方法，代码如下：
```
@RequestMapping("/object")
public String showObject(Model model, Supplier supplier) {
    model.addAttribute("sup", supplier);    //属性名 sup 必须与前端引用的对象名一致
    return "object";
}
```

（3）运行程序，访问 http://localhost:8080/th/object?sname=陕西洛川苹果有限公司&sweixin=8123456-aa.com，可看到 th:object 解析的对象信息如图 3.2 所示。

图 3.2 th:object 解析的对象信息

3. 表单输入提交（th:field、th:name/th:value）

在 Thymeleaf 中有多种标签都与表单的应用紧密联系，现分别介绍和比较它们的使用方式。

1）th:field 标签

th:field 用来绑定后台对象和表单数据，通常与 th:object 一起使用，写成：
```
th:object="${对象名}"
th:field=${对象名.属性}
```
这里的两处对象名引用要一致，对象属性与后台模型类中定义的属性名也要一致。

▶表单输入提交

【实例 3.1】th:field 演示

演示举例：

（1）前端创建 input.html，编写如下代码：
```
<div>
<form th:action="@{/th/object}" th:object="${sup}" method="post">
<input th:type="text" th:field="*{sname}"/><br>
<input th:type="text" th:field="${sup.sweixin}"/><br>
         
         
   
<input th:type="submit" value="提交">
</form>
</div>
```

说明：这里用 th:action 标签来指定表单提交地址，注意提交到的页面路径是/th/object，即刚开发的 object.html。

（2）在后台控制器中添加 showInput()方法，代码如下：
```
@RequestMapping("/input")
public String showInput(Model model, Supplier supplier) {
```

```
        //给模型设定的初始值
        supplier.setSname("陕西洛川苹果有限公司");                        //商家名称
        supplier.setSweixin("8123456-aa.com");                          //微信
        model.addAttribute("sup", supplier);
        return "input";
    }
```

（3）运行程序，访问 http://localhost:8080/th/input，由于在控制器方法中已经预先给模型设置了初始值，th:field 将其绑定显示于页面表单的输入框内，单击“提交”按钮跳转到 object.html 页显示商家信息，如图 3.3 所示。当然，读者也可以输入其他商家的名称及微信号并提交，显示的就会是读者输入的具体内容。

绑定显示初始值　　　　提交后显示

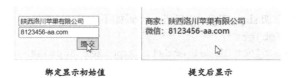

图 3.3　th:field 绑定显示初始值及提交后显示

2）**th:name 与 th:value 标签**

（1）th:name 用于接收表单数据，将其提交给后台，但它不能显示后台给模型设定的初始值。例如，将前端代码改为：

```
<input th:type="text" th:name="sname" th:placeholder="请输入商家名称"/><br>
<input th:type="text" th:name="sweixin" th:placeholder="请输入微信号"/><br>
```

后台不变，运行程序访问 http://localhost:8080/th/input，显示表单效果如图 3.4 所示。

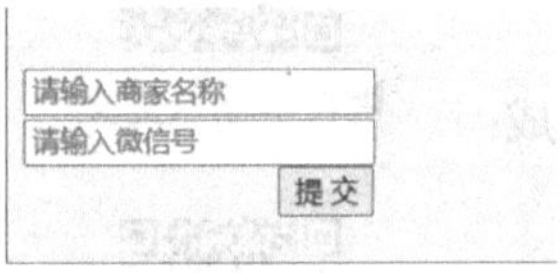

图 3.4　th:name 不能显示后台给模型设定的初始值

注意：th:name 的值（sname、sweixin）必须与后台模型的属性名严格一致，但单独使用 th:name 只能单向地往后台模型中传值，而前端页面上表单输入框的初始内容依旧是空的（即使后台控制器方法设定了模型的初始值），这里用了 th:placeholder 标签来设定表单输入框默认提示文字，待用户输入具体内容后才能提交显示。

（2）th:value 用于标签赋值，类似于 HTML 标签的 value 属性，它也可与 th:object 配合使用来显示后台给模型对象设定的初始值，格式如下：

```
th:object="${对象名}"
th:value=${对象名.属性}
```

或

```
th:value=*{属性}
```

例如，将前端代码改为：

```
<input th:type="text" th:value="*{sname}"/><br>
<input th:type="text" th:value="${sup.sweixin}"/><br>
```

后台及访问 URL 不变，运行结果如图 3.5 所示。

th:value显示初始值　　　　标签赋值无法提交到后台

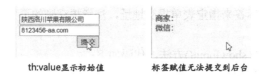

图 3.5　th:value 标签赋值无法提交到后台

从运行结果可见，单纯的标签赋值是无法通过表单提交给后台的，故单独使用 th:value 只能单向地由后台模型对象往前端页面传值而不能反过来。

（3）在实际应用中往往将 th:name 与 th:value 放在一起使用，th:name 用于提交表单数据，th:value 则用于显示。

由此，将前端代码改为：

```
<input th:type="text" th:name="sname" th:value="*{sname}"/><br>
<input th:type="text" th:name="sweixin" th:value="${sup.sweixin}"><br>
```

后台及访问 URL 依旧不变，这样运行效果就与图 3.4 完全一样了。

从上述一系列演示可见，Thymeleaf 中的 th:field 标签等同于 th:name 与 th:value 结合，实际开发中可根据需要灵活运用。

4. 超链接（th:href）

th:href 用于定义页面上的超链接，类似于传统 HTML 的<a>标签的 href 属性，Thymeleaf 模板通过@{…}表达式引入 URL 字符串值，支持相对路径和绝对路径，格式如下：

```
th:href="@{/…/…}"                    <!--相对路径-->
th:href="@{http://…(参数=值,…)}"      <!--绝对路径-->
```

【实例 3.1】th:href 演示

其中，绝对路径即链接指向的 URL，访问时可携带一个或多个请求参数。

演示举例：

（1）前端创建 href.html，编写如下代码：

```
<div>
<p th:text="请选择提交方式"></p>
      
<a th:href="@{/th/input}">去填写表单</a><br>
     
<a th:href="@{http://localhost:8080/th/object(sname='陕西洛川苹果有限公司',sweixin='8123456-aa.com')}">URL 直接进入</a>
</div>
```

（2）在后台控制器中添加 showHref()方法，代码如下：

```
@RequestMapping("/href")
public String showHref() {
    return "href";
}
```

（3）运行程序，访问 http://localhost:8080/th/href，看到 th:href 呈现在页面上的超链接，如图 3.6 所示。

图 3.6 th:href 呈现在页面上的超链接

单击"去填写表单"相当于访问 http://localhost:8080/th/input，跳转至前面开发好的 input.html 页面。

单击"URL 直接进入"相当于访问 http://localhost:8080/th/object?sname=陕西洛川苹果有限公司&sweixin=8123456-aa.com，跳转至前面开发好的 object.html 页面。

5. 条件判断（th:switch、th:if/th:unless）

像很多高级程序设计语言一样，Thymeleaf 在前端页面中也引入了条件判断功能，通过以下这几个标签实现。

▶条件判断

1）th:switch 标签

th:switch 是多项选择标签，功能等同于传统程序语言中的 Switch 语句，结构如下：

```
th:object="${对象名}"
<div th:switch="${对象名.属性}">
<p th:case="值1">内容1</p>
<p th:case="值2">内容2</p>
  ...
<p th:case="*">默认内容</p>
</div>
```

它根据对象的属性值显示不同内容，如果都不匹配，则显示*后的默认内容。

2）th:if 和 th:unless 标签

Thymeleaf 通过 th:if 和 th:unless 标签进行条件判断，写为：

```
th:if="${表达式}"
th:unless="${表达式}"
```

th:if 只有在其中表达式的逻辑条件成立时才显示标签内容；而 th:unless 与其恰好相反，在表达式条件不成立时显示其内容。

演示举例：

【实例 3.1】th:switch 演示

（1）前端创建 switch.html，编写如下代码：

```
<form th:action="@{/th/switch}" th:object="${cate}" method="post">
<input th:type="text" th:field="*{tcode}" th:placeholder="请输入商品大类编号"/>
<input th:type="submit" value="确定">
</form>
<br>
<p th:text="'您选择的类别为'+${cate.tcode}" th:if="${cate.tcode!=null&&cate.tcode!=''}"/>
<div th:switch="${cate.tcode}">
<p th:case="1">食品</p>
<p th:case="2">服装</p>
<p th:case="3">数码</p>
<p th:case="4">家用电器</p>
<p th:case="*" th:text="其他商品" th:unless="${cate.tcode==null||cate.tcode==''}"/>
</div>
```

说明：

① 用户从表单输入的商品大类编号提交给后台，先存储于对象 cate（对应模型类 Category）的 tcode 属性中，th:switch 再根据该属性的值显示对应商品大类的名称。

② 只有在用户输入了内容，即提交的表单不为空（条件"cate.tcode!=null&&cate.tcode!=''"成立）的情况下，th:if 通过判断才会允许页面显示商品大类名称。

③ 如果用户确实输入了内容（即条件"cate.tcode==null||cate.tcode==''"不成立），但与所有已知的商品大类全都不匹配，则由 th:unless 输出默认内容（其他商品）。

（2）在后台控制器中添加 showSwitch()方法，代码如下：

```
@RequestMapping("/switch")
public String showSwitch(Model model, Category category) {
    model.addAttribute("cate", category);  //属性名 cate 必须与前端引用的对象名一致
    return "switch";
}
```

（3）运行程序，访问 http://localhost:8080/th/switch，输入商品大类编号后单击"提交"按钮，可看到由 th:switch、th:if 和 th:unless 进行条件判断控制输出的商品大类名称，如图 3.7 所示。

图 3.7　由 th:switch、th:if 和 th:unless 进行条件判断控制输出

6. 字符串处理（+、|…|、#strings、==/!=、eq/ne/gt…）

▶字符串处理

1）字符串替换（+和|…|）

在 Thymeleaf 设计的前端页面上，常常需要对文字中的某一处用表达式（如${…}）进行替换，这可以通过字符串拼接操作完成，有两种拼接的方式。

（1）使用+号。

写法：

```
th:text="'字符串1'+${…}+'字符串2'"
```

其中，${…}也可以是其他任何表达式类型；前后两个常量字符串可以都有，也可以仅有任意一个。

（2）使用|…|。

写法：

```
th:text="|字符串1${…}字符串2|"
```

这种形式的限制较多，|…|内只能包含变量表达式${…}，而不能是其他类型的常量、条件表达式等。

2）字符串对象（#strings）

Thymeleaf 模板提供了一个内置的字符串对象#strings，它的功能十分强大，可完成对字符串的各种处理及格式化操作，设计页面时，通过调用方法来使用其功能，写成：

```
"${#strings.方法(…)}"
```

#strings 提供了很多字符串处理方法，具体如下。

- ${#strings.isEmpty('字符串')}：判断是不是空字符串。
- ${#strings.contains('字符串1','字符串2')}：判断字符串 1 中是否包含字符串 2（区分大小写）。
- ${#strings.containsIgnoreCase('字符串1','字符串2')}：功能同上，但不区分大小写。
- ${#strings.startsWith('字符串','字符')}：判断字符串是否以指定字符打头。
- ${#strings.endsWith('字符串','字符')}：判断字符串是否以指定字符结尾。
- ${#strings.indexOf('字符串',n)}：从第 n 个位置开始搜索字符串第一次出现的位置。其中，n 为开始搜索的索引位置，第一个字符索引是 0，第二个是 1，以此类推。
- ${#strings.substring('字符串',m,n)}：截取字符串中索引从 m 开始至 n 结束的子串，但不包括 n 位置的字符。
- ${#strings.substringAfter('字符串','字符')}：从指定字符之后的一位开始截取到最后，如果字符串中有多个相同的指定字符，则以第一个为准。

- ${#strings.substringBefore('字符串','字符')}：功能和上面相反，往前截取。
- ${#strings.replace('字符串','子串 1','子串 2')}：将字符串中的子串 1 替换为子串 2。
- ${#strings.prepend('字符串','前缀')}：将前缀拼接在字符串前面。
- ${#strings.append('字符串','后缀')}：功能和上面相反，拼接在后面。
- ${#strings.toUpperCase('字符串')}：将字符串转换成大写。
- ${#strings.toLowerCase('字符串')}：将字符串转换成小写。
- ${#strings.trim(str)}：去除字符串首尾处的空白字符。
- ${#strings.length(str)}：获取字符串长度。
- ${#strings.abbreviate('字符串',n)}：截取字符串第 0～n 位，后面的部分全部用点代替。注意，n 最小为 3。

可见，Thymeleaf 字符串处理方法与 Java 语言中的 String 类方法功能基本一样，对于已经熟悉 Java 语言的读者来说，掌握起来非常容易。

3）字符串判断（==/!=、eq/ne/gt…）

除了字符串对象的处理方法，Thymeleaf 语法还支持字符串应用相关的判断表达式，常用的如下。

(1) 判断字符串是否为空（null）或空值（"）。

分别写成：

```
${'字符串'}==null                    <!--为空-->
${'字符串'}!=null                    <!--不为空-->
```

和

```
${'字符串'}==''                      <!--为空值-->
${'字符串'}!=''                      <!--不为空值-->
```

这里需要特别说明的是，空（null）与空值（"）是不一样的概念，它们的差别体现在对内存的占有上，为空（null）表示声明了一个字符串对象的引用，但指向为 null，也就是说还没有为其分配任何内存空间；而空值（"）则表示为该字符串对象赋值""（空字符串），此时这个字符串对象的引用已被分配了内存，只不过它指向的是空字符串（""）的内存空间。例如，当用户尚未在页面表单输入框中填写任何内容时，输入框所对应的字符串变量就是空（null），一旦用户输入了内容，哪怕在输入后又全删了，但这时候输入框字符串变量的内存仍未回收，故其不为空（null），而是空值（"）。

前面讲的#strings 对象也有一个判断空字符串的方法 ${#strings.isEmpty('字符串')}，这个方法在执行时会同时判断字符串为空（null）和空值（"）的情形，只要有一种成立，就认为是空字符串。例如，以下两种形式的语句是等价的：

```
${#strings.isEmpty('字符串')}
${(('字符串'==null||'字符串'=='')}
```

(2) 判断字符串之间的关系。

Thymeleaf 有以下谓词用于判断字符串的大小关系。

- gt：大于。
- ge：大于或等于。
- eq：等于。
- ne：不等于。
- lt：小于。
- le：小于或等于。

例如：

```
${'字符串'} eq '易斯'              <!--字符串与'易斯'相同-->
${'字符串'} ne 'SXLC001A'          <!--字符串不同于SXLC001A-->
${'字符串'} gt '4'                 <!--字符串大于4-->
```

【实例3.1】字符串处理演示

演示举例：

（1）前端创建 strings.html，编写如下代码：

```html
<form th:action="@{/th/strings}" th:object="${cate}" method="post">
<input th:type="text" th:field="${cate.tcode}" th:placeholder="请输入商品分类编码"/><br>
<input th:type="text" th:field="${cate.tname}" th:placeholder="请输入商品分类名称"/>
<input th:type="submit" value="确定">
</form>
<br>
<div th:unless="${#strings.isEmpty(cate.tcode)||#strings.isEmpty(cate.tname)}">
<div th:if="${#strings.length(cate.tcode)==3}">
<div th:if="${#strings.startsWith(cate.tcode,'1')}">
<div th:switch="${#strings.substring(cate.tcode,1,2)}">
<p th:case="1" th:text="${cate.tname}+'属于水果'"></p>
<p th:case="2" th:text="${cate.tname}+'属于肉禽蛋品'"></p>
<p th:case="3" th:text="|${cate.tname}属于海鲜水产|"></p>
<p th:case="4" th:text="|${cate.tname}属于粮油|"></p>
</div>
</div>
<div th:if="${#strings.substring(cate.tcode,0,1)} eq '2'">
<p th:text="|${cate.tname}属于服装大类|"></p>
</div>
<div th:if="${#strings.substring(cate.tcode,0,1)} eq '3'">
<p th:text="${cate.tname}+'属于数码大类'"></p>
</div>
<div th:unless="${#strings.substring(cate.tcode,0,1)} ne '4'">
<p th:text="|${cate.tname}属于家用电器|"></p>
</div>
<div th:if="${#strings.substring(cate.tcode,0,1)} gt '4'">
<p th:text="${cate.tname}+'是其他商品'"></p>
</div>
</div>
</div>
```

说明：

① 根据前面的讲述，语句：

```html
<div th:unless="${#strings.isEmpty(cate.tcode)||#strings.isEmpty(cate.tname)}">
```

也可以改写成：

```html
<div th:unless="${(cate.tcode==null||cate.tcode=='')||(cate.tname==null||cate.tname=='')}">
```

两者是等价的。

② 程序先依次调用#strings 对象的 isEmpty()、length()方法，确保只有在用户输入了合法（不为空且商品分类编码长度等于3）的内容时，才会显示该商品分类的归属。

③ 一旦用户输入了合法内容，就调用#strings 的 startsWith()方法判断商品分类编码的首位，若为 1（食品），再用 substring()方法截取第 2 位并结合 th:switch 标签进一步判断和显示小类名称；否则以

substring()方法结合 Thymeleaf 的几种字符串判断谓词输出显示商品大类的名称。

（2）在后台控制器中添加 showStrings()方法，代码如下：

```
@RequestMapping("/strings")
public String showStrings(Model model, Category category) {
    model.addAttribute("cate", category);   //属性名 cate 必须与前端引用的对象名一致
    return "strings";
}
```

（3）运行程序，访问 http://localhost:8080/th/strings，输入几种不同类型的商品分类编码及名称，单击"确定"按钮，运行效果如图 3.8 所示。

图 3.8　字符串处理的运行效果

7. 循环遍历（th:each）

Thymeleaf 模板使用 th:each 标签实现对后台传给前端集合类型数据的循环遍历功能，th:each 可遍历的数据类型十分丰富，涵盖了对象（Object）、分页（Page）、列表（List）、数组（Array）和映射集（Map）等。

以对象类型为例，其迭代循环语句的写法如下：

```
th:each="对象名:${对象列表}"
th:each="对象名, 循环状态变量:${对象列表}"
```

其中，"对象名"是供前端解析使用的单个模型对象，引用方式为${对象名.属性}（属性要与后台模型类的属性名一致）；"对象列表"由后台程序添加到 Model 属性中传回前端；而"循环状态变量"是可选的，主要用于获取当前循环中的对象索引、属性、状态等，以便对循环施行有效控制，该变量有如下常用属性。

- index：获取当前迭代对象的索引（从 0 开始计数）。
- count：获取当前迭代对象的索引（从 1 开始计数）。
- size：获取当前迭代对象的大小。
- current：当前迭代控制变量。
- even/odd：布尔值，指示当前循环是偶数还是奇数（从 0 开始计数）。
- first：布尔值，指示当前循环是不是第一个。
- last：布尔值，指示当前循环是不是最后一个。

【实例 3.1】th:each 演示

演示举例：

（1）前端创建 each.html，编写如下代码：

```html
<table border="1" cellspacing="0" class="mytbl">        <!-- (a) -->
<tr style="background-color: lightblue">
<th>序号</th>
<th>商品信息</th>
<th>商品图片</th>
</tr>
<tr th:each="commodity, curStat:${commoditys}">
<td th:text="${curStat.count}"></td>                    <!-- (b) -->
<td style="text-align: left">
```

```html
        <h4 th:text="${commodity.pname}" style="text-align: center"></h4>
        <p>   商家编码: <span th:text="${commodity.scode}"></span></p>
        <p>   分类编码: <span th:text="${commodity.tcode}"></span></p>
        <p>    价        格: <span
th:text="${#numbers.formatDecimal(commodity.pprice,1,'COMMA',2,'POINT')}"></span>
</p>                                                           <!-- (c) -->
        <p>   库  存  量: <span th:text="${#numbers.
formatInteger(commodity.stocks,1,'COMMA')}"></span></p>        <!-- (c) -->
      </td>
      <td>
        <img th:src="'/image/' + ${commodity.image}" style="height: 160px;width: 160px;
"/>                                                            <!-- (d) -->
      </td>
    </tr>
  </table>
```

说明:

(a) **<table border="1" cellspacing="0" class="mytbl">**: 设定表格的样式类 (class) 属性为 mytbl, 这个样式定义在页面的<head>中, 代码如下:

```html
<head>
<meta charset="UTF-8">
<style>
.mytbl {
    margin: auto;
    text-align: center;
    width: 600px;
}
</style>
<title>th:each 演示</title>
</head>
```

其中, "margin: auto;" 设置表格在页面上居中, "text-align: center;" 设置单元格内容居中。

(b) **<td th:text="${curStat.count}"></td>**: curStat 是循环状态变量, 在表格第 1 列显示其 count 属性, 获取当前迭代商品的索引计数作为条目序号。

(c) **<p>   价   格: <span th:text="${#numbers.formatDecimal(commodity.pprice,1,'COMMA',2,'POINT')}"></span></p>、<p>   库   存   量: <span th:text="${#numbers.formatInteger(commodity.stocks,1,'COMMA')}"></span></p>**: 使用 Thymeleaf 模板提供的内置对象 #numbers 来显示格式化的数值。

● 用 formatDecimal() 方法格式化十进制小数值 (如货币数据), 使用形式如下:

`#numbers.formatDecimal(数值,整数位数,整数千分位标识符,小数位数,小数位标识符)`

其中, "数值"就是要显示的商品价格金额 (commodity.pprice); "整数位数"是小数点前必须至少显示的整数位数 (不足以 0 补齐), 代码中设为 1 表示价格整数部分至少要有 1 位; "整数千分位标识符"是将整数部分从低到高每 3 位间置一个分隔符, 代码中设为'COMMA'表示用逗号作为分隔符; "小数位数"是小数点后保留的位数, 代码中设为 2 表示保留两位; 最后的"小数位标识符"设为'POINT', 就是使用"."表示小数点。

● 用 formatInteger() 方法格式化整数值, 使用形式如下:

`#numbers.formatInteger(数值,整数位数,整数千分位标识符)`

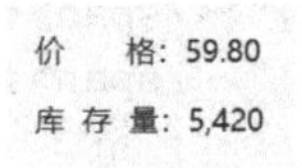

价　格：59.80
库 存 量：5,420

图 3.9　格式化后的数值

此方法各参数的含义同 formatDecimal()方法。

经上述两个方法的格式化处理后，最终显示在前端的商品价格和库存量的数值如图 3.9 所示。

（d）**<img th:src="'/image/' + ${commodity.image}" style="height: 160px;width: 160px;"/>**：这里使用 th:src 标签引入商品图片资源，在项目工程目录树的 src→main→resources→static 目录下建一个 image 子目录，将准备好的三张商品图片（红富士.jpg、车厘子.jpg、龙虾.jpg）存放进去。注意，在 th:src="'/image/'…"路径前一定要加一个'/'，否则运行时程序无法定位到图片资源，这是由于在控制器类前加了@RequestMapping("th")注解后，系统会默认将 th 也加到资源路径上。

（2）在后台控制器中添加 showEach()方法：

```
@RequestMapping("/each")
public String showEach(Model model) {
    List<Commodity> commodityList = new ArrayList<>();
    //第一个商品
    Commodity c1 = new Commodity();
    c1.setPname("洛川红富士苹果冰糖心10斤箱装");
    c1.setScode("SXLC001A");
    c1.setTcode("11A");
    c1.setPprice(Float.parseFloat("44.80"));
    c1.setStocks(Integer.parseInt("3601"));
    c1.setImage("红富士.jpg");
    commodityList.add(c1);
    //第二个商品
    Commodity c2 = new Commodity();
    c2.setPname("智利车厘子2斤大樱桃整箱顺丰包邮");
    c2.setScode("SHPD0A2B");
    c2.setTcode("11G");
    c2.setPprice(Float.parseFloat("59.80"));
    c2.setStocks(Integer.parseInt("5420"));
    c2.setImage("车厘子.jpg");
    commodityList.add(c2);
    //第三个商品
    Commodity c3 = new Commodity();
    c3.setPname("波士顿龙虾特大鲜活1斤");
    c3.setScode("LNDL0A3A");
    c3.setTcode("13B");
    c3.setPprice(Float.parseFloat("149.00"));
    c3.setStocks(Integer.parseInt("2800"));
    c3.setImage("龙虾.jpg");
    commodityList.add(c3);
    model.addAttribute("commoditys", commodityList);
    return "each";
}
```

（3）运行程序，访问 http://localhost:8080/th/each，可看到由 th:each 遍历出的商品信息如图 3.10 所示。

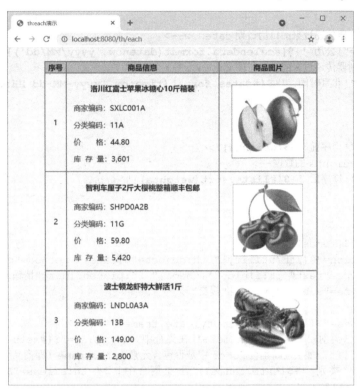

图 3.10 th:each 遍历出的商品信息

8. 公用对象

在前面演示的诸多例子中，读者已经接触到了处理字符串的#strings 和格式化数值的#numbers 两个对象，并体会到了它们强大的功能。其实，Thymeleaf 中还提供了大量公用对象以满足前端开发者多样化的需求。这些对象的名称一般以 s 结尾，且都可以通过${#…}表达式直接访问，它们的功能与传统 Java 语言中的类有着十分清晰的对应关系，相当于将 Java 类库的功能移植到了前端开发中，极大地增强了前端的数据处理能力和灵活性。

常用的公用对象如下。

- #dates：日期格式化，其功能同 java.util.Date。
- #calendars：日历，其功能同 java.util.Calendar。
- #objects：功能对应 java.lang.Object。
- #bools：判断 boolean 类型。
- #arrays：数组操作。
- #lists：列表操作，功能同 java.util.List。
- #sets：集合操作，功能同 java.util.Set。
- #maps：映射集操作，功能同 java.util.Map。
- #aggregates：创建数组或集合的聚合。
- #messages：在变量表达式内部获取外部消息。

下面通过一个程序实例来综合演示多种公用对象的用法。

演示举例：

（1）前端创建 utility.html，编写如下代码：

【实例 3.1】公用对象演示

```html
<div>
    <!--格式化控制器传递过来的日历日期 datenow-->
    <h4 th:text="'公历 '+${#calendars.format(datenow,'yyyy/MM/dd')}"></h4>
    <!--格式化控制器传递过来的当前时间 timenow-->
    <p th:text="'北京时间: '+${#dates.format(timenow,'yyyy-MM-dd HH:mm:ss')}"></p>
</div>
<br>
<div>
    <p th:text="'排序前 '+${weights}"></p>
    <!--排序列表 weights 的数据-->
    <p th:text="'排序后 '+${#lists.sort(weights)}"></p>
</div>
<br>
<div>
    <p th:text="${foods}"></p>
    <form th:action="@{/th/utility}" th:object="${cate}" method="post">
        <input th:type="text" th:field="*{tname}" th:placeholder="请输入分类名称"/>
        <input th:type="submit" value="提交">
    </form>
    <div th:unless="${#strings.isEmpty(cate.tname)}">
        <p th:text="'类别 '+${cate.tname}+' 在集合中。'" th:if="${#sets.contains(foods,cate.tname)}"/>        <!--判断集合 foods 中是否包含元素 cate.tname（即商品分类名称）-->
        <p th:text="'类别 '+${cate.tname}+' 不在集合中！'" th:unless="${#sets.contains(foods,cate.tname)}"/>
    </div>
</div>
<br>
<div>
    <!--对数组 stocks 中的元素求和-->
    <p th:text="'苹果库存总量为'+${#aggregates.sum(stocks)}"></p>
</div>
```

（2）在后台控制器中添加 testUtility()方法，代码如下：

```java
@RequestMapping("/utility")
public String testUtility(Model model, Category category) {
    //#calendars、#dates 应用
    model.addAttribute("datenow", Calendar.getInstance()); //向前端传递日历日期
    model.addAttribute("timenow", new Date());             //向前端传递当前时间
    //#lists 应用
    List<String> weightList = new ArrayList<String>();
    weightList.add("库尔勒香梨 5 斤箱装");
    weightList.add("库尔勒香梨 8 斤箱装");
    weightList.add("库尔勒香梨 2 斤箱装");
    model.addAttribute("weights", weightList);             //向前端传递列表
    //#sets 应用
    Set<String> foodSet = new HashSet<String>();
    foodSet.add("苹果");
    foodSet.add("橙");
    foodSet.add("猪肉");
    foodSet.add("羊肉");
    foodSet.add("鱼");
    foodSet.add("鸡蛋");
```

```
        model.addAttribute("foods", foodSet);                //向前端传递集合
        model.addAttribute("cate", category);
        //#aggregates 应用
        Integer stocksArray[] = {3601, 5698, 12680};
        model.addAttribute("stocks", stocksArray);           //向前端传递数组
        return "utility";
    }
```

（3）运行程序，访问 http://localhost:8080/th/utility，可看到这几种公用对象的应用效果，如图 3.11 所示。

图 3.11 几种公用对象的应用效果

3.3 Thymeleaf 应用进阶

3.3.1 内置验证器

▶内置验证器

1. Hibernate Validator 验证框架

在开发 Web 页面表单时通常会有非常多的输入栏，每一栏对用户输入的数据都有一定的要求，在用户提交给后台之前必须验证数据的合法性，但如果针对每一项输入都由开发者自己编写程序来实现验证逻辑，将是十分烦琐的。为此，Spring Boot 内置了一个现成的框架 Hibernate Validator 专门提供数据的验证服务，它是对 JSR（Java Specification Requests）标准的实现，可满足日常绝大多数类型数据合法性验证的需要。

2. Hibernate Validator 常用注解

使用 Hibernate Validator 验证表单时，需要利用它的注解在实体模型的属性上嵌入约束，不同种类的注解作用于不同类型的属性上，实现对特定类型数据的验证功能。Hibernate Validator 常用注解的作用类型及相应验证功能的说明见表 3.1。

表 3.1 Hibernate Validator 常用注解

注解	作用类型	说明
@Notblank	字符串	验证字符串非 null，且长度必须大于 0
@Email	字符串	被注解的元素必须是电子邮箱地址
@Length	字符串	被注解的字符串的大小必须在指定的范围内

续表

注　　解	作用类型	说　　明
@NotEmpty	字符串	被注解的字符串必须非空
@NotEmptyPattern	字符串	在字符串不为空的情况下，是否匹配正则表达式
@DateValidator	字符串	验证日期格式是否满足正则表达式，Local 为英语
@DateFormatCheckPattern	字符串	验证日期格式是否满足正则表达式，Local 是手动指定的
@CreditCardNumber	字符串	验证信用卡号码
@Range	数值类型、字符串、字节等	被注解的元素必须在合适的范围内
@Null	任意	被注解的元素必须为 null
@NotNull	任意	被注解的元素必须不为 null
@AssertTrue	布尔值	被注解的元素必须为 true
@AssertFalse	布尔值	被注解的元素必须为 false
@Min	数字	被注解的元素必须是一个数字且大于或等于指定的最小值
@Max	数字	被注解的元素必须是一个数字且小于或等于指定的最大值
@DecimalMin	数字	被注解的元素必须是一个数字且大于或等于指定的最小值
@DecimalMax	数字	被注解的元素必须是一个数字且小于或等于指定的最大值
@Positive	数字	被注解的元素必须大于 0
@Size	数字	被注解的元素的大小必须在指定的范围内
@Digits	数字	被注解的元素必须是一个数字，且在可接收的范围内
@Past	日期	被注解的元素必须是一个过去的日期
@Future	日期	被注解的元素必须是一个将来的日期
@Pattern	正则表达式	被注解的元素必须符合指定的正则表达式
@ListStringPattern	List<String>	验证集合中的字符串是否满足正则表达式

3. 应用举例

下面通过实例讲解使用 Hibernate Validator 验证表单的过程。

【实例 3.2】 开发一个简单的商品入库表单，用 Hibernate Validator 对用户填写在表单中的每一栏商品信息进行验证，若有不合法输入则在后面给出红色文字提示，效果如图 3.12 所示。

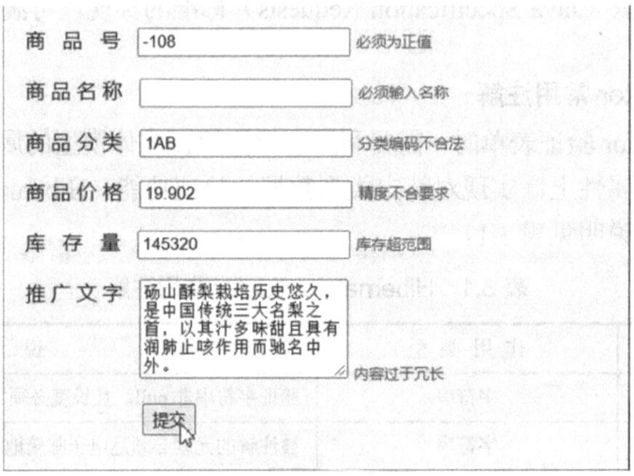

图 3.12　若有不合法输入则在后面给出红色文字提示

1）创建 Spring Boot 项目

项目名为 Validator，在出现的向导界面 "Dependencies" 列表中选择 Spring Boot 基本框架（"Web" → "Spring Web"）、Thymeleaf 引擎组件（"Template Engines" → "Thymeleaf"）、Lombok 模型简化组件（"Developer Tools" → "Lombok"）。

2）添加验证框架依赖

Hibernate Validator 验证框架原本是集成在 Spring Boot 基本框架之内的，只要在创建项目时选择了 "Web" → "Spring Web"，验证框架也就自然囊括在其中了，编程时可直接使用。但是，自 Spring Boot 2.3.0 以后，默认情况下不再包含这个验证框架，需要用户手动添加。

打开项目的 pom.xml 文件，在其中添加如下依赖项：

```
<dependency>
<groupId>org.springframework.boot</groupId>
<artifactId>spring-boot-starter-validation</artifactId>
</dependency>
```

重启 IDEA，再次打开项目，Spring Boot 就会自动检测到 Hibernate Validator 验证框架。

【实例 3.2】验证框架配置

3）在实体模型属性上嵌入约束

在项目工程目录树的 com.example.validator 节点下创建 entity 包，在其中创建模型类 Commodity，模型类的属性对应于页面的商品信息表单项，在需要验证的栏目项属性上加 Hibernate Validator 注解，Commodity.java 代码如下：

```java
package com.example.validator.entity;

import lombok.Data;
import org.hibernate.validator.constraints.Length;
import org.hibernate.validator.constraints.Range;

import javax.validation.constraints.*;

@Data
public class Commodity {
    @NotNull(message = "不能为空")
    @Positive(message = "必须为正值")
    private Integer pid;                                                //商品号
    @NotBlank(message = "必须输入名称")
    private String pname;                                               //商品名称
    @Pattern(regexp = "[1-9][1-9][A-Z]$", message = "分类编码不合法")
    private String tcode;                                               //商品分类
    //整数部分不能超过 5 位，小数部分不能超过 2 位
    @Digits(integer = 5, fraction = 2, message = "精度不合要求")
    @DecimalMin(value = "0.00", message = "价格不能小于 0")
    @DecimalMax(value = "10000.00", message = "价格不能高于 1 万")
    private Float pprice;                                               //商品价格
    @Range(min = 0, max = 99999, message = "库存超范围")
    private Integer stocks;                                             //库存量
    @Length(min = 1, max = 32, message = "内容过于冗长")
    private String textadv;                                             //推广文字
}
```

说明：根据实际的验证需要，属性上可以加一个或多个注解，注解后的括号中以 message = "…"

给出当输入不合法时需要显示的提示文字。

4）创建控制器

在项目工程目录树的 com.example.validator 节点下创建 controller 包，在其中创建控制器类 ValidationController，代码如下：

```java
package com.example.validator.controller;

import com.example.validator.entity.Commodity;
import org.springframework.stereotype.Controller;
import org.springframework.validation.BindingResult;
import org.springframework.validation.annotation.Validated;
import org.springframework.web.bind.annotation.ModelAttribute;
import org.springframework.web.bind.annotation.RequestMapping;

@Controller
public class ValidationController {
    @RequestMapping("/valid")
    public String init(@ModelAttribute("com") Commodity commodity) {
                                                            //（a）
        commodity.setPid(1001);
        commodity.setPname("砀山梨 10 斤箱装大果");
        commodity.setTcode("11B");
        commodity.setPprice(Float.parseFloat("19.90"));
        commodity.setStocks(14532);
        commodity.setTextadv("中国传统三大名梨之首，汁多味甜且润肺止咳而驰名中外。");
        return "valid";
    }

    @RequestMapping("/add")
    public String addCommodity(@ModelAttribute("com") @Validated Commodity commodity, BindingResult bindingResult) {         //（b）
        if (bindingResult.hasErrors()) {
            return "valid";                     //有不合法输入转到 valid.html
        } else {
            return "success";                   //验证成功转至 success.html
        }
    }
}
```

说明：

（a）**public String init(@ModelAttribute("com") Commodity commodity) {…}**：@ModelAttribute 是 Spring MVC 的注解，它将请求参数的输入封装到 com 对象中并创建 Commodity 的实例，其作用相当于语句"model.addAttribute("com", commodity);"，在前端页面上以 th:object="${com}"引用。

（b）**public String addCommodity(@ModelAttribute("com") @Validated Commodity commodity, BindingResult bindingResult) {…}**：@Validated 注解使框架的验证功能生效，BindingResult 用于绑定模型实体类返回的验证结果信息（即模型属性注解后以 message = "…"给出的内容）。

5）创建视图页面

在项目工程目录树的 src→main→resources→templates 节点下创建两个 HTML 5 页面，一个是验证页面，另一个是成功信息页面。

（1）验证页面 valid.html。

在验证页面上直接读取到@ModelAttribute 注入的数据，然后通过 th:errors="*{属性}"获得验证错误时的提示文字。

valid.html 代码如下：

```html
<!DOCTYPE html>
<html lang="en" xmlns:th="http://">
<head>
<meta charset="UTF-8">
<style>
    .myerr {
        width: 80px;
        font-size: xx-small;
        color: red;
    }
</style>
<title>验证器应用</title>
</head>
<body bgcolor="#e0ffff">
<form th:action="@{/add}" th:object="${com}" method="post">
<p>
<span>   商     品     号   </span>
    <input th:type="text" th:field="*{pid}"/>
    <span th:errors="*{pid}" class="myerr"></span>
</p>
<p>
<span>  商 品 名 称  </span>
    <input th:type="text" th:field="*{pname}"/>
    <span th:errors="*{pname}" class="myerr"></span>
</p>
<p>
<span>  商 品 分 类  </span>
    <input th:type="text" th:field="*{tcode}"/>
    <span th:errors="*{tcode}" class="myerr"></span>
</p>
<p>
<span>  商 品 价 格  </span>
    <input th:type="text" th:field="*{pprice}"/>
    <span th:errors="*{pprice}" class="myerr"></span>
</p>
<p>
<span>   库     存     量   </span>
    <input th:type="text" th:field="*{stocks}"/>
    <span th:errors="*{stocks}" class="myerr"></span>
</p>
<p>
<span th:style="'vertical-align: top'">   推   广   文   字   </span>
    <textarea th:cols="20" th:rows="5" th:field="*{textadv}"></textarea>
```

```
        <span th:errors="*{textadv}" class="myerr"></span>
    </p>
    <p>
                           
        <input th:type="submit"/>
    </p>
</form>
</body>
</html>
```

（2）成功信息页面 success.html。

成功信息页面用于返回显示验证通过后提交的入库商品信息，代码如下：

```
<!DOCTYPE html>
<html lang="en" xmlns:th="http://█████████">
<head>
<meta charset="UTF-8">
<title>验证通过</title>
</head>
<body bgcolor="#e0ffff">
<div th:object="${com}">
<h4 th:text="'数据提交成功！'" th:style="'text-align: center'"></h4>
<p th:text="'入库商品的信息如下：'"></p>
<div th:text="'商品号：'+${com.pid}"/>
<div th:text="'商品名称：'+${com.pname}"/>
<div th:text="'商品分类：'+${com.tcode}"/>
<div th:text="'商品价格：'+${com.pprice}"/>
<div th:text="'库存量：'+${com.stocks}"/>
<div th:text="'推广文字：'+${com.textadv}"/>
</div>
</body>
</html>
```

6）运行

运行程序，访问 http://localhost:8080/valid，验证页面如图 3.13 所示，表单中已经预填好了商品信息，故意将某一项信息改为不合法数据（这里将商品价格由 19.9 改为-19.9），提交后显示错误提示。

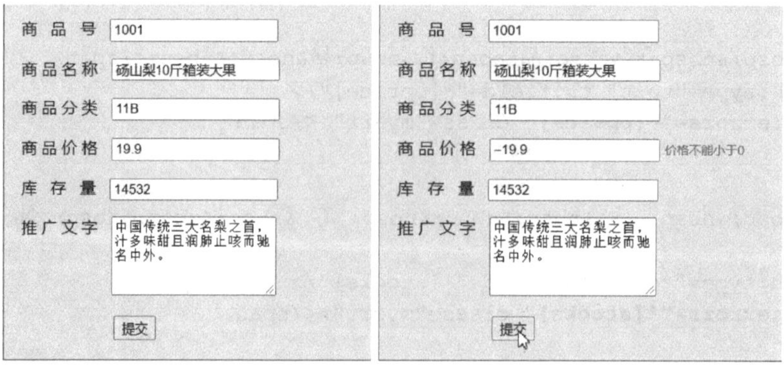

图 3.13　验证页面

若输入信息全部合法地通过了验证，提交后的成功信息页面如图 3.14 所示。

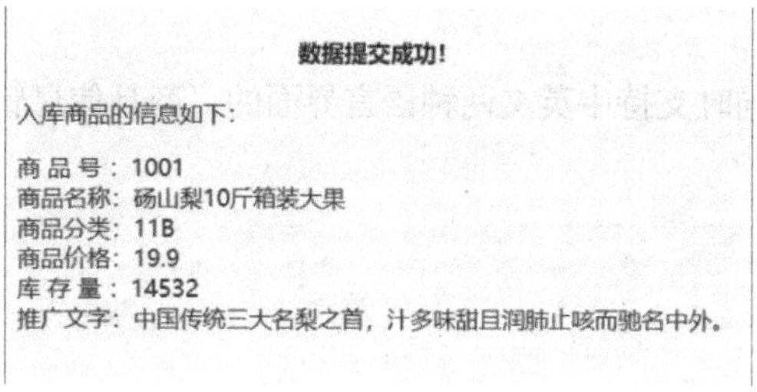
数据提交成功！

入库商品的信息如下：

商 品 号：1001
商品名称：砀山梨10斤箱装大果
商品分类：11B
商品价格：19.9
库 存 量：14532
推广文字：中国传统三大名梨之首，汁多味甜且润肺止咳而驰名中外。

图 3.14　成功信息页面

▶页面国际化

3.3.2　页面国际化

很多时候，一个应用系统只支持一种语言，如用中文开发的项目，只有懂中文的用户能用，而别的国家的用户由于母语非中文将难以使用，若重新开发一套功能完全相同而只是语言不同的系统显然成本太高。所谓国际化，是指在不修改程序代码的情况下，能根据不同语言及地区的用户显示不同的界面。在实际的 Web 应用领域中，页面国际化是很有必要的。

1. 国际化原理

国际化的实现原理是：当用户选择了不同语言后，系统就会加载已准备好的国际化资源文件来对程序进行赋值，这样就会出现目标用户想要看到的语言界面了。可见，开发国际化应用的关键在于提供不同国家语言的资源文件，这种资源文件必须以一定的规则命名并按照特定的格式书写才能正确发挥作用。

1）命名规则

Spring Boot 的国际化资源文件都是“*.properties”文件，而且必须统一放在项目 resources 文件夹下的子目录中。就命名规则而言，国际化资源文件必须命名为“基本名称_语言代码_国家代码.properties”。

例如，中文的国际化资源文件应命名为：

```
基本名称_zh_CN.properties
```

而英文的国际化资源文件命名为：

```
基本名称_en_US.properties
```

系统默认语言的国际化资源文件（主资源属性文件）则直接命名为：

```
基本名称.properties
```

注意：在同一个项目中这三个资源文件的“基本名称”必须完全一样。

2）内容格式

资源文件内容格式全部为键值对（key=value）的形式。其中，key 可以根据程序员自己的喜好来命名，但一般会设置成容易理解或记忆的名称；value 则是该 key 对应的值，不同国家语言对应的该值是不同的。

例如，英文对应：

```
button1.text = Login
```

中文则对应：

```
button1.text = \u767B \u5F55
```

看到这里，读者可能有点迷惑，按常理来说，中文对应的应该是：

```
button1.text = 登录
```

为什么这里变成了“\u767B \u5F55”？原因是：中文是非西欧字符，程序不能解析，所以在应用时必须先为其转码，IDEA 开发环境自带了中文转码功能，下面的应用实例中会给出具体操作方法。

2. 应用举例

【实例 3.3】 开发一个同时支持中英文两种语言界面的"商品信息管理系统"登录程序，效果如图 3.15 所示。

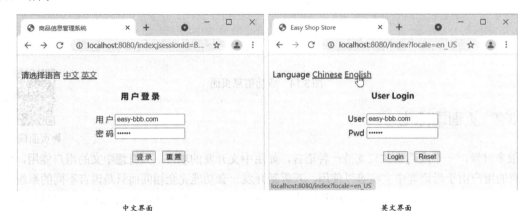

中文界面　　　　　　　　　　　　　　　英文界面

图 3.15　同时支持中英文两种语言界面的"商品信息管理系统"登录程序

1）创建 Spring Boot 项目

项目名为 LoginLanguageSelector，在出现的向导界面的"Dependencies"列表中选择 Spring Boot 基本框架（"Web"→"Spring Web"）、Thymeleaf 引擎组件（"Template Engines"→"Thymeleaf"）、Lombok 模型简化组件（"Developer Tools"→"Lombok"）。

2）开启中文转码

在 IDEA 环境中选择主菜单"File"→"Settings"命令，弹出"Settings"窗口。

在左侧选中"Editor"→"File Encodings"，在右边找到"Properties Files(*.properties)"所属的"Default encoding for properties files"栏，选中其后面的"Transparent native-to-ascii conversion"项，单击"OK"按钮，如图 3.16 所示。

图 3.16　开启中文转码

3）编写国际化资源文件

在项目工程 resources 文件夹下建一个子文件夹 i18n，其下创建 3 个.properties 文件，在 IDEA 环境中打开，分别编辑如下内容。

message.properties 内容如下：

```
title = 商品信息管理系统
lang01.key =中文
lang02.key = 英文
prompt = 请选择语言
caption = 用户登录
label1 = 用户
label2 = 密码
button1.text = 登录
button2.text = 重置
welcome = 欢迎使用商品信息管理系统
user = 用户：
name = 注册名：
```

message_en_US.properties 内容如下：

```
title = Easy Shop Store
lang01.key = Chinese
lang02.key = English
prompt = Language
caption = User Login
label1 = User
label2 = Pwd
button1.text = Login
button2.text = Reset
welcome = Welcome to The Easy Shop Store!
user = User:
name = Name:
```

message_zh_CN.properties 内容如下：

```
title = 商品信息管理系统
lang01.key =中文
lang02.key = 英文
prompt = 请选择语言
caption = 用户登录
label1 = 用户
label2 = 密码
button1.text = 登录
button2.text = 重置
welcome = 欢迎使用商品信息管理系统
user = 用户：
name = 注册名：
```

由于前面已经开启了 IDEA 的中文转码功能，故这里 message.properties 和 message_zh_CN.properties 两个文件中的中文信息会被自动转换为符合要求的编码形式。例如，进入项目所在文件夹 resources 下的 i18n 目录，直接用 Windows "记事本"打开 message.properties，可看到转换编码后的内容，如图 3.17 所示。

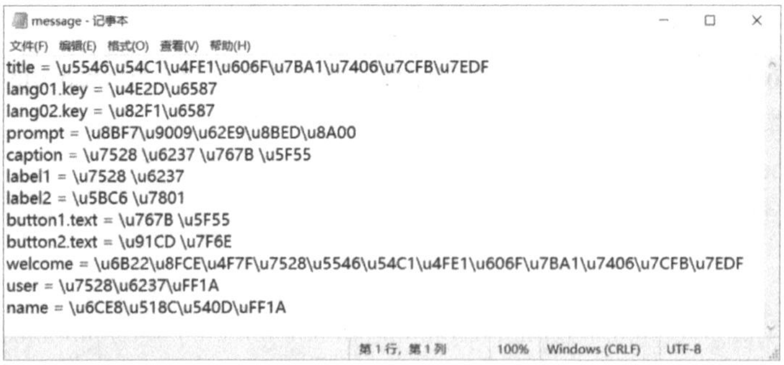


```
title = \u5546\u54C1\u4FE1\u606F\u7BA1\u7406\u7CFB\u7EDF
lang01.key = \u4E2D\u6587
lang02.key = \u82F1\u6587
prompt = \u8BF7\u9009\u62E9\u8BED\u8A00
caption = \u7528 \u6237 \u767B \u5F55
label1 = \u7528 \u6237
label2 = \u5BC6 \u7801
button1.text = \u767B \u5F55
button2.text = \u91CD \u7F6E
welcome = \u6B22\u8FCE\u4F7F\u7528\u5546\u54C1\u4FE1\u606F\u7BA1\u7406\u7CFB\u7EDF
user = \u7528\u6237\uFF1A
name = \u6CE8\u518C\u540D\uFF1A
```

图 3.17　message.properties 文件的中文转换编码后的内容

4）配置引入资源文件

在项目配置文件 application.properties 中添加如下配置语句：

```
spring.messages.basename = i18n/message
```

5）开发配置类

在项目工程目录树的 com.example.loginlanguageselector 节点下创建配置类 LocaleConfig.java，代码如下：

```java
package com.example.loginlanguageselector;

import org.springframework.boot.autoconfigure.EnableAutoConfiguration;
import org.springframework.context.annotation.Bean;
import org.springframework.context.annotation.Configuration;
import org.springframework.web.servlet.LocaleResolver;
import org.springframework.web.servlet.config.annotation.InterceptorRegistry;
import org.springframework.web.servlet.config.annotation.WebMvcConfigurer;
import org.springframework.web.servlet.i18n.LocaleChangeInterceptor;
import org.springframework.web.servlet.i18n.SessionLocaleResolver;

import java.util.Locale;

@Configuration
@EnableAutoConfiguration
public class LocaleConfig implements WebMvcConfigurer {
    @Bean
    public LocaleResolver localeResolver() {
        SessionLocaleResolver resolver = new SessionLocaleResolver();
        resolver.setDefaultLocale(Locale.CHINA);        //设置默认语言为中文
        return resolver;
    }

    @Bean
    public LocaleChangeInterceptor localeChangeInterceptor() {
        LocaleChangeInterceptor interceptor = new LocaleChangeInterceptor();
        interceptor.setParamName("locale");          //设置选择切换语言的参数名
        return interceptor;
    }

    @Override
    public void addInterceptors(InterceptorRegistry registry) {
```

```
            registry.addInterceptor(localeChangeInterceptor());
        }
}
```

说明：

（1）该配置类的作用是通过用户重写实现 WebMvcConfigurer 接口中的方法来配置程序运行时的语言区域选择。

（2）localeResolver()方法根据用户本次会话过程中的语义（如用户进入首页时所选择的语言种类）来设定语言区域，localeChangeInterceptor()方法配置拦截器，addInterceptors()方法则用来在 Spring Boot 容器中注册拦截器。

6）设计模型类

在项目工程目录树的 com.example.loginlanguageselector 节点下创建 entity 包，在其中创建模型类 User，代码如下：

```
package com.example.loginlanguageselector.entity;

import lombok.Data;

@Data
public class User {
    private String ucode;              //用户编码
    private String upassword;          //登录密码
    private String uname;              //用户名
}
```

7）开发控制器类

在项目工程目录树的 com.example.loginlanguageselector 节点下创建 controller 包，在其中创建控制器类 LogController，代码如下：

```
package com.example.loginlanguageselector.controller;

import com.example.loginlanguageselector.entity.User;
import org.springframework.stereotype.Controller;
import org.springframework.ui.Model;
import org.springframework.web.bind.annotation.GetMapping;
import org.springframework.web.bind.annotation.RequestMapping;

@Controller
public class LogController {
    @GetMapping("/index")
    public String init(Model model, User user) {
        user.setUcode("easy-bbb.com");
        user.setUpassword("abc123");
        model.addAttribute("user", user);
        return "index";
    }

    @RequestMapping("/check")
    public String loginCheck(Model model, User user) {
        model.addAttribute("code", user.getUcode());
        model.addAttribute("name", "易斯");
        return "home";
```

    }
}

8）开发前端页面，并获得国际化信息

在项目工程目录树的 src→main→resources→templates 节点下创建两个 HTML 5 页面，并在两个视图页面中使用 th:text="#{…}"获得国际化信息。

（1）登录页面 index.html。

index.html 页面代码如下：

```html
<!DOCTYPE html>
<html lang="en" xmlns:th="http://        ">
<head>
<meta charset="UTF-8">
<title th:text="#{title}"/>
</head>
<body bgcolor="#e0ffff">
<br>
<span th:text="#{prompt}"></span>
<a th:href="@{/index(locale = 'zh_CN')}" th:text="#{lang01.key}"></a>
<a th:href="@{/index(locale = 'en_US')}" th:text="#{lang02.key}"></a>
<div style="text-align: center">
<form action="/check" th:object="${user}" method="post">
<table style="text-align: center;margin: auto">
<caption><h4  th:text="#{caption}">            </h4></caption>
<tr>
<td th:text="#{label1}"></td>
<td>
<input th:type="text" th:name="ucode" size="16" th:value="${user.ucode}">
</td>
</tr>
<tr>
<td th:text="#{label2}"></td>
<td>
<input  th:type="password"  th:name="upassword"  size="16"  th:value="${user.upassword}">
</td>
</tr>
</table>
<br>
     
     
      
<input th:type="submit" th:value="#{button1.text}">  
<input th:type="reset" th:value="#{button2.text}">  
</form>
</div>
</body>
</html>
```

（2）欢迎页面 home.html。

home.html 页面代码如下：

```html
<!DOCTYPE html>
<html lang="en" xmlns:th="http://...">
<head>
<meta charset="UTF-8">
<title th:text="#{title}"/>
</head>
<body bgcolor="#e0ffff">
<br>
<div style="text-align: center">
<h3 th:text="#{welcome}"></h3>
<h4 style="display: inline" th:text="#{user}"/><span th:text="${code}"></span>
   <h4 style="display: inline" th:text="#{name}"/><span th:text="${name}"></span>
<br>
<br>
<div>
<img th:src="'image/商品浏览.jpg'" height="190px" width="639px">
</div>
</div>
</body>
</html>
```

说明：欢迎页面上要显示的图片（商品浏览.jpg）预先放在项目工程目录树的\src\main\resources\static 目录下新建的 image 子目录中。

9）运行

运行程序，访问 http://localhost:8080/index。

通过中文页面登录，显示的欢迎页面如图 3.18 所示。

图 3.18　通过中文页面登录时显示的欢迎页面

而通过英文页面登录，显示的欢迎页面如图 3.19 所示。

图 3.19　通过英文页面登录时显示的欢迎页面

3.3.3　与 Bootstrap 结合

1. Bootstrap 概述

▶Thymeleaf 结合 Bootstrap

在实际大型互联网项目前端开发中，往往要求设计样式十分复杂的页面，这个时候单靠 Thymeleaf 的功能结合 CSS，设计工作量是很大的，为了简化开发，一般会将 Thymeleaf 与第三方的界面库整合起来使用。目前比较常用的前端界面库有 jQuery、Vue、Bootstrap 等。本节演示一下 Bootstrap 的使用方法。

Bootstrap 是美国 Twitter 公司的设计师 Mark Otto 和 Jacob Thornton 合作基于 HTML、CSS、JavaScript 开发的简洁、直观、强大的前端开发框架，使得 Web 开发更加快捷。Bootstrap 提供了优雅的 HTML 和 CSS 规范，它由动态 CSS 语言 Less 写成。Bootstrap 一经推出便颇受欢迎，一直是 GitHub 上的热门开源项目，NASA 的 MSNBC（微软全国广播公司）的 Breaking News 使用了该项目。国内一些移动开发者较为熟悉的框架，如 WeX5 前端开源框架等，也是基于 Bootstrap 源代码进行性能优化而来的。

2. Bootstrap 下载和引入

Bootstrap 以开源压缩包的形式免费提供，单击页面上的"Download"按钮，跳转至下载页，再单击其上的"Download"按钮即可，如图 3.20 所示。

图 3.20　下载 Bootstrap

本书使用的是 Bootstrap 5.1，下载得到的压缩包文件名为 bootstrap-5.1.3-dist.zip，将其解压，在解压目录中看到有 css 和 js 两个文件夹，将它们复制出来，直接放到自己开发的 Spring Boot 项目的 \src\main\resources\static 目录下即可使用，如图 3.21 所示。

图 3.21 引入 Bootstrap

可以看出，Bootstrap 实际就是已经开发好的样式模板（.css）与脚本（.js）的集合，用户将其引入自己的项目中就可以直接使用，无须自己编写诸多复杂的前端样式效果。

3. 应用举例

下面还是通过一个实例来让读者感受一下 Bootstrap 的强大功能，至于有关 Bootstrap 系统的前端设计知识和技巧，请读者参看 Bootstrap 领域的专业书籍。

【**实例 3.4**】 用 Thymeleaf 整合 Bootstrap 开发一个商品详细信息展示网页，效果如图 3.22 所示。

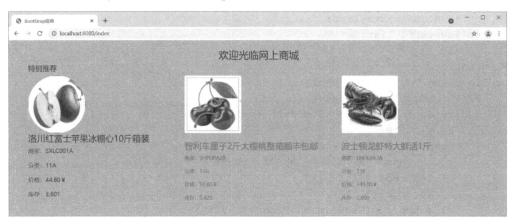

图 3.22 商品详细信息展示网页

（1）首先，创建 Spring Boot 项目，项目名为 mybootstrap，在出现的向导界面的"Dependencies"列表中选择 Spring Boot 基本框架（"Web"→"Spring Web"）、Thymeleaf 引擎组件（"Template Engines"→"Thymeleaf"）、Lombok 模型简化组件（"Developer Tools"→"Lombok"）。

（2）引入下载得到的 Bootstrap。

（3）设计模型。

本例要显示商品的详细信息，故需要一个商品实体模型类。

在项目工程目录树的 com.example.mybootstrap 节点下创建 entity 包,在其中创建模型类 Commodity,代码如下:

```
package com.example.mybootstrap.entity;

import lombok.Data;

@Data
public class Commodity {
    private String pname;              //商品名称
    private String scode;              //商家编码
    private String tcode;              //分类编码
    private Float pprice;              //价格
    private Integer stocks;            //库存
    private String image;              //商品图片
}
```

其中,要显示的商品图片(红富士.jpg、车厘子.jpg、龙虾.jpg)预先置于项目工程目录树的 src→main→resources→static 目录下新建的 image 子目录中。

(4)开发控制器。

在项目工程目录树的 com.example.mybootstrap 节点下创建 controller 包,在其中创建控制器类 BootStrapController,代码如下:

```
package com.example.mybootstrap.controller;

import com.example.mybootstrap.entity.Commodity;
import org.springframework.stereotype.Controller;
import org.springframework.ui.Model;
import org.springframework.web.bind.annotation.RequestMapping;

import java.util.ArrayList;
import java.util.List;

@Controller
public class BootStrapController {
    @RequestMapping("/index")
    public String init(Model model) {
        //单独一个商品
        Commodity c1 = new Commodity();
        c1.setPname("洛川红富士苹果冰糖心 10 斤箱装");
        c1.setScode("SXLC001A");
        c1.setTcode("11A");
        c1.setPprice(Float.parseFloat("44.80"));
        c1.setStocks(Integer.parseInt("3601"));
        c1.setImage("红富士.jpg");
        model.addAttribute("oneCommodity", c1);
        //列表中的商品
        List<Commodity> commodityList = new ArrayList<>();
        //第二个商品
        Commodity c2 = new Commodity();
        c2.setPname("智利车厘子 2 斤大樱桃整箱顺丰包邮");
        c2.setScode("SHPD0A2B");
```

```
            c2.setTcode("11G");
            c2.setPprice(Float.parseFloat("59.80"));
            c2.setStocks(Integer.parseInt("5420"));
            c2.setImage("车厘子.jpg");
            commodityList.add(c2);
            //第三个商品
            Commodity c3 = new Commodity();
            c3.setPname("波士顿龙虾特大鲜活1斤");
            c3.setScode("LNDL0A3A");
            c3.setTcode("13B");
            c3.setPprice(Float.parseFloat("149.00"));
            c3.setStocks(Integer.parseInt("2800"));
            c3.setImage("龙虾.jpg");
            commodityList.add(c3);
            model.addAttribute("commoditys", commodityList);
            return "index";
        }
    }
```

（5）设计前端。

在项目工程目录树的 src→main→resources→templates 节点下创建前端页面 index.html，代码如下：

```html
<!DOCTYPE html>
<html lang="en" xmlns:th="http://...">
<head>
<meta charset="UTF-8">
<title>BootStrap 应用</title>
<link rel="stylesheet" th:href="@{css/bootstrap.css}">
</head>
<body class="bg-dark bg-opacity-25">         <!--整个页面背景为不透明度25的浅灰-->
<br>
<div>
<h3 class="text-center">欢迎光临网上商城</h3>
</div>
<!-- 容器 -->
<div class="container">
<div>
<h5>特别推荐</h5>
</div>
<div class="row">
<div class="col-md-4 col-sm-6">
<a href="">
<img class="rounded-circle" th:src="'image/'+${oneCommodity.image}" alt="商品图片" style="height: 160px;width: 160px;"/>    <!--第一个商品的图片显示为圆形-->
</a>
<!-- caption 中存放商品的其他基本信息 -->
<div class="caption-top">
<h4 th:text="${oneCommodity.pname}"></h4>
<p th:text="'商家: '+${oneCommodity.scode}"></p>
<p th:text="'分类: '+${oneCommodity.tcode}"></p>
<p th:text="'价格: '+${#numbers.formatDecimal(oneCommodity.pprice,1,'COMMA',2,'POINT')}+'￥'"></p>
```

```html
            <p th:text="'库存: '+${#numbers.formatInteger(oneCommodity.stocks,1,'COMMA')}">
</p>
        </div>
    </div>
    <!-- 循环取出集合中的商品数据 -->
    <div class="col-md-4 col-sm-6" th:each="commodity:${commoditys}">
        <a href="">
            <img class="img-thumbnail" th:src="'image/'+${commodity.image}" alt="商品图片"
 style="height: 160px;width: 160px;"/>            <!--商品图片加双重边框的特效-->
        </a>
        <div class="figure-caption">            <!--非特别推荐的商品信息暗淡显示-->
            <br>
            <h4 th:text="${commodity.pname}"></h4>
            <p th:text="'商家: '+${commodity.scode}"></p>
            <p th:text="'分类: '+${commodity.tcode}"></p>
            <p th:text="' 价 格 : '+${#numbers.formatDecimal(commodity.pprice,1,'COMMA',2,
'POINT')}+'￥'"></p>
            <p th:text="' 库 存 : '+${#numbers.formatInteger(commodity.stocks,1,'COMMA')}">
</p>
        </div>
    </div>
  </div>
</body>
</html>
```

说明：在网页头（<head>）中用<link rel="stylesheet" th:href="@{css/bootstrap.css}">引用 Bootstrap，这样在接下来的页面开发中就可以随时以 class 属性使用 Bootstrap 中的现成样式效果了。

（6）运行。

运行程序，访问 http://localhost:8080/index，效果如图 3.22 所示。

第 4 章 Spring Boot 核心编程与开发技术

Spring Boot 由 Spring 发展而来，充分利用了 Spring 框架固有的丰富资源及 Java 面向对象的特性，其核心概念是"容器"，基于 IoC（Inversion of Control，控制反转）机制，且完全支持 AOP 的先进理念，这些都为开发组件化、易于扩展和维护的大型应用系统奠定了基础。

▶第 4 章视频提纲

4.1 IoC 机制与组件管理

4.1.1 容器与依赖注入的概念

▶依赖注入的概念

在面向对象编程开发中，要实现某种功能一般需要多个不同对象相互作用。在传统编程方式中，当某个对象（调用者，即主对象）需要使用另一个对象（被调用者，即被依赖对象）的功能时，调用者通常会采用"new 被调用者"的代码形式来创建其实例，为此在主对象中要保存被依赖对象的引用，以便实例化被依赖对象后通过调用其引用的方法来实现功能。例如，控制器 LogController 想要知道当前登录用户的身份（商家或顾客），就必须先对商家类 Supplier 或顾客类 User 进行实例化，再调用其 getRole()方法来获得身份信息，运行方式如图 4.1 所示。

显然，在这种方式下，调用者与被调用者之间是存在耦合的，调用者必须清楚地知道自己需要的对象类型并创建其实例，这给调用者类增加了额外的"负担"，即要由它自己来管理所依赖的对象，这不利于后期代码的升级与维护。

而在 Spring Boot 中，对象的实例不再由调用者创建，而是由 Spring 容器创建。容器会负责控制整个程序中各对象之间的关系，而不是由调用者对象的代码直接控制，容器在主对象中设置一个 Setter 方法，通过调用这个 Setter 方法（或构造方法）传入主对象所需的引用（注入被依赖对象，即"依赖注入"），于是运行方式演变为如图 4.2 所示的方式。

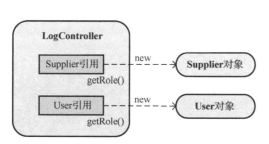

图 4.1 传统编程中对象的运行方式

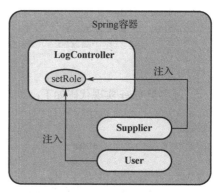

图 4.2 容器中对象的运行方式

这样一来，控制权就由调用者转移到了 Spring 容器，即控制权发生了"反转"，这就是 IoC 机制。它将程序中创建对象的控制权交给 Spring 框架来管理，要使用某个对象，只需要从 IoC 容器中获取需要使用的对象，而不再需要关心对象的创建过程，这极大地降低了类代码之间的耦合度，便于模块化地组织整个程序的结构。

可见，Spring 容器是通过"依赖注入"的方式来实现控制反转的，下面就通过一个简单的依赖注入程序让读者对此有个感性的认识。

【实例 4.1】 编写程序，获取当前登录用户的身份角色名（商家、顾客）并显示。

实现步骤如下。

（1）首先，创建 Spring Boot 项目，项目名为 SimpleIoC，在出现的向导界面的 "Dependencies" 列表中选择 Spring Boot 基本框架（"Web"→"Spring Web"）、Lombok 模型简化组件（"Developer Tools" → "Lombok"）。

（2）定义接口。

在项目工程目录树的 com.example.simpleioc 节点下创建 entity 包，在该包中新建一个抽象的角色 Role 接口，Role.java 定义如下：

```java
package com.example.simpleioc.entity;

public interface Role {
    public String getRole();              //获取角色名
}
```

（3）接口实现类。

在 entity 包中分别创建一个商家 Supplier 类和一个顾客 User 类，这两个类各自都实现了 Role 接口，用 getRole()方法返回自身的角色名。

① 商家类 Supplier 实现代码如下：

```java
package com.example.simpleioc.entity;

import lombok.Data;

@Data
public class Supplier implements Role {
    private String scode;                 //商家编码
    private String spassword;             //商家密码
    private String sname;                 //商家名称

    @Override
    public String getRole() {
        return "商家";                    //返回角色名
    }
}
```

② 顾客类 User 实现代码如下：

```java
package com.example.simpleioc.entity;

import lombok.Data;

@Data
public class User implements Role {
    private String ucode;                 //用户编码（账号）
```

```
    private String upassword;                      //登录密码
    private String uname;                          //用户名

    @Override
    public String getRole() {
        return "顾客";                              //返回角色名
    }
}
```

（4）控制器类。

控制器是这个程序的主对象，在运行时它需要依赖商家类或顾客类的对象，但它事先并不"知道"所依赖对象的具体角色，故只能通过接口 Role 执行操作。

在项目工程目录树的 com.example.simpleioc 节点下创建 controller 包，在其中创建控制器类 LogController，代码如下：

```
package com.example.simpleioc.controller;

import com.example.simpleioc.entity.Role;

public class LogController {
    private Role role;                             //角色接口

    public void setRole(Role role) {               //运行时由容器从外部注入具体角色
        this.role = role;
    }

    public void init() {                           //显示用户的身份角色名
        System.out.println("当前登录用户身份：" + role.getRole());
    }
}
```

（5）配置类。

配置类是 IoC 容器功能实现的核心，它的作用相当于传统 Spring 编程中的 XML 配置文件，用于往容器中注册对象，并定义对象间的依赖关系。本例所涉及的三个类对象（商家、顾客、控制器）都要在配置类中以@Bean 注解的形式进行实例化注册，才能由 Spring 容器对它们实行统一管理。

在项目工程目录树的 com.example.simpleioc 节点下创建 configer 包，在其中创建配置类 SimpleConfiger，代码如下：

```
package com.example.simpleioc.configer;

import com.example.simpleioc.controller.LogController;
import com.example.simpleioc.entity.Supplier;
import com.example.simpleioc.entity.User;
import org.springframework.context.annotation.Bean;
import org.springframework.context.annotation.Configuration;

@Configuration                                     //注解声明当前的类是一个配置类
public class SimpleConfiger {
    @Bean                                          //注册商家对象
    public Supplier getSupplier() {
        return new Supplier();
    }

    @Bean                                          //注册顾客对象
```

```
    public User getUser() {
        return new User();
    }

    @Bean                                               //注册控制器对象
    public LogController getLogController() {
        LogController logController = new LogController();
        logController.setRole(getSupplier());           //使用 setRole()方法注入角色
        return logController;
    }
}
```

（6）编写测试类。

下面编写一个类来测试这个程序，在项目工程目录树的 com.example.simpleioc 节点下直接创建测试类 SimpleIoCTest，代码如下：

```
package com.example.simpleioc;

import com.example.simpleioc.configer.SimpleConfiger;
import com.example.simpleioc.controller.LogController;
import org.springframework.context.annotation.AnnotationConfigApplicationContext;

public class SimpleIoCTest {
    public static void main(String[] args) {
        AnnotationConfigApplicationContext context = new AnnotationConfigApplicationContext(SimpleConfiger.class);
        LogController controller = context.getBean(LogController.class);
        controller.init();
        context.close();
    }
}
```

说明：这里用的 AnnotationConfigApplicationContext（注解配置应用上下文）本质上就是前面所讲的 Spring 容器，对其实例化并将用户编写的配置类对象（这里是 SimpleConfiger.class）作为参数传入，实际上就是将程序中所有的类对象全都交给容器去管理。主程序通过调用容器的 getBean()方法获取所需的 Bean（类对象）组件，在 Spring Boot 核心编程开发中，从容器获取对象实例基本上都采用这个方式。

（7）运行测试。

在 IDEA 开发环境中，单击测试类 SimpleIoCTest 入口函数（public static void main(String[] args)）左侧边栏上的启动（绿色）箭头，单击 "Run 'SimpleIoCTest.main()'" 即可运行程序，在底部子窗口中可看到输出的运行结果 "当前登录用户身份：商家"，如图 4.3 所示。

图 4.3　启动运行和输出结果

如果在配置类 SimpleConfiger 中对 LogController 注入顾客类对象，代码如下：

```
...
@Configuration                              //注解声明当前的类是一个配置类
public class SimpleConfiger {
    ...
    @Bean                                   //注册控制器对象
    public LogController getLogController() {
        LogController logController = new LogController();
        logController.setRole(getUser());   //改为注入顾客类对象
        return logController;
    }
}
```

再次运行程序，结果将变为"当前登录用户身份：顾客"。

4.1.2 依赖注入的方式

▶依赖注入方式

在 Spring Boot 编程中，可以用"依赖注入"实现对各种实体对象的管理和使用，被注入主类的对象不仅仅局限于诸如"商家""顾客"这些与应用相关的对象，还可以是 MVC/JavaEE 分层架构中任何一层的实体组件或第三方提供的组件。Spring Boot 支持两种基本的依赖注入方式，下面分别举例演示。

1. Java 配置方式

Java 配置方式是 Spring 4.x 推荐的配置方式，也是 Spring Boot 推荐的配置方式之一。它是通过 @Configuration 和@Bean 配合实现的，@Configuration 声明当前类是一个配置类，相当于一个 Spring 配置的 XML 文件；@Bean 注解在方法上声明当前方法的返回值为一个 Bean。【实例 4.1】是用 Java 配置方式注入对象的，下面演示一个 MVC 分层结构项目运用 Java 配置方式的例子。

【实例 4.2】 编写程序，用户登录后连接数据库，读取并显示用户名、密码、角色、注册名等一系列基本信息。

实现步骤如下。

（1）首先，创建 Spring Boot 项目，项目名为 JavaIoC，在出现的向导界面的"Dependencies"列表中选择 Spring Boot 基本框架（"Web"→"Spring Web"）、Lombok 模型简化组件（"Developer Tools"→"Lombok"）、MySQL 驱动（"SQL"→"MySQL Driver"）。

（2）角色接口及模型设计。

① 定义接口。

在项目工程目录树的 com.example.javaioc 节点下创建 entity 包，在该包中新建一个抽象的角色 Role 接口，Role.java 定义如下：

```
package com.example.javaioc.entity;

public interface Role {
    public String getRole();              //获取角色名
    public String getCode();              //获取角色编码（账号）
    public String getPassword();          //获取角色密码
    public String getName();              //获取注册名
}
```

由于需要获取用户的多项基本信息，所以这里在接口中定义了多个方法。

② 模型设计。

在 entity 包中分别创建商家类 Supplier 和顾客类 User，各自实现 Role 接口。

商家类 Supplier 实现代码如下：

```java
package com.example.javaioc.entity;

import lombok.Data;

@Data
public class Supplier implements Role {
    private String scode;                    //商家编码
    private String spassword;                //商家密码
    private String sname;                    //商家名称

    @Override
    public String getRole() {                //获取角色名
        return "商家";
    }

    @Override
    public String getCode() {                //获取角色编码（账号）
        return this.scode;
    }

    @Override
    public String getPassword() {            //获取角色密码
        return this.spassword;
    }

    @Override
    public String getName() {                //获取注册名
        return this.sname;
    }
}
```

顾客类 User 实现代码如下：

```java
package com.example.javaioc.entity;

import lombok.Data;

@Data
public class User implements Role {
    private String ucode;                    //用户编码（账号）
    private String upassword;                //登录密码
    private String uname;                    //用户名

    @Override
    public String getRole() {                //获取角色名
        return "顾客";
    }

    @Override
    public String getCode() {                //获取角色编码（账号）
        return this.ucode;
```

```
    }

    @Override
    public String getPassword() {             //获取角色密码
        return this.upassword;
    }

    @Override
    public String getName() {                 //获取注册名
        return this.uname;
    }
}
```

（3）持久层开发。

在项目工程目录树的 com.example.javaioc 节点下创建 repository 包，用于放置持久层组件，包括一个公共数据接口及针对两种不同角色的实现类。

① 数据接口。

定义名为 RoleRepository 的接口，代码如下：

```
package com.example.javaioc.repository;

import com.example.javaioc.entity.Role;

public interface RoleRepository {
    public Role findRole(Role role);          //查询角色对应用户对象的基本信息
}
```

由于不同角色类型用户的信息项是有差异的，故这里只能先给出一个抽象的 findRole() 方法，再分别由不同角色的持久层组件去实现。

② 接口实现类。

针对商家和顾客分别开发数据接口的实现类。

商家数据接口类 SupRepositoryImpl 实现代码如下：

```
package com.example.javaioc.repository;

import com.example.javaioc.entity.Role;
import com.example.javaioc.entity.Supplier;

import java.sql.*;

public class SupRepositoryImpl implements RoleRepository {
    ResultSet rs = null;
    Statement stmt = null;
    Connection conn = null;

    @Override
    public Role findRole(Role role) {
        try {
            Class.forName("com.mysql.cj.jdbc.Driver");
            conn = DriverManager.getConnection("jdbc:mysql://localhost:3306/netshop?useUnicode=true&characterEncoding=utf8&serverTimezone=UTC&useSSL=true", "root", "123456");
```

```java
            stmt = conn.createStatement();
            rs = stmt.executeQuery("SELECT * FROM supplier WHERE SCode ='" + role.getCode() + "'");
            Supplier supObj = new Supplier();
            while (rs.next()) {
                supObj.setScode(rs.getString("scode"));
                supObj.setSpassword(rs.getString("spassword"));
                supObj.setSname(rs.getString("sname"));
            }
            return supObj;
        } catch (ClassNotFoundException e) {
            e.printStackTrace();
            return null;
        } catch (SQLException e) {
            e.printStackTrace();
            return null;
        } finally {
            try {
                if (rs != null) {
                    rs.close();              // 关闭 ResultSet 对象
                    rs = null;
                }
                if (stmt != null) {
                    stmt.close();            // 关闭 Statement 对象
                    stmt = null;
                }
                if (conn != null) {
                    conn.close();            // 关闭 Connection 对象
                    conn = null;
                }
            } catch (SQLException e) {
                e.printStackTrace();
            }
        }
    }
}
```

顾客数据接口类 UserRepositoryImpl 实现代码如下：

```java
package com.example.javaioc.repository;

import com.example.javaioc.entity.Role;
import com.example.javaioc.entity.User;

import java.sql.*;

public class UserRepositoryImpl implements RoleRepository {
    ResultSet rs = null;
    Statement stmt = null;
    Connection conn = null;

    @Override
    public Role findRole(Role role) {
```

```java
        try {
            Class.forName("com.mysql.cj.jdbc.Driver");
            conn = DriverManager.getConnection("jdbc:mysql://localhost:3306/netshop?useUnicode=true&characterEncoding=utf8&serverTimezone=UTC&useSSL=true",
"root", "123456");
            stmt = conn.createStatement();
            rs = stmt.executeQuery("SELECT * FROM user WHERE UCode ='" + role.getCode() + "'");
            User userObj = new User();
            while (rs.next()) {
                userObj.setUcode(rs.getString("ucode"));
                userObj.setUpassword(rs.getString("upassword"));
                userObj.setUname(rs.getString("uname"));
            }
            return userObj;
        } catch (ClassNotFoundException e) {
            e.printStackTrace();
            return null;
        } catch (SQLException e) {
            e.printStackTrace();
            return null;
        } finally {
            try {
                if (rs != null) {
                    rs.close();              //关闭ResultSet对象
                    rs = null;
                }
                if (stmt != null) {
                    stmt.close();            //关闭Statement对象
                    stmt = null;
                }
                if (conn != null) {
                    conn.close();            //关闭Connection对象
                    conn = null;
                }
            } catch (SQLException e) {
                e.printStackTrace();
            }
        }
    }
}
```

(4) 业务层开发。

① 响应实体 Result 类。

在项目工程目录树的 com.example.javaioc 节点下创建 core 包，在其中定义 Result 类，代码如下：

```
package com.example.javaioc.core;

public class Result {
    private int code;                        //返回码
    private String msg;                      //返回消息
    private String role;                     //角色类型
```

【实例 4.2】Result 类

```
    private Object data;                    //数据内容

    /**各属性的get()/set()方法*/
    ...
}
```

② 开发服务实体。

不管是何种角色的用户，在登录时对其验证的逻辑都是相同的，故本例只需要开发一个服务实体类。在项目工程目录树的 com.example.javaioc 节点下创建 service 包，在其中创建 RoleService 类。RoleService 代码如下：

```
package com.example.javaioc.service;

import com.example.javaioc.core.Result;
import com.example.javaioc.entity.Role;
import com.example.javaioc.repository.RoleRepository;

public class RoleService {
    private RoleRepository roleRepository;

    public void setRoleRepository(RoleRepository roleRepository) {
        this.roleRepository = roleRepository;
    }

    public Result checkRole(Role role) {
        Role roleObj = roleRepository.findRole(role);
        Result result = new Result();
        result.setRole(roleObj.getRole());
        if (roleObj == null) {
            result.setCode(404);
            result.setMsg("用户不存在！");
        } else {
            if (!role.getPassword().equals(roleObj.getPassword())) {
                result.setCode(403);
                result.setMsg("密码错！");
            } else {
                result.setCode(200);
                result.setMsg("验证通过");
                result.setData(roleObj);
            }
        }
        return result;
    }
}
```

说明：由于服务实体类 RoleService 要通过持久层商家或顾客的数据接口实现类来访问数据库，故其中要有一个 Setter 方法（setRoleRepository()），以便容器在运行时注入相应角色的访问数据接口。

(5) 控制器开发。

控制器是整个程序的主对象，需要依赖多个类，包括响应实体类 Result、商家或顾客模型类、服务实体类 RoleService，对应每一个依赖的类都要定义其 Setter 方法。

在项目工程目录树的 com.example.javaioc 节点下创建 controller 包，在其中创建控制器类

LogController，代码如下：

```java
package com.example.javaioc.controller;

import com.example.javaioc.core.Result;
import com.example.javaioc.entity.Role;
import com.example.javaioc.service.RoleService;

public class LogController {
    private Result result;

    public void setResult(Result result) {              //响应实体类的Setter方法
        this.result = result;
    }

    private Role role;

     public void setRole(Role role) {                   //角色模型类的Setter方法
        this.role = role;
    }

    private RoleService roleService;

    public void setRoleService(RoleService roleService) {//服务实体类的Setter方法
        this.roleService = roleService;
    }

    public void init() {
        System.out.println("用户名: " + role.getCode());
        System.out.println("密码: " + role.getPassword());
        System.out.println("角色: " + role.getRole());
    }

    public void loginCheck() {
        result = roleService.checkRole(role);           //执行验证逻辑
        if (result.getCode() == 200) {
            Role roleObj = (Role) result.getData();     //返回角色对象
            System.out.println("注册名: " + roleObj.getName());
        } else System.out.println("注册名: ");
    }
}
```

（6）开发配置类。

在项目工程目录树的com.example.javaioc节点下创建configer包，在其中创建配置类JavaConfiger，代码如下：

```java
package com.example.javaioc.configer;

import com.example.javaioc.controller.LogController;
import com.example.javaioc.core.Result;
import com.example.javaioc.entity.Supplier;
import com.example.javaioc.entity.User;
import com.example.javaioc.repository.SupRepositoryImpl;
```

```java
import com.example.javaioc.repository.UserRepositoryImpl;
import com.example.javaioc.service.RoleService;
import org.springframework.context.annotation.Bean;
import org.springframework.context.annotation.Configuration;

@Configuration                                          //注解声明当前类是一个配置类
public class JavaConfiger {
    @Bean                                               //注册响应实体对象
    public Result getResult(){
        return new Result();
    }

    @Bean                                               //注册商家对象
    public Supplier getSupplier() {
        Supplier supplier = new Supplier();
        supplier.setScode("SXLC001A");
        supplier.setSpassword("888");
        return supplier;
    }

    @Bean                                               //注册顾客对象
    public User getUser() {
        User user = new User();
        user.setUcode("easy-bbb.com");
        user.setUpassword("abc123");
        return user;
    }

    @Bean                                               //注册商家数据接口对象
    public SupRepositoryImpl getSupRepositoryImpl() {
        return new SupRepositoryImpl();
    }

    @Bean                                               //注册顾客数据接口对象
    public UserRepositoryImpl getUserRepositoryImpl() {
        return new UserRepositoryImpl();
    }

    @Bean                                               //注册角色服务实体对象
    public RoleService getRoleService() {
        RoleService roleService = new RoleService();
        //注入商家角色的访问数据接口
        roleService.setRoleRepository(getSupRepositoryImpl());
        return roleService;
    }

    @Bean                                               //注册控制器对象
    public LogController getLogController() {
        LogController logController = new LogController();
        logController.setResult(getResult());
        logController.setRole(getSupplier());           //注入商家角色
```

```
            logController.setRoleService(getRoleService());
            return logController;
        }
    }
```

（7）编写测试类。

编写一个类来测试程序，在项目工程目录树的 com.example.javaioc 节点下直接创建测试类 JavaIoCTest，代码如下：

```
package com.example.javaioc;

import com.example.javaioc.configer.JavaConfiger;
import com.example.javaioc.controller.LogController;
import org.springframework.context.annotation.AnnotationConfigApplicationContext;

public class JavaIoCTest {
    public static void main(String[] args) {
        AnnotationConfigApplicationContext context = new AnnotationConfigApplicationContext(JavaConfiger.class);
        LogController controller = context.getBean(LogController.class);
        controller.init();
        controller.loginCheck();
        context.close();
    }
}
```

（8）运行测试。

单击测试类 JavaIoCTest 入口函数左侧边栏上的启动箭头，单击 "Run 'JavaIoCTest.main()'" 运行程序，在底部子窗口中可看到输出结果，如图 4.4 所示。

图 4.4 注入商家角色时的输出结果

在配置类 JavaConfiger 中改为注入顾客角色及其访问数据接口，代码如下：

```
...
@Configuration                                  //注解声明当前类是一个配置类
public class JavaConfiger {
    ...
    @Bean
    public RoleService getRoleService() {
        RoleService roleService = new RoleService();
        //改为注入顾客角色的访问数据接口
        roleService.setRoleRepository(getUserRepositoryImpl());
        return roleService;
    }
```

```
    @Bean
    public LogController getLogController() {
        LogController logController = new LogController();
        logController.setResult(getResult());
        logController.setRole(getUser());              //改为注入顾客角色
        logController.setRoleService(getRoleService());
        return logController;
    }
}
```

再次运行程序，输出结果如图 4.5 所示。

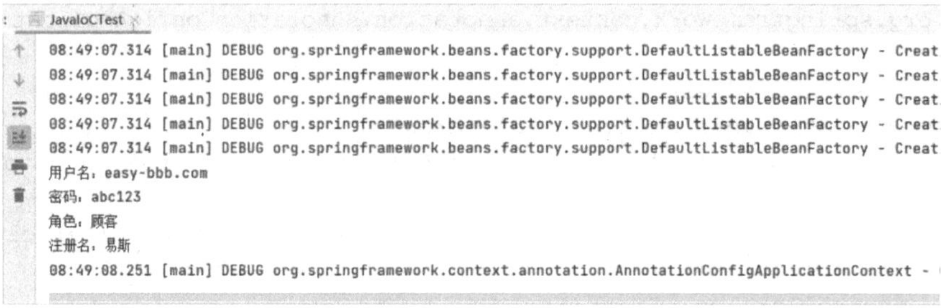

图 4.5　注入顾客角色时的输出结果

2. 注解方式

Java 配置方式仍旧需要用户自己编写配置类，并在其中逐一注册用到的各个组件及设置它们之间的依赖注入关系，此外还要在主类中定义 Setter 方法，相对来说还是比较烦琐。而 Spring Boot 本身就具备自动配置和组件扫描能力，并且提供了丰富的注解（@Controller、@Service、@Repository、@Component 等）来标注和加载不同类型的组件，这就为以全注解的方式实现依赖注入提供了可能。相比于 Java 配置方式，注解方式能充分发挥 Spring Boot 框架自身的特性，也使代码更为精简和易读。

【实例 4.3】　用户登录后连接到数据库，读取并显示用户名、密码、角色、注册名等一系列基本信息。功能同【实例 4.2】，本例要求改用全注解的方式来实现依赖注入。

实现步骤如下。

（1）首先，创建 Spring Boot 项目，项目名为 AnnotationIoC，在出现的向导界面的 "Dependencies" 列表中选择 Spring Boot 基本框架（"Web"→"Spring Web"）、Lombok 模型简化组件（"Developer Tools"→"Lombok"）、MySQL 驱动（"SQL"→"MySQL Driver"）。

（2）角色接口及模型设计。

① 定义接口。

在项目工程目录树的 com.example.annotationioc 节点下创建 entity 包，在该包中新建一个抽象的角色 Role 接口，其中定义的方法同【实例 4.2】，Role.java 的代码略。

【实例 4.3】Role 接口

② 模型设计。

在 entity 包中分别创建商家和顾客模型类，各自实现 Role 接口。

商家模型类 Supplier 代码如下：

```
package com.example.annotationioc.entity;

import lombok.Data;
```

```java
import org.springframework.stereotype.Component;

@Data
@Component("supplier")                      //以@Component 注解商家模型类，组件名为supplier
public class Supplier implements Role {
    private String scode;                   //商家编码
    private String spassword;               //商家密码
    private String sname;                   //商家名称

    public Supplier() {
        this.scode = "SXLC001A";
        this.spassword = "888";
    }

    /**实现四个Role接口方法*/
    ...
}
```

【实例4.3】商家模型

其中，四个 Role 接口方法的实现代码与【实例 4.2】商家模型的完全相同。

顾客模型类 User 代码如下：

```java
package com.example.annotationioc.entity;

import lombok.Data;
import org.springframework.stereotype.Component;

@Data
@Component("user")                          //以@Component 注解顾客模型类，组件名为user
public class User implements Role {
    private String ucode;                   //用户编码（账号）
    private String upassword;               //登录密码
    private String uname;                   //用户名

    public User() {
        this.ucode = "easy-bbb.com";
        this.upassword = "abc123";
    }

    /**实现四个Role接口方法*/
    ...
}
```

【实例4.3】顾客模型

其中，四个 Role 接口方法的实现代码与【实例 4.2】顾客模型的完全相同。

（3）持久层开发。

在项目工程目录树的 com.example.annotationioc 节点下创建 repository 包，在该包中开发数据接口及针对两种不同角色的实现类。

① 数据接口。

定义名为 RoleRepository 的接口，其中有一个 findRole()方法，代码同【实例 4.2】的持久层数据接口。

② 接口实现类。

商家数据接口实现类 SupRepositoryImpl.java 代码如下：

【实例4.3】数据接口

```
package com.example.annotationioc.repository;

import com.example.annotationioc.entity.Role;
import com.example.annotationioc.entity.Supplier;
import org.springframework.stereotype.Repository;

import java.sql.*;

@Repository("supRepositoryImpl")              //以@Repository注解商家数据接口类
public class SupRepositoryImpl implements RoleRepository {
    ResultSet rs = null;
    Statement stmt = null;
    Connection conn = null;

    @Override
    public Role findRole(Role role) {
        /**方法的实现代码完全不变*/
        ...
    }
}
```

【实例4.3】商家数据接口类

顾客数据接口实现类 UserRepositoryImpl 代码如下：

```
package com.example.annotationioc.repository;

import com.example.annotationioc.entity.Role;
import com.example.annotationioc.entity.User;
import org.springframework.stereotype.Repository;

import java.sql.*;

@Repository("userRepositoryImpl")             //以@Repository注解顾客数据接口类
public class UserRepositoryImpl implements RoleRepository {
    ResultSet rs = null;
    Statement stmt = null;
    Connection conn = null;

    @Override
    public Role findRole(Role role) {
        /**方法的实现代码完全不变*/
        ...
    }
}
```

【实例4.3】顾客数据接口类

说明：以上只是分别在商家和顾客的数据接口实现类上加了@Repository 注解，类中方法的代码没有改动，与【实例4.2】的完全一样。

（4）业务层开发。

① 响应实体 Result 类。

在项目工程目录树的 com.example.annotationioc 节点下创建 core 包，在其中定义 Result 类，代码如下：

```
package com.example.annotationioc.core;

import org.springframework.stereotype.Component;
```

```
@Component                              //以@Component 注解响应实体类
public class Result {
    private int code;                   //返回码
    private String msg;                 //返回消息
    private String role;                //角色类型
    private Object data;                //数据内容

    /**各属性的 get()/set()方法*/
    ...
}
```

【实例 4.3】Result 类

② 开发服务实体。

在项目工程目录树的 com.example.annotationioc 节点下创建 service 包，在其中创建 RoleService 类。RoleService 代码如下：

```
package com.example.annotationioc.service;

import com.example.annotationioc.core.Result;
import com.example.annotationioc.entity.Role;
import com.example.annotationioc.repository.RoleRepository;
import org.springframework.stereotype.Service;

import javax.annotation.Resource;

@Service                                //以@Service 注解服务实体类
public class RoleService {
    @Resource(name = "supRepositoryImpl")  //以@Resource 注入商家数据接口类
    private RoleRepository roleRepository;

    public Result checkRole(Role role) {
        /**方法的实现代码完全不变*/
        ...
    }
}
```

【实例 4.3】服务实体

说明：由于持久层接口 RoleRepository 有商家和顾客两个不同角色的实现类，故不能用@Autowired 注入，而必须以@Resource(name = "…")指明要注入哪一个，这里暂且注入商家数据接口类。

（5）控制器开发。

在项目工程目录树的 com.example.annotationioc 节点下创建 controller 包，在其中创建控制器类 LogController，代码如下：

```
package com.example.annotationioc.controller;

import com.example.annotationioc.core.Result;
import com.example.annotationioc.entity.Role;
import com.example.annotationioc.service.RoleService;
import org.springframework.beans.factory.annotation.Autowired;
import org.springframework.stereotype.Controller;

import javax.annotation.Resource;

@Controller                             //以@Controller 注解控制器类
```

【实例 4.3】控制器

```java
public class LogController {
    @Autowired                                    //以@Autowired注入响应实体类
    private Result result;

    @Resource(name = "supplier")                  //以@Resource注入商家模型类
    private Role role;

    @Autowired                                    //以@Autowired注入服务实体类
    private RoleService roleService;

    /**以下两个方法的实现代码完全不变（同【实例4.2】）*/
    public void init() { … }

    public void loginCheck() { … }
}
```

（6）配置类开发。

因为在前面的代码中大量使用了注解，所以配置类就变得非常简单，只需要在其中以 @ComponentScan 打开 Spring Boot 的自动扫描功能。

在项目工程目录树的 com.example.annotationioc 节点下创建 configer 包，在其中创建配置类 AnnotationConfiger，代码如下：

```java
package com.example.annotationioc.configer;

import org.springframework.context.annotation.ComponentScan;
import org.springframework.context.annotation.Configuration;

@Configuration                                          //注解声明当前的类是一个配置类
@ComponentScan("com.example.annotationioc")             //开启自动扫描
public class AnnotationConfiger {
}
```

其中，@ComponentScan 开启框架的自动扫描功能，在程序运行后 Spring Boot 就会扫描项目源代码所在包 com.example.annotationioc 下的所有注解，并自动注册为容器中的 Bean 组件。

（7）编写测试类。

在项目工程目录树的 com.example.annotationioc 节点下直接创建测试类 AnnotationIoCTest，代码如下：

```java
package com.example.annotationioc;

import com.example.annotationioc.configer.AnnotationConfiger;
import com.example.annotationioc.controller.LogController;
import org.springframework.context.annotation.AnnotationConfigApplicationContext;

public class AnnotationIoCTest {
    public static void main(String[] args) {
        AnnotationConfigApplicationContext context = new AnnotationConfigApplicationContext(AnnotationConfiger.class);
        LogController controller = context.getBean(LogController.class);
        controller.init();
        controller.loginCheck();
        context.close();
```

```
        }
    }
```

（8）运行测试。

单击测试类 AnnotationIoCTest 入口函数左侧边栏上的启动箭头，单击 "Run 'AnnotationIoCT…main()'" 运行程序，输出结果同图 4.4。

同理，在服务实体中注入顾客数据接口类，并且将控制器中注入的角色模型改为顾客模型类，操作如下。

① 修改 RoleService.java 代码：

```
@Service                                        //以@Service 注解服务实体类
public class RoleService {
    @Resource(name = "userRepositoryImpl")      //改为注入顾客数据接口类
    private RoleRepository roleRepository;

    public Result checkRole(Role role) {
        /**方法的实现代码完全不变*/
        ...
    }
}
```

② 修改 LogController.java 代码：

```
@Controller                                     //以@Controller 注解控制器类
public class LogController {
    @Autowired                                  //以@Autowired 注入响应实体类
    private Result result;

    @Resource(name = "user")                    //改为注入顾客模型类
    private Role role;

    @Autowired                                  //以@Autowired 注入服务实体类
    private RoleService roleService;

    /**以下两个方法的实现代码完全不变（同【实例 4.2】）*/
    public void init() { … }

    public void loginCheck() { … }
}
```

再次运行程序，输出的就是顾客用户的信息，如图 4.5 所示。

3. 两种方式的适用场合

以上介绍的两种依赖注入方式都是 Spring Boot 官方所推荐的，实际应用中不同的开发者会根据自己的喜好和习惯灵活选用一种方式或结合两种方式编程。究竟哪一种方式更佳，目前在 Spring Boot 社区中有多种意见。

Java 配置方式虽然代码较多，编程步骤烦琐一些，但它将组件的注册、注入设定全都集中于一个配置类中，便于开发者统一管理和修改类间的依赖关系；注解方式的优点是代码简洁，且不同类型的注解本身有着丰富的含义，易读易理解，但若运用得不好，会导致代码中注解过多，在修改依赖关系时涉及分散在多个类中的多处注解，容易出现引用的组件名不一致的问题。

通常的原则是：全局配置（如数据库相关配置、MVC 相关配置）宜使用 Java 配置方式，而业务 Bean 的配置建议使用注解方式。

4.1.3 组件管理

在 Spring 容器中，所有的组件都是以 Bean 的形式存在的，上节所演示的程序只涉及如何正确地将 Bean 注册到容器中，以及设定相互关联的 Bean 之间的注入关系，而并没有关心容器如何装配、初始化和销毁 Bean，即 Bean 的生命周期过程。Spring 容器通过生命周期对其中的 Bean 进行有效管理。

1. Bean 的生命周期

Bean 的生命周期分为 Bean 的定义、Bean 的初始化、Bean 的生存期及 Bean 的销毁 4 个阶段，其中 Bean 的定义和初始化过程如图 4.6 所示。

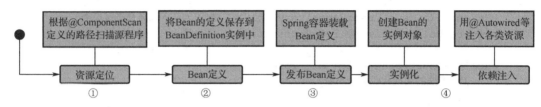

图 4.6　Bean 的定义和初始化过程

说明：

① Spring Boot 通过用户项目配置类中的设置，如@ComponentScan 注解定义的扫描路径找到程序中所有被注解（带有@Controller、@Service、@Repository、@Component 等）的类，这是一个资源定位的过程。

② 一旦找到了资源，Spring Boot 就开始对其进行解析，并且将 Bean 定义的信息保存起来。注意，此时还没有初始化 Bean，也就没有生成 Bean 的实例，有的仅仅是 Bean 的定义。

③ Spring Boot 把 Bean 的定义发布到 Spring 容器中。此时，容器中也只有 Bean 的定义，还是没有 Bean 的实例生成。

④ 默认情况下，接下来 Spring Boot 会继续去完成 Bean 的实例化和依赖注入，这样从容器中就可以得到一个完成了依赖注入的 Bean 实例。但是，在某些情况下，开发者希望直到取出 Bean 使用的时候才进行实例化和依赖注入，换句话说就是让某些 Bean 仅仅将定义发布到容器中而不做任何初始化操作。

Spring Boot 在完成依赖注入之后，还提供了一系列的接口和配置来完成 Bean 的生命周期，其内部详细的流程如图 4.7 所示。

图 4.7 中的流程节点都是针对单个 Bean 而言的，但是 BeanPostProcessor 是针对所有 Bean 的。在实际开发的时候，经常会遇到想要在 Bean 使用之前或者之后做一些必要的操作，Spring Boot 在 Bean 的生命周期流程中专门为此类操作提供了支持，让用户可以自定义初始化方法和销毁方法以管理 Bean 在实例化结束之后和销毁之前的行为，编程时可以采用基于 Java 配置或注解两种方式。

（1）Java 配置方式：使用@Bean 的 initMethod 和 destroyMethod 分别指定用户自定义的初始化和销毁方法的名称，这两个方法分别用来完成 Bean 实例化结束之后和销毁之前要做的事情。

（2）注解方式：将 JSR-250 标准的@PostConstruct 和@PreDestroy 分别标注在用户自定义的初始化和销毁方法上。

稍后的应用举例中会演示这两种编程方式。

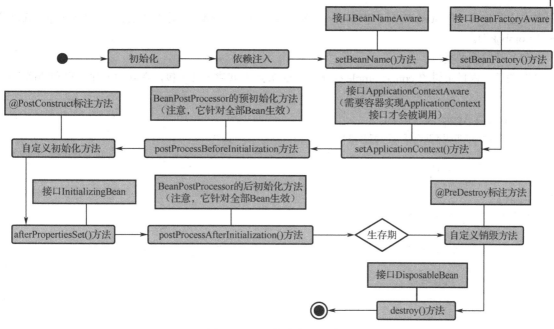

图4.7 Bean 的生命周期流程

2. Bean 的实例作用域

在 Spring 容器中，不仅可以完成 Bean 的实例化，还可以为 Bean 指定作用域，Spring Boot 为 Bean 的实例定义了表 4.1 所列的作用域，程序中通过@Scope("作用域名称")注解来设定。

表 4.1 Bean 的实例作用域

作用域名称	描 述
singleton	默认的作用域，使用 singleton 定义的 Bean 在 Spring 容器中只有一个 Bean 实例
prototype	Spring 容器每次获取 prototype 定义的 Bean，容器都将创建一个新的 Bean 实例
request	在一次 HTTP 请求中容器将返回一个 Bean 实例，不同的 HTTP 请求返回不同的 Bean 实例（仅在 Web Spring 应用程序上下文中使用）
session	在一个 HTTP 会话中容器将返回同一个 Bean 实例（仅在 Web Spring 应用程序上下文中使用）
application	为每个 Servlet Context 对象创建一个实例，即同一个应用共享一个 Bean 实例（仅在 Web Spring 应用程序上下文中使用）
websocket	为每个 WebSocket 对象创建一个 Bean 实例（仅在 Web Spring 应用程序上下文中使用）

其中，最为常用的是 singleton 和 prototype 这两种作用域。Spring Boot 可以管理 singleton 作用域的 Bean 的生命周期，能够精确地知道该 Bean 何时被创建、何时初始化完成、容器何时准备销毁该 Bean 实例；而对于 prototype 作用域的 Bean，Spring 容器仅仅负责创建，当创建了此种 Bean 的实例之后，就完全交给客户端代码管理，容器不再跟踪其生命周期。稍后的应用实例中读者可以十分清楚地看到这两种不同作用域的 Bean 之间的差别。

3. 应用举例

【实例 4.4】 开发一个程序，创建苹果和梨两种水果的 Bean 实例，并演示它们的生命周期和不同作用域特性。

（1）首先，创建 Spring Boot 项目，项目名为 BeanService，在出现的向导界面的"Dependencies"

列表中选择 Spring Boot 基本框架("Web"→"Spring Web")、Lombok 模型简化组件("Developer Tools"→"Lombok")。

(2) 开发模型类。

在项目工程目录树的 com.example.beanservice 节点下创建 entity 包,在其中创建苹果和梨两个模型实体类。

① 苹果类 Apple 代码如下:

```java
package com.example.beanservice.entity;

import lombok.Data;

@Data
public class Apple {
    private String tcode;                       //分类编码
    private String pname;                       //水果名称

    public Apple() {
        super();
        System.out.println("构造了一个苹果实例");
    }

    public void initApple() {                   //自定义初始化方法
        this.tcode = "11A";
        this.pname = "苹果类";
        System.out.println("编码 " + this.tcode + ";名称 " + this.pname);
    }

    public void destroyApple() {                //自定义销毁方法
        System.out.println(this.pname + " 已销毁");
    }
}
```

② 梨类 Pear 代码如下:

```java
package com.example.beanservice.entity;

import lombok.Data;

import javax.annotation.PostConstruct;
import javax.annotation.PreDestroy;

@Data
public class Pear {
    private String tcode;                       //分类编码
    private String pname;                       //水果名称

    public Pear() {
        super();
        System.out.println("构造了一个梨实例");
    }

    @PostConstruct                              //采用注解方式标注自定义的初始化方法
```

```java
    public void initPear() {
        this.tcode = "11B";
        this.pname = "梨类";
        System.out.println("编码 " + this.tcode + ";名称 " + this.pname);
    }

    @PreDestroy                                      //采用注解方式标注自定义的销毁方法
    public void destroyPear() {
        System.out.println(this.pname + " 已销毁");
    }
}
```

（3）开发配置类。

在项目工程目录树的 com.example.beanservice 节点下创建 configer 包，在其中开发配置类 BeanConfiger 用于配置和统一管理两种水果的 Bean 实例。

BeanConfiger.java 代码如下：

```java
package com.example.beanservice.configer;

import com.example.beanservice.entity.Apple;
import com.example.beanservice.entity.Pear;
import org.springframework.context.annotation.Bean;
import org.springframework.context.annotation.Configuration;
import org.springframework.context.annotation.Scope;

@Configuration
public class BeanConfiger {
    @Bean(initMethod = "initApple", destroyMethod = "destroyApple")
    public Apple getApple() {
        return new Apple();
    }

    @Bean
    @Scope("prototype")                              //设定 Bean 实例作用域
    public Pear getPear() {
        return new Pear();
    }
}
```

说明：对于苹果的 Bean 实例，采用 Java 配置方式，在@Bean 注解参数中以 initMethod 和 destroyMethod 分别指定用户定义的初始化 initApple()方法和销毁 destroyApple()方法；而对于梨的 Bean 实例，由于用的是注解方式，在设计模型的时候已经用@PostConstruct 和@PreDestroy 注解直接标注在初始化和销毁方法上了。由于未显式设定，苹果的 Bean 实例作用域默认就是 singleton；而梨的 Bean 实例上加了@Scope 注解，设定其作用域为 prototype。

（4）编写测试类。

在项目工程目录树的 com.example.beanservice 节点下直接创建测试类 BeanServiceTest.java，代码如下：

```java
package com.example.beanservice;

import com.example.beanservice.configer.BeanConfiger;
import com.example.beanservice.entity.Apple;
```

```
import com.example.beanservice.entity.Pear;
import org.springframework.context.annotation.AnnotationConfigApplicationContext;

public class BeanServiceTest {
    public static void main(String[] args) {
        AnnotationConfigApplicationContext context = new AnnotationConfigApplicationContext(BeanConfiger.class);
        Apple apple1 = context.getBean(Apple.class);
        Apple apple2 = context.getBean(Apple.class);
        apple1.setPname("洛川红富士");
        apple2.setPname("烟台红富士");
        System.out.println(apple1);
        System.out.println(apple2);
        System.out.println("两个实例是否同一个？" + apple1.equals(apple2));
        System.out.println("两个苹果实例的名称分别为：" + apple1.getPname() + "; " + apple2.getPname());
        Pear pear1 = context.getBean(Pear.class);
        Pear pear2 = context.getBean(Pear.class);
        pear1.setPname("库尔勒香梨");
        pear2.setPname("砀山梨");
        System.out.println(pear1);
        System.out.println(pear2);
        System.out.println("两个实例是否同一个？" + pear1.equals(pear2));
        System.out.println("两个梨实例的名称分别为：" + pear1.getPname() + "; " + pear2.getPname());
        context.close();
    }
}
```

（5）运行测试。

单击测试类 BeanServiceTest 入口函数左侧边栏上的启动箭头，单击 "Run 'BeanServiceTest.main()'" 运行程序，输出信息如图 4.8 所示。

```
BeanServiceTest
11:46:06.107 [main] DEBUG org.springframework.beans.factory.support.DefaultListableBeanFactory - Creat
11:46:06.107 [main] DEBUG org.springframework.beans.factory.support.DefaultListableBeanFactory - Creat
构造了一个苹果实例
编码 11A；名称 苹果类
Apple(tcode=11A, pname=烟台红富士)
Apple(tcode=11A, pname=烟台红富士)
两个实例是否同一个？true
两个苹果实例的名称分别为：烟台红富士; 烟台红富士
构造了一个梨实例
编码 11B；名称 梨类
构造了一个梨实例
编码 11B；名称 梨类
Pear(tcode=11B, pname=库尔勒香梨)
Pear(tcode=11B, pname=砀山梨)
两个实例是否同一个？false
两个梨实例的名称分别为：库尔勒香梨; 砀山梨
11:46:06.153 [main] DEBUG org.springframework.context.annotation.AnnotationConfigApplicationContext -
烟台红富士 已销毁

Process finished with exit code 0
```

图 4.8 输出信息

从输出信息可见，程序从 Spring 容器获取的两个苹果实例实际上是同一个 Bean，这是由于默认的作用域 singleton 在容器中只能存在一个 Bean 实例；而代码中显式设定了梨的作用域为 prototype，故从容器中获取的两个梨实例就不是同一个 Bean 了。前面已说过，对于 prototype 作用域的 Bean，Spring 容器仅创建而不会跟踪其生命周期全程，故在程序结束时只能看到苹果（烟台红富士）销毁的信息，而看不到梨被销毁的信息。

4.2　Spring Boot 拦截器

4.2.1　原理与机制

在 Web 开发中，面对客户端浏览器发来的大量请求，通常需要先进行一个初步的过滤，以屏蔽掉不合法的访问者，有效减轻服务器负担，在 Spring Boot 中这个功能是通过拦截器实现的。当请求来到 DispatcherServlet 时，它会根据 HandlerMappinq 的机制先找到处理器，返回一个 HandlerExecutionChain 对象，该对象中同时包含处理器和拦截器，拦截器对处理器进行拦截，就可以实现对请求的过滤，增强处理器的功能。

所有拦截器都必须实现 HandlerInterceptor 接口，此接口中有 3 个方法 preHandle()、postHandle()、afterCompletion()，分别用于在处理器执行前、执行后及视图渲染完成后进行一些用户自定义的操作，实现预定的过滤功能。这些方法的执行流程如图 4.9 所示。

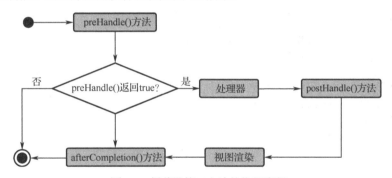

图 4.9　拦截器接口方法的执行流程

图 4.9 中的流程描述如下：

（1）请求进来后会先执行 preHandle()方法，该方法返回一个布尔值，如果为 false，则立即结束流程；如果为 true，则进入下一步。

（2）请求进入控制器，由处理器执行控制器的功能逻辑。

（3）退出控制器，执行 postHandle()方法。

（4）进行视图解析和渲染。

（5）页面渲染完成，执行 afterCompletion()方法。

HandlerInterceptor 接口是 Java 8 的接口，所以这 3 个方法都被声明为 default，并且提供了空实现。当用户的项目需要用到过滤功能时，只需要实现 HandlerInterceptor 接口，用自己定义的方法覆盖其中对应的方法即可。

4.2.2　应用举例

【实例 4.5】用 Spring Boot 内置的拦截器拦截主页，防止用户未经登录就直接

▶拦截器

访问"商品信息管理系统"主页。

本例在【实例 2.4】基础上开发。

1. 匿名访问（未使用拦截器）

（1）用 IDEA 打开【实例 2.4】，对后台控制器 SupController 代码进行修改，操作如下。

① 将 loginCheck()方法的代码修改为以下内容：

```
@RequestMapping("/check")
public String loginCheck(Model model, Supplier supplier) {
    model.addAttribute("scode", supplier.getScode());
    model.addAttribute("spassword", supplier.getSpassword());
    Result result = supService.checkSupplier(supplier);
    model.addAttribute("result", result);
    if (result.getCode() == 200) {
        Supplier supObj = (Supplier) result.getData();
        //model.addAttribute("sname", supObj.getSname());         //注释掉
        //model.addAttribute("sweixin", supObj.getSweixin());     //注释掉
        //model.addAttribute("tel", supObj.getTel());             //注释掉
        model.addAttribute("code", supObj.getScode());            //添加上
        model.addAttribute("name", supObj.getSname());            //添加上
        return "home";
    } else return "index";
}
```

② 增加一个支持匿名访问模式的 preview()方法：

```
@RequestMapping("/home")           //直接访问 home.html（不经过 index.html 登录）
public String preview(Model model) {
    //以配置文件读取的用户匿名预览主页
    model.addAttribute("code", scode);
    model.addAttribute("name", "匿名");
    return "home";
}
```

（2）修改主页。

① 在项目工程目录树的 src→main→resources→static 目录下新建一个 image 子目录，将主页要显示的图片（商品管理.jpg）放进去。

② 重新设计【实例 2.4】的页面 home.html，将代码修改为以下内容：

```
<!DOCTYPE html>
<html lang="en" xmlns:th="http://...">
<head>
<meta charset="UTF-8">
<title>商品信息管理系统</title>
</head>
<body bgcolor="#e0ffff">
<br>
<div style="text-align: center">
<h3>欢迎使用商品信息管理系统</h3>
<h4 style="display: inline">用户：</h4><span th:text="${code}"></span>
<h4 style="display: inline">   注册名：</h4><span th:text="${name}"></span>
<br>
<br>
<div>
```

```html
<imgth:src="'image/商品管理.jpg'" height="138px" width="639px">
</div>
</div>
</body>
</html>
```

（3）运行。

启动项目，打开浏览器，在地址栏中输入 http://localhost:8080/home 并回车，直接访问主页，如图 4.10 所示。

图 4.10　未使用拦截器时可直接匿名访问主页

2. 强制用户必须先登录（拦截主页）

匿名模式虽然很方便，但是不安全，现实中大多数网站的主要功能页面都会强制要求用户必须"先登录后访问"，这可以通过定制开发 Spring Boot 的拦截器实现。

开发拦截器的步骤如下。

1）自定义拦截器类

在项目工程目录树的 com.example.mystore 节点下创建 interceptor 包，在其中通过实现 HandlerInterceptor 接口开发一个自定义的拦截器类 MyInterceptor。

MyInterceptor.java 代码如下：

```java
package com.example.mystore.interceptor;

import org.springframework.web.servlet.HandlerInterceptor;
import org.springframework.web.servlet.ModelAndView;

import javax.servlet.http.HttpServletRequest;
import javax.servlet.http.HttpServletResponse;

public class MyInterceptor implements HandlerInterceptor {
    @Override
    public boolean preHandle(HttpServletRequest request, HttpServletResponse response, Object handler) throws Exception {
        long startStamp = System.currentTimeMillis();
        request.setAttribute("startStamp", startStamp);
        System.out.println("进入拦截器，执行 preHandle 方法");
        String url = request.getRequestURL().toString();
        System.out.println("请求地址：" + url);
```

```
            if (url.equals("http://localhost:8080/home")) {
                System.out.println("未登录用户不能直接访问！");
                response.sendRedirect("http://localhost:8080/index");
            }
            return true;
        }

    @Override
    public void postHandle(HttpServletRequest request, HttpServletResponse response, Object handler, ModelAndView modelAndView) throws Exception {
        long endStamp = System.currentTimeMillis();
        System.out.println("退出控制器，执行postHandle方法");
        long startStamp = (Long) request.getAttribute("startStamp");
        System.out.println("本次请求处理时间为： " + new Long(endStamp - startStamp) + " ms");
    }

    @Override
    public void afterCompletion(HttpServletRequest request, HttpServletResponse response, Object handler, Exception ex) throws Exception {
        System.out.println("页面渲染完成。");
    }
}
```

说明：自定义的拦截器类中按照需要重写了 HandlerInterceptor 接口的 3 个方法，为了跟踪拦截器方法的执行流程，在程序中用变量 startStamp、endStamp 分别记录了请求经拦截器进入及退出控制器的时间戳。currentTimeMillis()方法的作用是返回时间戳，即当前计算机系统时间与 GMT（格林威治）时间 1970 年 1 月 1 日 0 时 0 分 0 秒之间所差的毫秒数。由时间戳可计算出本次请求的处理耗时，借以了解系统的响应性能。

2）注册拦截器

自定义的拦截器类开发好后，Spring Boot 并不能主动"发现"它，还必须将它注册到系统中才能被框架识别。其中的原理就是 4.1 节所讲的 Spring 容器的 Bean 组件管理机制，通过配置类将用户定义的拦截器组件注册到容器中。

在项目工程目录树的 com.example.mystore 节点下创建 configer 包，在其中创建配置类 InterceptConfiger，代码如下：

```
package com.example.mystore.configer;

import com.example.mystore.interceptor.MyInterceptor;
import org.springframework.context.annotation.Bean;
import org.springframework.context.annotation.Configuration;
import org.springframework.web.servlet.config.annotation.InterceptorRegistration;
import org.springframework.web.servlet.config.annotation.InterceptorRegistry;
import org.springframework.web.servlet.config.annotation.WebMvcConfigurer;

@Configuration
public class InterceptConfiger implements WebMvcConfigurer {
    @Bean                                                        //注册自定义的拦截器
    public MyInterceptor getMyInterceptor() {
        return new MyInterceptor();
```

```
        @Override
        public void addInterceptors(InterceptorRegistry registry) {
            InterceptorRegistration  registration  =  registry.addInterceptor
(getMyInterceptor());
            registration.addPathPatterns("/*");
        }
    }
```

说明：这里通过实现 WebMvcConfigurer 接口，重写其中的 addInterceptors()方法，进而加入 (.addInterceptor(…))自定义拦截器的注册项；addPathPatterns()方法指定拦截匹配模式为/*（所有对控制器的请求）。

3）修改控制器

为了能进一步跟踪拦截器方法进入控制器后的流程，需要修改控制器的 preview()方法，加上获取时间戳及输出信息，代码如下：

```
@RequestMapping("/home")
public String preview(Model model) {
    long middleStamp = System.currentTimeMillis();
    System.out.println("进入控制器，执行 preview 方法 " + String.valueOf
(middleStamp));
    model.addAttribute("code", scode);
    model.addAttribute("name", "匿名");
    return "home";
}
```

4）运行

启动项目，打开浏览器，在地址栏中输入 http://localhost:8080/home 并回车，页面转至登录页，这是因为拦截器将主页 home.html 给拦截了，强制用户必须登录才能访问，从 IDEA 底部子窗口中可看到整个流程的输出信息，包括浏览器每一次请求的地址、请求处理耗时及各个拦截器方法的执行顺序，如图 4.11 所示。

图 4.11　拦截主页后转至登录页面及输出的流程信息

单击登录页面上的"登录"按钮，验证通过后转至主页，显示的主页及流程信息如图 4.12 所示。

图 4.12　登录验证通过后显示主页及流程信息

4.3　文件上传与下载

4.3.1　文件操作机制

文件上传与下载是 Web 应用开发中最常用的功能之一，本节先介绍 Spring Boot 中实现文件上传与下载的机制。

（1）为了成功上传文件，前端开发中必须将表单的 th:method 设置为 post，并将 enctype 设置为 multipart/form-data。只有这样设置，浏览器才能将所选文件的二进制数据发送给服务器。

（2）运行时，DispatcherServlet 会使用适配器模式将 HttpServletRequest 转换为 MultipartHttpServletRequest 接口，该接口扩展了原 HttpServletRequest 接口的所有方法，在其中增加了一些专用于操作文件的方法，Spring Boot 正是通过这些方法实现对上传文件的操作的，如图 4.13 所示。

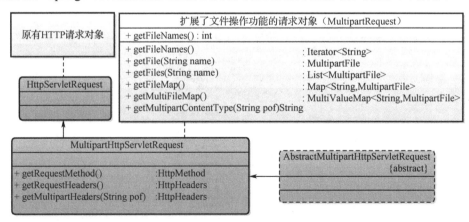

图 4.13　Spring Boot 对 HTTP 请求接口的扩展

于是在需要上传文件的应用场合，Spring MVC 就会将 HTTP 请求对象转化为扩展了的 Multipart 请求对象，而扩展的对象中有许多处理文件的方法，这样在 Spring Boot 中操作文件就变得十分便捷了。

（3）在上传文件时，还需要通过 MultipartResolver 接口配置 Multipart 请求。Spring Boot 是通过 Apache Commons FileUpload 组件提供的一个 MultipartResolver 的实现类 CommonsMultipartResolver 来完成文件上传的。

（4）文件上传方法使用 Spring MVC 提供的 MultipartFile 接口作为参数。Spring Boot 将上传文件自动绑定到 MultipartFile 对象中，MultipartFile 提供了获取上传文件内容、文件名等方法，并通过 transferTo()方法将文件上传到服务器的磁盘中。

MultipartFile 的常用方法如下。
- byte[] getBytes()：获取文件数据。
- String getContentType()：获取文件的 MIME 类型。
- InputStreamgetInputStream()：获取文件流。
- String getName()：获取表单中文件组件的名字。
- String getOriginalFilename()：获取上传文件的原名。
- long getSize()：获取文件的字节大小，单位为 B（Byte）。
- booleanisEmpty()：是否上传文件。
- void transferTo(File dest)：将上传文件保存到一个目标文件中。

Spring Boot 内部已经集成了 Spring MVC，所以实现文件操作功能只要引入 Apache Commons FileUpload 组件依赖进行配置即可。

4.3.2 应用举例

▶文件上传与下载

【实例 4.6】 制作一个页面用于添加上传商品图片，上传的图片作为超链接显示在页面上，单击图片可将其下载到本地保存，页面效果如图 4.14 所示。

图 4.14　页面效果

实现步骤如下。

(1) 创建项目。

首先，创建 Spring Boot 项目，项目名为 FileUpDownLoader，在出现的向导界面的"Dependencies"列表中选择 Spring Boot 基本框架（"Web"→"Spring Web"）、Thymeleaf 引擎组件（"Template Engines"→"Thymeleaf"）。

(2) 添加组件。

前面说过，文件操作需要依赖 Apache Commons FileUpload 组件，在项目 pom.xml 文件中添加该组件的依赖项，代码如下：

```xml
<dependency>
    <groupId>commons-fileupload</groupId>
    <artifactId>commons-fileupload</artifactId>
    <version>1.3.3</version>
</dependency>
```

【实例 4.6】依赖配置

添加完先关闭项目、重启 IDEA，再次打开项目，Spring Boot 会自动检测到该组件并注入容器中。

(3) 开发前准备。

① 引入 Bootstrap。

本项目的页面开发要用到 Bootstrap，下载 Bootstrap 5.1 的压缩包文件 bootstrap-5.1.3-dist.zip 并解压，将解压目录中的 css 和 js 两个文件夹复制到项目的\src\main\resources\static 目录下。

② 设置上传参数。

程序运行时上传的文件需要有一个目录来存放，在本地计算机 C 盘建一个名为 Commodity Pictures 的文件夹作为上传目录，同时设置参数以限定上传文件的大小。

在项目 application.properties 文件中配置如下：

```
spring.servlet.multipart.max-file-size = 50MB
spring.servlet.multipart.max-request-size = 500MB
web.upload-path = C:/Commodity Pictures
```

其中，max-file-size 是单个上传文件的大小，而 max-request-size 是所有上传文件的大小，web.upload-path 为上传路径。

(4) 前端页面开发。

在项目工程目录树的 src→main→resources→templates 节点下创建前端页面 fileupdown.html，代码如下：

```html
<!DOCTYPE html>
<html lang="en" xmlns:th="http://">
<head>
<meta charset="UTF-8">
<title>文件上传与下载</title>
<link rel="stylesheet" th:href="@{css/bootstrap.css}">
</head>
<body>
<br>
<div>
<h3 class="text-center">添加商品图片</h3>
</div>
<div class="container">
<div class="row">
<div class="col-md-6 col-sm-6">
<form th:action="up" th:method="post" enctype="multipart/form-data">
<input class="form-control" th:type="text" th:value="${picname}" th:placeholder
```

```html
="图片文件名"/>
    <input class="form-control" th:type="file" th:name="picfile"/>
    <div style="text-align: right">
    <!--放在 div 中便于控制按钮对齐方式-->
    <button class="btn btn-success" style="text-align: right" th:type="submit" th:text="上传图片"/>
    </div>
    </form>
    <br>
    <!--图片做成超链接，单击即可下载-->
    <div th:if="${picname!=null&&picname!=''}" style="text-align: center">
    <a th:href="@{down(filename=${picname})}">
    <img class="img-thumbnail" th:src="'/show?mypic='+${picname}" style="width: 180px"/>
    </a>
    </div>
    </div>
    </div>
    </div>
    </body>
</html>
```

（5）后台控制器开发。

在项目工程目录树的 com.example.fileupdownloader 节点下创建 controller 包，在其中创建控制器类 FileUpDownController，代码如下：

```java
package com.example.fileupdownloader.controller;

import org.apache.commons.io.FileUtils;
import org.springframework.beans.factory.annotation.Autowired;
import org.springframework.beans.factory.annotation.Value;
import org.springframework.core.io.ResourceLoader;
import org.springframework.http.MediaType;
import org.springframework.http.ResponseEntity;
import org.springframework.stereotype.Controller;
import org.springframework.ui.Model;
import org.springframework.web.bind.annotation.RequestHeader;
import org.springframework.web.bind.annotation.RequestMapping;
import org.springframework.web.bind.annotation.RequestParam;
import org.springframework.web.multipart.MultipartFile;

import javax.servlet.http.HttpServletRequest;
import java.io.File;
import java.io.IOException;
import java.net.URLEncoder;

@Controller
public class FileUpDownController {
    private ResourceLoader loader;

    @Autowired
    public FileUpDownController(ResourceLoader loader) {
        this.loader = loader;
    }
```

```java
        @Value("${web.upload-path}")
        private String uploadpath;                          //上传目录（从配置文件中读取）

        @RequestMapping("/fileupdown")
        public String init() {
            return "fileupdown";
        }

        @RequestMapping("/up")
        public String upload(Model model, HttpServletRequest request, @RequestParam
("picfile") MultipartFile mulFile) throws IllegalStateException, IOException {
            if (!mulFile.isEmpty()) {
                String filename = mulFile.getOriginalFilename();
                File filepath = new File(uploadpath + File.separator + filename);
                if (!filepath.getParentFile().exists()) {
                    filepath.getParentFile().mkdirs();
                }
                mulFile.transferTo(filepath);   //调用 MultipartFile 的方法执行上传操作
                model.addAttribute("picname", filename);
            }
            return "fileupdown";
        }

        @RequestMapping("/show")
        public ResponseEntity showPicture(String mypic) {
            try {
                //由于读取的是本机的文件，路径前面必须加上 file:
                return ResponseEntity.ok(loader.getResource("file: " + uploadpath +
File.separator + mypic));
            } catch (Exception e) {
                return ResponseEntity.notFound().build();
            }
        }

        @RequestMapping("/down")
        public ResponseEntity<byte[]> download(HttpServletRequest request, @RequestParam
("filename") String filename, @RequestHeader("User-Agent") String userAgent) throws
IOException {
            File filepath = new File(uploadpath + File.separator + filename);
            ResponseEntity.BodyBuilder builder = ResponseEntity.ok();
            builder.contentLength(filepath.length());
            builder.contentType(MediaType.APPLICATION_OCTET_STREAM);
            filename = URLEncoder.encode(filename, "UTF-8");
            if (userAgent.indexOf("MSIE") > 0) {
                builder.header("Content-Disposition",  "attachment;filename=" +
filename);
            } else {
                builder.header("Content-Disposition",  "attachment;filename*=UTF-
8''" + filename);
            }
            return builder.body(FileUtils.readFileToByteArray(filepath));
        }
    }
```

说明：控制器中主要有 3 个方法，第一个是实现图片上传的 upload()方法，它接收的 MultipartFile 类型参数对应前端选择文件上传控件（file）的 th:name 属性；第二个是显示图片的 showPicture()方法，它的参数 mypic 由前端图片控件（img）的 th:src 属性所携带的 URL 请求参数获得（'/show?mypic='+${picname}）；第三个是实现图片下载的 download()方法，该方法由前端图片链接（th:href="@{down(filename=${picname})}"）调用，传入要下载的图片文件名 filename 要与后台方法参数名（@RequestParam("filename")）一致。

（6）运行。

启动项目，打开浏览器，在地址栏中输入 http://localhost:8080/fileupdown 并回车，显示"添加商品图片"页面。

① 上传文件。

单击"选择文件"按钮，从弹出的"打开"对话框中选择要上传的图片文件，单击"上传图片"按钮，图片被上传到预设的上传目录（C:\Commodity Pictures）中，同时显示在页面上，整个过程演示如图 4.15 所示。

图 4.15　上传文件过程演示

② 下载文件。

上传的图片在页面上显示为超链接，将鼠标指针移至图片上会变成手形，同时在网页左下角会显出该链接的 URL（其中还可看到携带的 filename 参数内容），直接单击即可下载该图片，默认存放到 Windows 的本地下载目录（C:\Users\<用户名>\Downloads，其中"<用户名>"为开发者所用计算机的当前 Windows 登录用户名），如图 4.16 所示。

图 4.16　下载文件演示

4.4 Spring AOP

4.4.1 AOP 基本概念与实现

AOP（Aspect-Oriented Programming，面向切面编程）是一种与结构化程序设计和面向对象编程都迥然不同的抽象化编程模式，这种模式是从大量软件系统开发的实际需求中总结提炼出来的，目前已成为 Spring Boot 核心开发中用得较多的主流编程范式。AOP 的原理和机制都比较抽象，为便于读者理解，还是从一个实际案例的应用需求出发，层层深入地阐明 AOP 的基本概念与实现。

1. 应用需求

【实例 4.7】给"商品信息管理系统"的顾客用户更新最近操作的时间及登录状态。

▶Spring AOP（一）

现实中，互联网电商平台为了提高响应性能和用户体验，通常会对登录用户的状态进行实时跟踪和刷新，以便优先满足那些在线活跃用户的请求；而对于登录后长时间没有操作的用户会视其为"自动离线"，当这样的用户突然要结算下单时，系统会转至登录页要求他重新登录，这不仅可以最大限度地优化系统资源的利用率，同时也是安全方面的考量。

要实现这一策略，就必须提供一种机制能随时记录用户最近一次操作的时间并更新其登录状态。显然，这样的实时操作是针对全系统的，在每一个业务功能模块中都要有。

为简单起见，这里仅开发两个模块：用户登录、加入购物车，分别用两个控制器类实现。

（1）创建 Spring Boot 项目，项目名为 NoProxy，依赖仅选择 Spring Boot 基本框架（"Web"→"Spring Web"）。

（2）用户登录控制器 LogController.java 代码如下：

```java
package com.example.noproxy.controller;

public class LogController {
    private String active;                      //用户身份(sup-商家, user-顾客)
    private String code;                        //用户编码(账号)

    public LogController() {
        this.active = "user";
        this.code = "easy-bbb.com";
        //若换成以下商家用户登录，则不会访问数据库
        //this.active = "sup";
        //this.code = "SXLC001A";
    }

    public String getActive() {
        return this.active;
    }

    public String getCode() {
        return this.code;
    }

    public void setOnLine(String active, String code) {
        if (active.equals("user")) {
```

```
            System.out.println("访问数据库——更新 " + code + " 最近登录时间、置当前登
录位");
        }
    }

    public void loginCheck() {
        System.out.println("用户 " + code + " 登录...OK!验证通过。");
        setOnLine(getActive(),getCode());//方法调用：更新最近操作的时间及登录状态
    }
}
```

（3）加入购物车控制器 PreShopController.java 代码如下：

```
package com.example.noproxy.controller;

public class PreShopController {
    private String ucode;                          //用户编码(账号)

    public PreShopController() {
        this.ucode = "easy-bbb.com";
    }

    public String getUcode() {
        return this.ucode;
    }

    public void setOnLine(String active, String code) {
        if (active.equals("user")) {
            System.out.println("访问数据库——更新 " + code + " 最近登录时间、置当前登
录位");
        }
    }

    public void addToPreShop() {
        System.out.println("用户 " + ucode + " 操作【加入购物车】...添加成功。");
        setOnLine("user", getUcode());    //方法调用：更新最近操作的时间及登录状态
    }
}
```

（4）编写测试类。

测试类 NoProxyTest.java 代码如下：

```
package com.example.noproxy;

import com.example.noproxy.controller.LogController;
import com.example.noproxy.controller.PreShopController;

public class NoProxyTest {
    public static void main(String[] args) {
        LogController login = new LogController();
        login.loginCheck();                        //登录操作
        PreShopController preShop = new PreShopController();
        preShop.addToPreShop();                    //加入购物车操作
    }
}
```

（5）运行。

单击测试类 NoProxyTest 入口函数左侧边栏上的启动箭头，单击"Run 'NoProxyTest.main()'"运行程序，输出信息如图 4.17 所示。

图 4.17　输出信息

可以看到，在用户进行登录操作、加入购物车操作之后都紧接着执行了更新最近登录时间及置登录状态的操作，这是因为在两个控制器中都定义了 setOnLine() 方法，并且在登录（loginCheck）、加入购物车（addToPreShop）操作的最后都调用了 setOnLine() 方法。

注意：为说明 AOP 概念，本实例及其后的几个实例都只用 System.out.println(…) 输出信息的形式来简单地代表程序所执行的某项业务功能性操作，如本实例中的输出"System.out.println("访问数据库—更新" + code + "最近登录时间、置当前登录位");"就表示程序代码已经执行了访问后台数据库、更新用户登录时间及置当前登录位这一系列操作，而在实际的应用程序中需要很多代码段甚至是一个颇具规模的完整功能模块才能做到，此处仅简化为一句输出语句是为了介绍原理的方便，同时也便于读者清楚地阅读比照前后实例的代码和理解 AOP 程序的运作机制，特此说明。

但是，setOnLine() 方法所做的一系列工作并非用户登录、加入购物车这两个模块本身具有的功能，它是伴随着前述想要"跟踪记录每个用户的登录状态"这一额外需求而附加到系统中的，但要求在每一个业务模块中都有。本例只演示了两个模块的情形，如果系统包含更多模块，如搜索商品、商家评分、买家留言等，只要是顾客有所动作的模块就都加入 setOnLine() 方法并在执行完业务操作之后即刻调用，这会导致 setOnLine() 方法在全系统大量模块中被重复定义和反复调用，而且一旦某天需求发生变动，如不再需要跟踪记录用户登录状态了，又必须将每一个包含该操作的模块中的 setOnLine() 方法及其调用语句逐一清除（注释掉）；若要增强 setOnLine() 方法，比如在记录状态的同时还要向数据库某个专用的日志表中写入日志，又不得不修改所有相关模块中的 setOnLine() 方法，诸如此类因需求变动而引发的连锁反应和随之带来的维护工作量是巨大的，在系统规模很大时，甚至可以说是灾难性的。

但是，setOnLine() 方法所代表的功能又不像其他一般的业务模块功能那样是相对独立和内聚的，它必须"切入"每一个需要它的其他模块的代码中，这就是"面向切面编程"思想产生的背景。如何做到在不影响其他模块的前提下实现对任意模块的灵活切入和抽出，这就是 AOP 的目标。

2. AOP 概念与静态代理实现

人们首先想到运用 Java 语言的面向对象接口机制，将 setOnLine() 方法的功能抽取出来包装成一个拦截器，再针对它所要切入的目标业务模块类开发出一个代理类，这个代理类与它所要代理的目标业务模块类实现同一个公共的接口，在需要的时候再由代理类将拦截器与业务模块类结合起来。下面举例说明。

【实例 4.8】 巧妙运用 Java 接口机制及代理类，在不影响业务模块类（LogController、PreShopController）的情况下，实现【实例 4.7】更新顾客最近操作时间及登录状态的需求。

实现步骤如下。

（1）创建 Spring Boot 项目，项目名为 StaticProxy，依赖仅选择 Spring Boot 基本框架（"Web"→"Spring Web"）。

▶Spring AOP（二）

（2）包装拦截器。

① 定义拦截接口。

在项目工程目录树的 com.example.staticproxy 节点下创建 interfaces 包，在其中定义拦截接口 IAspect.java 如下：

```java
package com.example.staticproxy.interfaces;

public interface IAspect {
    public void setOnLine(String active, String code);
}
```

② 实现拦截器类。

在项目工程目录树的 com.example.staticproxy 节点下创建 interceptor 包，在其中创建拦截器 MyInterceptor 类，它实现 IAspect 接口的 setOnLine()方法。

拦截器 MyInterceptor.java 代码如下：

```java
package com.example.staticproxy.interceptor;

import com.example.staticproxy.interfaces.IAspect;

public class MyInterceptor implements IAspect {
    public void setOnLine(String active, String code) {
        if (active.equals("user")) {
            System.out.println("访问数据库——更新 " + code + " 最近登录时间、置当前登录位");
        }
    }
}
```

（3）目标业务模块类。

目标业务模块类仍然是用户登录（LogController）、加入购物车（PreShopController）这两个控制器类，只是为了接下来方便代理，它们各自都需要有一个公共接口。

① 用户登录接口及模块类。

在 interfaces 包下定义用户登录接口 ILogin.java，代码如下：

```java
package com.example.staticproxy.interfaces;

public interface ILogin {
    public void loginCheck();
}
```

在项目工程目录树的 com.example.staticproxy 节点下创建 controller 包，创建用户登录模块类 LogController，实现 Ilogin 接口。

LogController.java 代码如下：

```java
package com.example.staticproxy.controller;

import com.example.staticproxy.interfaces.ILogin;

public class LogController implements ILogin {
    private String active;              //用户身份(sup-商家，user-顾客)
    private String code;                //用户编码(账号)

    public LogController() {
```

```
        this.active = "user";
        this.code = "easy-bbb.com";
    }

    public String getActive() {
        return this.active;
    }

    public String getCode() {
        return this.code;
    }

    public void loginCheck() {
        System.out.println("用户 " + code + " 登录...OK!验证通过。");
    }
}
```

② 加入购物车接口及模块类。

在 interfaces 包下定义加入购物车接口 IPreShop.java,代码如下:

```
package com.example.staticproxy.interfaces;

public interface IPreShop {
    public void addToPreShop();
}
```

在 controller 包中创建加入购物车模块类 PreShopController,实现 IPreShop 接口。
PreShopController.java 代码如下:

```
package com.example.staticproxy.controller;

import com.example.staticproxy.interfaces.IPreShop;

public class PreShopController implements IPreShop {
    private String ucode;                        //用户编码(账号)

    public PreShopController() {
        this.ucode = "easy-bbb.com";
    }

    public String getUcode() {
        return this.ucode;
    }

    public void addToPreShop() {
        System.out.println("用户 " + ucode + " 操作【加入购物车】...添加成功。");
    }
}
```

可以看到,这里 LogController、PreShopController 两个控制器类的代码中已经完全不含 setOnLine() 方法的定义及其调用语句了。

(4) 开发代理类。

在项目工程目录树的 com.example.staticproxy 节点下创建 proxyclass 包,其中放置开发的代理类,每个目标业务模块类都有其代理类,代理类与被代理的业务模块类要实现同一接口。

① 用户登录代理类。

在 proxyclass 包下创建用户登录 LogController 类的代理类 LoginProxy。

LoginProxy.java 代码如下：

```java
package com.example.staticproxy.proxyclass;

import com.example.staticproxy.controller.LogController;
import com.example.staticproxy.interfaces.IAspect;
import com.example.staticproxy.interfaces.ILogin;

public class LoginProxy implements ILogin {
    private ILogin login;                      //用户登录接口
    private IAspect aspect;                    //拦截接口

    public LoginProxy(ILogin login, IAspect aspect) {
        this.login = login;
        this.aspect = aspect;
    }

    public void loginCheck() {
        login.loginCheck();                    //接口调用：执行登录操作
        LogController logController = (LogController) login;
        aspect.setOnLine(logController.getActive(), logController.getCode());
                                               //接口调用：更新最近操作的时间及登录状态
    }
}
```

② 加入购物车代理类。

在 proxyclass 包下创建加入购物车 PreShopController 类的代理类 PreShopProxy。

PreShopProxy.java 代码如下：

```java
package com.example.staticproxy.proxyclass;

import com.example.staticproxy.controller.PreShopController;
import com.example.staticproxy.interfaces.IAspect;
import com.example.staticproxy.interfaces.IPreShop;

public class PreShopProxy implements IPreShop {
    private IPreShop preShop;                  //加入购物车接口
    private IAspect aspect;                    //拦截接口

    public PreShopProxy(IPreShop preShop, IAspect aspect) {
        this.preShop = preShop;
        this.aspect = aspect;
    }

    public void addToPreShop() {
        preShop.addToPreShop();                //接口调用：执行加入购物车操作
        PreShopController preShopController = (PreShopController) preShop;
        aspect.setOnLine("user", preShopController.getUcode());
                                               //接口调用：更新最近操作的时间及登录状态
    }
}
```

可见，代理类通过将业务功能接口和拦截接口当作自己的成员，然后通过接口调用将它们的功能按照需求的顺序组合起来，从而起到代理的作用。这样一来，通过 Java 的接口和代理机制，就将原本要由业务模块类承担的额外任务分离出来，封装于拦截器类中，再由外部的代理类负责组织它们的执行流程。当需求变动时，只需要集中修改拦截器类中的方法；而当流程有变动时，只需要修改相应代理类中的接口调用顺序，从而使系统的可维护性得到极大的改善。

（5）编写测试类。

测试类 StaticProxyTest.java 代码如下：

```java
package com.example.staticproxy;

import com.example.staticproxy.controller.LogController;
import com.example.staticproxy.controller.PreShopController;
import com.example.staticproxy.interceptor.MyInterceptor;
import com.example.staticproxy.interfaces.ILogin;
import com.example.staticproxy.interfaces.IPreShop;
import com.example.staticproxy.proxyclass.LoginProxy;
import com.example.staticproxy.proxyclass.PreShopProxy;

public class StaticProxyTest {
    public static void main(String[] args) {
        ILogin login = new LoginProxy(new LogController(), new MyInterceptor());
        login.loginCheck();                    //登录操作
        IPreShop preShop = new PreShopProxy(new PreShopController(), new MyInterceptor());
        preShop.addToPreShop();                //加入购物车操作
    }
}
```

可见，这里通过 new 将业务模块类及拦截器的实例作为参数传进去构造一个代理类的对象，用此对象实例化业务功能接口，而主程序通过调用接口中的方法（并不直接与业务模块类交互）来执行操作。

（6）运行。

单击测试类 StaticProxyTest 入口函数左侧边栏上的启动箭头，单击 "Run 'StaticProxyTest.main()'" 运行程序，输出信息同图 4.17。

【实例 4.8】实际就是一个以"静态代理"方式实现的典型 AOP 程序，从中加以总结和提炼，就很容易理解 AOP 的一系列抽象的基本概念和术语，介绍如下。

● **切面**（**aspect**）：将正常业务逻辑中额外附加的操作分离并收集起来，包装为独立可重用的类，这种类称为"横切关注面"（简称"切面"）。在本例中也就是拦截器 MyInterceptor 类。

● **连接点**（**join point**）：是切面所"切入"的对象。在 Spring Boot 中被切入的对象只能是业务模块类中的功能方法，如本例用户登录 LogController 类的 loginCheck()方法、加入购物车 PreShopController 类的 addToPreShop()方法。

● **通知**（**advice**）：在约定好的切入点处所要执行的方法，在本例中就是 setOnLine()方法。按照事先约定的与业务模块功能方法之间的执行顺序的不同，分为前置通知（before advice）、后置通知（after advice）、环绕通知（around advice）、事后返回通知（afterReturning advice）和异常通知（afterThrowing advice），本例的 setOnLine()方法在业务功能方法之后执行，故属于后置通知。

● **切点**（**point cut**）：它是连接点的集合，即程序中需要切入通知的位置的集合，指明通知要在什么条件下被触发，通常在注解编程中可以通过正则式和指示器的规则去定义，从而适配连接点。后面用 Spring AOP 框架实现的 AOP 程序实例中，读者将看到切点的定义和使用方法。

● **目标对象**（**target**）：即被代理的对象。本例中的 LogController、PreShopController 两个类都是目标对象。

3. 动态代理实现

静态代理虽然能实现 AOP，但它有个显著的缺陷：对应每一个目标对象都要编写其代理类，在业务模块数量很多的系统中，这么做维护起来还是很不方便的。于是，人们利用 Java 的反射接口回调机制，通过实现 JDK 内部的 InvocationHandler 接口，抽象出一个通用的代理类，它不依赖任何具体目标对象的代理实现，只在运行时才根据需要动态绑定和生成特定目标对象的代理 Bean。

▶Spring AOP（三）

【**实例 4.9**】 用动态代理实现上例的 AOP。

本例复用【实例 4.8】的代码，实现步骤如下。

（1）创建 Spring Boot 项目，项目名为 DynamicProxy，依赖仅选择 Spring Boot 基本框架（"Web" → "Spring Web"）。

（2）将【实例 4.8】的 controller、interceptor、interfaces 三个包及其下所有的类和接口的源文件全部复制到本例的 src→main→java→com.example.dynamicproxy 目录中，只需将每个源文件的 package 头及相关 import 包路径修改为与当前项目完全一致即可。

（3）开发通用代理类。

在项目工程目录树的 com.example.dynamicproxy 节点下创建 proxybean 包，创建通用代理类 BeanProxy.java，代码如下：

```java
package com.example.dynamicproxy.proxybean;

import com.example.dynamicproxy.interfaces.IAspect;

import java.lang.reflect.InvocationHandler;
import java.lang.reflect.Method;
import java.lang.reflect.Proxy;

public class BeanProxy implements InvocationHandler {
    private Object target;                              //目标对象
    private String arg1;                                //参数1（用户身份）
    private String arg2;                                //参数2（用户编码）
    private IAspect aspect;                             //切面

    public Object getProxyBean(Object target, String arg1, String arg2, IAspect aspect) {
        this.target = target;
        this.arg1 = arg1;
        this.arg2 = arg2;
        this.aspect = aspect;
        //生成并返回代理 Bean
        Object proxyObj = Proxy.newProxyInstance(target.getClass().getClassLoader(), target.getClass().getInterfaces(), this);         // (a)
        return proxyObj;
    }

    public Object invoke(Object proxy, Method method, Object[] objs) throws Throwable {
```

```
            Object retObj = null;
            try {
                retObj = method.invoke(target, objs);        // (b)
                aspect.setOnLine(arg1, arg2);                 // (c)
            } catch (Exception e) {
                e.printStackTrace();
                return null;
            }
            return retObj;
        }
    }
```

其中：

（a）**Object proxyObj = Proxy.newProxyInstance(target.getClass().getClassLoader(), target.getClass().getInterfaces(), this);**：使用 JDK 内部 Proxy 的静态方法 newProxyInstance()生成并返回一个代理 Bean 的实例，该方法中有 3 个参数，第 1 个参数指定目标对象的类加载器，第 2 个参数指定目标对象的实现接口，第 3 个参数指定方法调用的处理程序（即本程序）。

（b）**retObj = method.invoke(target, objs);**：这里利用了 Java 的回调机制，调用 invoke()方法时会传入目标对象的方法名（相当于静态代理中的"目标对象.方法名()"调用），即通过 method.invoke 回调目标对象中的方法，返回结果就是目标对象中方法的返回结果。

（c）**aspect.setOnLine(arg1, arg2);**：两个参数（arg1、arg2）从外部传进来，在动态绑定（getProxyBean）具体的被代理目标对象时获得。

（4）编写测试类。

测试类 DynamicProxyTest.java 代码如下：

```
package com.example.dynamicproxy;

import com.example.dynamicproxy.controller.LogController;
import com.example.dynamicproxy.controller.PreShopController;
import com.example.dynamicproxy.interceptor.MyInterceptor;
import com.example.dynamicproxy.interfaces.ILogin;
import com.example.dynamicproxy.interfaces.IPreShop;
import com.example.dynamicproxy.proxybean.BeanProxy;

public class DynamicProxyTest {
    public static void main(String[] args) {
        BeanProxy beanProxy = new BeanProxy();      //创建动态代理类对象
        LogController logController = new LogController();
        ILogin login = (ILogin) beanProxy.getProxyBean(logController, logController.
getActive(), logController.getCode(), new MyInterceptor());
                                                //动态获取用户登录代理 Bean
        login.loginCheck();                         //执行登录操作
        PreShopController preShopController = new PreShopController();
        IPreShop preShop = (IPreShop) beanProxy.getProxyBean(preShopController,
"user", preShopController.getUcode(), new MyInterceptor());//动态获取加入购物车代理 Bean
        preShop.addToPreShop();                     //执行加入购物车操作
    }
}
```

（5）运行。

单击测试类 DynamicProxyTest 入口函数左侧边栏上的启动箭头，单击"Run 'DynamicProxyTest.

main()'"运行程序,输出信息同图 4.17。

4. Spring AOP 框架实现

在上面的例子中,通用的代理类仍然需要由用户自己去开发,而 Spring Boot 内部的 Spring AOP 功能模块已经用动态代理机制将通用的代理类实现了,无须用户开发任何代理类,只需要以注解编程开发自己的拦截器类(切面),主程序代码通过容器(AnnotationConfigApplicationContext)直接注入所需要的对象(不再用 new 创建代理类对象了),然后调用目标对象接口的方法完成功能操作。

所以,在 Spring Boot 开发中,AOP 功能都是借助框架内置的 Spring AOP 实现的,下面通过一个简单的实例介绍 Spring Boot 下 AOP 程序通行的开发步骤。

【实例 4.10】 用 Spring AOP 框架实现 AOP 功能。

本例复用【实例 4.9】的代码,实现步骤如下。

(1)创建 Spring Boot 项目,项目名为 SimpleAOP,依赖选择 Spring Boot 基本框架("Web"→"Spring Web")。

【实例 4.10】依赖配置

项目建好后在 pom.xml 文件中添加 Spring AOP 的依赖项,代码如下:

```xml
<dependency>
<groupId>org.springframework.boot</groupId>
<artifactId>spring-boot-starter-aop</artifactId>
</dependency>
```

关闭项目、重启 IDEA,再次打开项目,Spring Boot 会将 Spring AOP 模块注入项目中。

(2)将【实例 4.9】项目的 controller、interfaces 两个包及其下所有的类和接口的源文件全部复制到本项目的 src→main→java→com.example.simpleaop 目录中,并做如下修改:

① 将每个源文件的 package 头及相关 import 包路径修改为与当前项目一致。

② 修改两个目标对象的业务功能方法,添加两个传入参数。

【实例 4.10】用户登录

LogController.java 代码改为:

```java
package com.example.simpleaop.controller;

import com.example.simpleaop.interfaces.ILogin;

public class LogController implements ILogin {
    private String active;              //用户身份(sup-商家,user-顾客)
    private String code;                //用户编码(账号)
    ...
    public void loginCheck(String active, String code) {   //添加两个传入参数
        System.out.println("用户 " + code + " 登录...OK!验证通过。");
    }
}
```

PreShopController.java 代码改为:

```java
package com.example.simpleaop.controller;

import com.example.simpleaop.interfaces.IPreShop;

public class PreShopController implements IPreShop {
    private String ucode;               //用户编码(账号)
    ...
    public void addToPreShop(String active, String code) {   //添加两个传入参数
        System.out.println("用户 " + ucode + " 操作【加入购物车】...添加成功。");
```

【实例 4.10】加入购物车

        }
    }

（3）开发切面。

即开发自己的拦截器类。

在项目工程目录树的 com.example.simpleaop 节点下创建 interceptor 包，在其中创建拦截器 MyInterceptor 类。

MyInterceptor.java 代码如下：

```java
package com.example.simpleaop.interceptor;

import com.example.simpleaop.interfaces.IAspect;
import org.aspectj.lang.annotation.After;
import org.aspectj.lang.annotation.Aspect;
import org.aspectj.lang.annotation.Pointcut;

@Aspect                                                    //注解标注这是一个AOP的切面
public class MyInterceptor implements IAspect {
    @Pointcut("execution(*    com.example.simpleaop.controller.LogController.loginCheck(..))")     // (a)
    public void pointLog() {
    }                                                      //切点1

    @Pointcut("execution(* com.example.simpleaop.controller.PreShopController.addToPreShop(..))")  // (a)
    public void pointPreShop() {
    }                                                      //切点2

    @After("(pointLog() &&args(active,code)) || (pointPreShop() &&args(active,code))")             // (b)
    public void setOnLine(String active, String code) {
        if (active.equals("user")) {
            System.out.println("访问数据库—更新 " + code + " 最近登录时间、置当前登录位");
        }
    }
}
```

说明：

（a）@Pointcut("execution(* com.example.simpleaop.controller.LogController.loginCheck(..))")、@Pointcut("execution(* com.example.simpleaop.controller.PreShopController.addToPreShop(..))")：代码中使用了注解@Pointcut 来定义切点，这里定义了两个切点，pointLog 是业务模块中用户登录功能的 AOP 切入点，pointPreShop 是加入购物车功能的 AOP 切入点。在切面中，切点被声明成一个空方法的形式，这样在通知注解（如本例的@After）中就可以引用方法名来精确适配程序中需要切入通知的连接点所在的位置。@Pointcut 注解后面的括号中是一个正则式，其中：

- **execution**：表示在执行的时候，拦截里面的正则式匹配的方法。
- *****：表示任意返回类型的方法。
- **com.example.simpleaop.controller.LogController**、**com.example.simpleaop.controller.PreShopController**：指定目标对象的全限定名称。
- **.loginCheck(..)**、**.addToPreShop(..)**：指定目标对象的方法，(..)表示对任意参数进行匹配。

这样，Spring Boot 就可以通过这个正则式知道需要对业务模块类 LogController 的 loginCheck()方法、PreShopController 的 addToPreShop()方法进行 AOP 增强，它就会自动将正则式匹配的方法与对应的通知方法"织入"约定的流程（本例用的是后置通知，故约定流程为正则式匹配方法的后面紧接着执行通知方法），从而实现 AOP 的功能。

（b）**@After("(pointLog() &&args(active,code)) || (pointPreShop() &&args(active,code))")**：@After 注解标注 setOnLine()方法为后置通知，其后括号中的逻辑表达式指明该通知适配哪些切点，并且可以用 args(..)向连接点（业务功能方法）中传入参数。

（4）配置容器。

用 4.1.2 节所讲的 Java 配置方式在 Spring 容器中注册各目标对象和切面，开启自动代理功能。

在项目工程目录树的 com.example.simpleaop 节点下创建 configer 包，在其中创建配置类 JavaConfiger.java，代码如下：

```java
package com.example.simpleaop.configer;

import com.example.simpleaop.controller.LogController;
import com.example.simpleaop.controller.PreShopController;
import com.example.simpleaop.interceptor.MyInterceptor;
import org.springframework.context.annotation.Bean;
import org.springframework.context.annotation.Configuration;
import org.springframework.context.annotation.EnableAspectJAutoProxy;

@Configuration
@EnableAspectJAutoProxy(proxyTargetClass = true)
public class JavaConfiger {
    @Bean                                       //注册目标对象：用户登录业务模块
    public LogController getLogController() {
        return new LogController();
    }

    @Bean                                       //注册目标对象：加入购物车业务模块
    public PreShopController getPreShopController() {
        return new PreShopController();
    }

    @Bean                                       //注册切面（拦截器类）
    public MyInterceptor getMyInterceptor() {
        return new MyInterceptor();
    }
}
```

其中，@EnableAspectJAutoProxy 注解用于开启 Spring Boot 的自动代理功能，设置参数 proxyTargetClass 为 true，则会使用 cglib 的动态代理方式。

（5）编写测试类。

测试类 SimpleAOPTest.java 代码如下：

```java
package com.example.simpleaop;

import com.example.simpleaop.configer.JavaConfiger;
import com.example.simpleaop.controller.LogController;
import com.example.simpleaop.controller.PreShopController;
```

```java
import com.example.simpleaop.interfaces.ILogin;
import com.example.simpleaop.interfaces.IPreShop;
import org.springframework.context.annotation.AnnotationConfigApplicationContext;

public class SimpleAOPTest {
    public static void main(String[] args) {
        AnnotationConfigApplicationContext context = new AnnotationConfigApplicationContext(JavaConfiger.class);
        LogController logController = new LogController();
        ILogin login = context.getBean(LogController.class);//容器获取业务Bean
        login.loginCheck(logController.getActive(), logController.getCode());
                                                        //执行用户登录操作
        PreShopController preShopController = new PreShopController();
        IPreShop preShop = context.getBean(PreShopController.class);
                                                        //容器获取业务Bean
        preShop.addToPreShop("user", preShopController.getUcode());
                                                        //执行加入购物车操作
        context.close();
    }
}
```

这里主程序只是直接从容器中获取业务 Bean 并调用其接口方法完成功能，丝毫"感觉不到"代理类的存在，因为全部的代理工作已经由 Spring AOP 框架代劳了，由此可见使用框架实现 AOP 的方便快捷，故实际应用系统开发中多用现成的框架来满足 AOP 需求。

（6）运行。

单击测试类 SimpleAOPTest 入口函数左侧边栏上的启动箭头，单击"Run 'SimpleAOPTest.main()'"运行程序，输出信息同图 4.17。

4.4.2 AOP 应用举例

前面所有的实例说明了 AOP 概念和原理，切面中的 setOnLine()方法仅简单地使用语句"System.out.println("访问数据库—更新" + code + "最近登录时间、置当前登录位");"输出信息，并未实际操作数据库。下面将 AOP 技术实际应用于"商品信息管理系统"看看效果如何。

【实例 4.11】 用 Spring AOP 框架对"商品信息管理系统"的顾客用户更新最近操作的时间及登录状态。

本例在【实例 2.6】的基础上开发，实现步骤如下。

（1）添加 AOP 依赖。

打开【实例 2.6】项目 mystore，在 pom.xml 文件中添加 Spring AOP 的依赖项，代码如下：

```xml
<dependency>
<groupId>org.springframework.boot</groupId>
<artifactId>spring-boot-starter-aop</artifactId>
</dependency>
```

【实例 4.11】依赖配置

关闭项目、重启 IDEA，再次打开项目，将 Spring AOP 模块注入项目中。

（2）开发切面。

在项目工程目录树的 com.example.mystore 节点下创建 interceptor 包，在其中创建拦截器 MyInterceptor 类。

MyInterceptor.java 代码如下:

```java
package com.example.mystore.interceptor;

import com.example.mystore.entity.User;
import com.example.mystore.repository.LoginRepository;
import org.aspectj.lang.JoinPoint;
import org.aspectj.lang.annotation.After;
import org.aspectj.lang.annotation.Aspect;
import org.aspectj.lang.annotation.Pointcut;
import org.springframework.beans.factory.annotation.Autowired;

@Aspect                                                         //注解切面
public class MyInterceptor {
    @Autowired
    private LoginRepository loginRepository;                    //注入用户登录数据接口

    @Pointcut("execution(* com.example.mystore.service.UserServiceImpl.checkUser(..))")
    public void pointCheck() {
    }                                                           //定义切点

    @After("(pointCheck() &&args(user))")
    public void setOnLine(JoinPoint point, User user) {         //通知方法
        Object[] args = point.getArgs();
        if (loginRepository.setOnLine(user) == 1)
            System.out.println("访问数据库——更新 " + user.getUcode() + " 最近登录时间、置当前登录位");
    }
}
```

这里对后台数据库的操作是通过注入的用户登录数据接口 LoginRepository 中的 setOnLine()方法实现的,为此,需要开发这个接口中的方法。

(3) 开发数据操作接口。

在项目工程目录树的 com.example.mystore 节点下的 repository 包中创建 LoginRepository 接口及其实现类。

① 定义 LoginRepository 接口。

LoginRepository.java 代码如下:

```java
package com.example.mystore.repository;

import com.example.mystore.entity.User;

public interface LoginRepository {
    public int setOnLine(User user);
}
```

② 实现 setOnLine()方法。

在接口实现类 LoginRepositoryImpl 中实现 setOnLine()方法,完成对数据库中用户登录时间和状态的更新操作。

LoginRepositoryImpl.java 代码如下:

```java
package com.example.mystore.repository;
```

```
import com.example.mystore.entity.User;
import org.springframework.beans.factory.annotation.Autowired;
import org.springframework.jdbc.core.JdbcTemplate;
import org.springframework.stereotype.Repository;

import java.text.SimpleDateFormat;
import java.util.Date;

@Repository
public class LoginRepositoryImpl implements LoginRepository {
    @Autowired
    private JdbcTemplate jdbcTemplate;

    @Override
    public int setOnLine(User user) {
        try {
            String sql = "UPDATE user SET LoginTime = ?,OnLineYes = 1 WHERE UCode = ?";
            Date now = new Date();
            SimpleDateFormat sdf = new SimpleDateFormat();
            sdf.applyPattern("yyyy-MM-dd HH:mm:ss");
            String loginTime = sdf.format(now);
            String uCode = user.getUcode();
            int rows = jdbcTemplate.update(sql, loginTime, uCode);//更新时间及状态
            return rows;
        } catch (Exception e) {
            e.printStackTrace();
            return 0;
        }
    }
}
```

（4）配置容器。

在 Spring Boot 的 Web 项目中，用户无须自己开发 Java 配置类，因为 Spring Boot 的启动类本身就具备容器的功能，直接在启动类中进行配置即可。

在项目启动类中增加注册 AOP 切面，修改 MystoreApplication.java 的代码如下：

```
package com.example.mystore;

import com.example.mystore.interceptor.MyInterceptor;
import org.springframework.boot.SpringApplication;
import org.springframework.boot.autoconfigure.SpringBootApplication;
import org.springframework.context.annotation.Bean;

@SpringBootApplication
public class MystoreApplication {
    @Bean                                              //注册 AOP 切面
    public MyInterceptor getMyInterceptor() {
        return new MyInterceptor();
    }
```

```
    public static void main(String[] args) {
        SpringApplication.run(MystoreApplication.class, args);
    }
}
```

（5）运行。

将项目 application.properties 中的登录用户身份设为顾客：

```
spring.profiles.active = user
```

启动项目，访问 http://localhost:8080/index，出现登录页面，已经自动填好了顾客用户名 easy-bbb.com 及密码，单击"登录"按钮出现欢迎页面。

此时从 IDEA 环境底部子窗口中可看到由 AOP 通知 setOnLine()方法所输出的一行信息"访问数据库—更新 easy-bbb.com 最近登录时间、置当前登录位"，用 Navicat 打开 MySQL 数据库 netshop，打开 user 表，可看到用户 easy-bbb.com 的 LoginTime（最近登录时间）字段值已更新为当前时间，且 OnLineYes（当前登录状态）字段被置为 1，如图 4.18 所示。

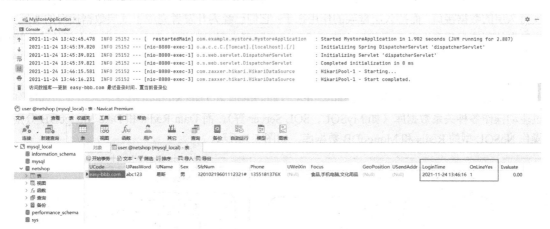

图 4.18　AOP 输出信息及更新数据库

第5章 Spring Boot 数据库开发

Spring Boot 整合了种类丰富的数据库持久层框架，无论是传统的 SQL 关系数据库还是新兴的 NoSQL 数据库，Spring Boot 都能为其提供强大的支持。

▶第 5 章视频提纲

5.1 数据库与持久层框架

在前面的开发中，程序都是用 JDBC 直接操作数据库的，需要由用户自己编程来实现持久层的数据接口，而持久层框架的作用在于：它们已经为开发者完成了底层数据接口的实现类，用户开发的程序只需要在业务层代码中直接操作接口即可实现对数据的存取，而框架内部的数据接口实现类对程序员是透明的，即用户只要定义好所需的数据接口，具体实现完全交给框架，如此一来就极大地简化了持久层的开发。

▶持久层框架

目前最常用的持久层框架有：MyBatis、JPA、Data Redis 和 Data MongoDB 等，其中 MyBatis、JPA 通过驱动操作各种关系数据库（如 MySQL、SQL Server 等），而 Data Redis 和 Data MongoDB 分别用于操作 NoSQL 型的 Redis 和 MongoDB 数据库，如图 5.1 所示。

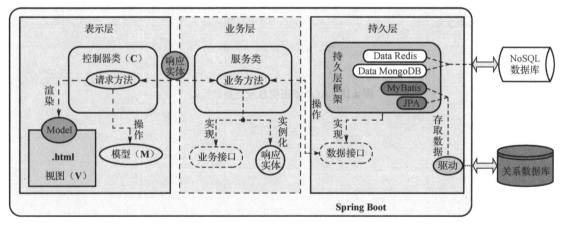

图 5.1 常用的持久层框架

在实际的互联网应用开发中，关系数据库（通常为 MySQL）往往作为系统的"主数据库"，NoSQL 数据库则用于辅助。比如，用 MySQL 存储整个系统正常运行所依赖的全部业务数据；Redis 是内存数据库，速度极快，用于暂存最常用的数据（如网上商城当前热销的商品信息）以提高系统的并发性能和改善用户体验；而 MongoDB 是键值数据库，它主要用于转存主数据库中暂时不用的历史数据（如电商系统中过往订单的销售详情）以备案，在需要用到时才会去检索，这么做可大量节省主数据库表的存储空间，提高运行效率。

5.2 MyBatis 开发基础

5.2.1 MyBatis 简介

MyBatis 是当前国内 Java 开发领域持久层最主流的技术之一。现今已经是移动互联网的时代，互联网的特点是面向公众，网站往往会拥有大量的用户，面临大数据、高并发和性能问题，所以互联网企业普遍更加关注系统的性能和灵活性，于是 MyBatis 框架走进了大家的视野。

MyBatis 是一个支持定制化 SQL、存储过程以及高级映射的优秀持久层框架，它避免了几乎所有的 JDBC 代码、手动设置参数以及获取结果集，可以对配置和原生 Map 使用简单的注解，将接口和 Java 的 POJO 映射成数据库中的记录。

MyBatis 采用的是一种基于 SQL 到 POJO 的模型，它需要开发者提供 SQL、映射关系和 POJO 类。对于 SQL 与 POJO 的映射关系，它提供了自动映射和驼峰映射等，大大减少了开发者的工作量；由于没有屏蔽 SQL，开发者可以尽可能地通过 SQL 去优化性能，也可以做少量的改变以适应灵活多变的互联网环境，这些对于追求高响应和高性能的互联网应用系统是十分重要的。与此同时，它还支持动态 SQL，以适应需求的变化。因而，MyBatis 随着中国互联网产业的发展日趋流行，并成为了国内市场的主流持久层框架。

MyBatis 社区为了整合 Spring 发布了相应的开发包，Spring Boot 则进一步将其整合进来作为 SQL 依赖的一个基本组件，在开发时选择 MyBatis 社区提供的 starter，就可以直接在项目中使用 MyBatis 了。

5.2.2 MyBatis 原理

MyBatis 是一个基于 SqlSessionFactory 构建的框架，SqlSessionFactory 的作用是生成 SqlSession 接口对象，这个接口对象是 MyBatis 操作的核心。由于 SqlSessionFactory 的作用是单一的（仅用于创建 SqlSession），故其在 MyBatis 应用的生命周期中往往会以单例模式（即只存在一个 SqlSessionFactory 对象）运行。Spring Boot 将 MyBatis 框架整合进来，提供了两个类：MapperFactoryBean 和 MapperScannerConfigurer，这里的 MapperFactoryBean 针对一个接口配置，而 MapperScannerConfigurer 负责扫描装配，如图 5.2 所示。

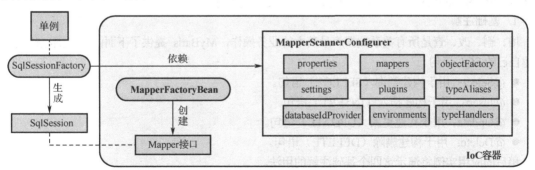

图 5.2　Spring Boot 整合 MyBatis

在 Spring Boot 中，MapperScannerConfigurer 类以@MapperScan 注解的形式使用，扫描装配 MyBatis 的接口到 IoC 容器中，这样就可以对开发者屏蔽 SqlSession 而代之以更为简洁的 Mapper 接口。因为

SqlSession 是一个功能性接口，屏蔽它之后，就剩下了单纯的业务接口，使代码更具可读性，让开发者能更加集中精力于业务（而非 MyBatis 本身功能）的开发。但 Mapper 接口是不可以用 new 为其生成对象实例的，为便于使用，Spring Boot 自动为开发者生成 SqlSessionFactory，然后直接以 MapperFactoryBean 来创建 Mapper 接口。与之配套，MyBatis 提供了一个对 Mapper 接口的注解 @Mapper，可以在持久层编程中直接使用，十分方便。

生成 SqlSessionFactory 是通过配置类来完成的，它会给予用户在配置文件（application.properties）中进行配置的选项，MyBatis 可配置的主要内容如下。

- properties（属性）：在实际应用中一般采用 Spring 而非 MyBatis 来配置属性文件。
- mappers（映射器）：是 MyBatis 最核心的组件，它提供 SQL 与 POJO 的映射关系，这是 MyBatis 开发的核心。
- objectFactory（对象工厂）：在 MyBatis 生成返回的 POJO 时会调用这个工厂类，实际开发一般使用 MyBatis 默认提供的对象工厂类（DefaultObjectFactory），无须额外配置。
- settings（设置）：可以配置映射规则（如自动映射或驼峰映射）、执行器类型、缓存等，决定 MyBatis 的底层行为，比较复杂，具体配置项可参考 MyBatis 官网说明。
- plugins（插件）：也称拦截器，它通过动态代理和责任链模式来完成任务，可以修改 MyBatis 底层的功能来实现。这是 MyBatis 最强大（也是最危险）的组件，掌握它需要比较多的 MyBatis 内核知识，一般开发中很少用到，有兴趣的读者可参考专门的书籍和资料。
- typeAliases（类型别名）：MyBatis 会对常用的类提供默认别名，由于类的全限定名通常比较冗长，通过 typeAliases 配置自定义的别名能增强可读性。
- databaseIdProvider（数据库厂商标识）：允许 MyBatis 配置多类型数据库的支持，不常用。
- environments（数据库环境）：可配置数据库连接的内容和事务，通常这些都交由 Spring 托管。
- typeHandlers（类型处理器）：在 MyBatis 写入和读取数据库的过程中对于不同类型的数据进行自定义转换，但在大多数情况下用不到，因为 MyBatis 本身已经定义了很多现成的 typeHandler，框架会自动识别并实现各种常用类型的转换。

5.2.3 MyBatis 注解

MyBatis 3 开始提供注解以取代传统的 XML。例如，用注解@Select 直接编写 SQL 完成查询功能，用高级注解@SelectProvider 编写动态 SQL 以应对复杂的业务需求。

1. 基础注解

增、删、改、查是所有关系数据库最基本的业务操作，MyBatis 提供了下面四个基础注解供用户构建自己的 SQL 语句。

- @Select：用于构建查询（SELECT）语句。
- @Insert：用于构建插入（INSERT）语句。
- @Update：用于构建更新（UPDATE）语句。
- @Delete：用于构建删除（DELETE）语句。

稍后的应用实例将演示这四个基础注解的用法。

2. 映射注解

映射注解用于建立实体与关系的映射，MyBatis 提供的映射注解有以下三个。

- @Result：用于填写结果集的单个字段的映射关系。
- @Results：用于填写结果集的多个字段的映射关系。

- @ResultMap：根据 ID 关联 XML 里面的<resultMap>。

用户可以在查询 SQL 的基础上，指定返回结果集的映射关系。

3. 高级注解

MyBatis 对应基础的增、删、改、查提供了以下四个高级注解。

- @SelectProvider：用于构建动态查询 SQL。
- @InsertProvider：用于构建动态插入 SQL。
- @UpdateProvider：用于构建动态更新 SQL。
- @DeleteProvider：用于构建动态删除 SQL。

高级注解主要用于编写动态 SQL。

5.2.4 MyBatis 应用实例

▶MyBatis 应用

下面通过一个实例来演示 MyBatis 的基础应用。

【**实例 5.1**】 通过 MyBatis 操作 MySQL 实现"商品信息管理系统"的"商品管理"（包括商品添加、删除、修改、查询和分页显示）功能。

1. 准备数据

本例演示程序需要商品表（commodity）及其样本记录，而商品表又以外键关联于商品分类表（category）和商家表（supplier）的记录，故要先分别创建这几个表并录入必需的样本数据。通过 Navicat Premium 连上 MySQL，在其查询编辑器中执行 SQL 语句。

1）创建商品分类表（category）及录入样本

执行 SQL 语句：

```
USE netshop;
CREATE TABLE category
(
    TCode     char(3)      NOT NULL PRIMARY KEY,    /*商品分类编码*/
    TName     varchar(8)   NOT NULL                 /*商品分类名称*/
);
INSERT INTO category
    VALUES
    ('11A', '苹果'),
    ('11B', '梨');
```

2）录入商家表（supplier）的样本

商家表在前面章节的实例中已经创建好了，此处只需要录入样本，执行 SQL 语句：

```
USE netshop;
INSERT INTO supplier(SCode, SName, SWeiXin, Tel) VALUES('SDYT002A', '山东烟台栖霞苹果批发市场', '8234561-aa.com', '0535-823456X');
    INSERT INTO supplier(SCode, SName, SWeiXin, Tel) VALUES('XJAK003A', '新疆阿克苏地区红旗坡农场', '8345612-aa.com', '0997-834561X');
    INSERT INTO supplier(SCode, SName, SWeiXin, Tel) VALUES('XJAK005B', '新疆安利达果业有限公司', '8456123-aa.com', '0996-845612X');
    INSERT INTO supplier(SCode, SName, SWeiXin, Tel) VALUES('AHSZ006B', '安徽砀山皇冠梨供应公司', '8561234-aa.com', '0557-856123X');
```

3）创建商品表（commodity）及录入样本

执行 SQL 语句：

```
USE netshop;
CREATE TABLE commodity
(
    Pid           int(8)        NOT NULL PRIMARY KEY,     /*商品号*/
    TCode         char(3)       NOT NULL,                 /*商品分类编码*/
    SCode         char(8)       NOT NULL,                 /*商家编码*/
    PName         varchar(32)   NOT NULL,                 /*商品名称*/
    PPrice        decimal(7,2)  NOT NULL,                 /*商品价格*/
    Stocks        int           UNSIGNED DEFAULT 0,       /*商品库存*/
    Total         decimal(10,2) AS(Stocks * PPrice),      /*商品金额*/
    TextAdv       varchar(32)   NULL,                     /*推广文字*/
    LivePrioritytinyint         NOT NULL DEFAULT 1,  /*活化情况*/
                                        /* 下架 = 0, 在售 = 1, 优先> 1 */
    Evaluate      float(4, 2)   DEFAULT 0.00,             /*商品综合评价*/
    UpdateTime    timestamp,                              /*商品记录最新修改时间*/
        CHECK(Stocks > 0 AND PPrice> 0.00 AND PPrice< 10000.00),
    INDEX         myInxSCode(SCode),
    INDEX         myInxName(PName),
    FOREIGN KEY(TCode) REFERENCES category(TCode)
        ON DELETE RESTRICT ON UPDATE RESTRICT,
    FOREIGN KEY(SCode) REFERENCES supplier(SCode)
        ON DELETE RESTRICT ON UPDATE RESTRICT
);

USE netshop;
INSERT INTO commodity(Pid, TCode, SCode, PName, PPrice, Stocks) VALUES(1,'11A',
'SXLC001A', '洛川红富士苹果冰糖心10斤箱装', 44.80, 3601);
    INSERT INTO commodity(Pid, TCode, SCode, PName, PPrice, Stocks) VALUES(2,'11A',
'SDYT002A', '烟台红富士苹果10斤箱装', 29.80, 5698);
    INSERT INTO commodity(Pid, TCode, SCode, PName, PPrice, Stocks) VALUES(4, '11A',
'XJAK003A', '阿克苏苹果冰糖心5斤箱装', 29.80, 12680);
    INSERT INTO commodity(Pid, TCode, SCode, PName, PPrice, Stocks) VALUES(6, '11B',
'XJAK005B', '库尔勒香梨10斤箱装', 69.80, 8902);
    INSERT INTO commodity(Pid, TCode, SCode, PName, PPrice, Stocks) VALUES(1001, '11B',
'AHSZ006B', '砀山梨10斤箱装大果', 19.90, 14532);
```

2. 创建项目

创建 Spring Boot 项目，项目名为 MyBatis，在出现的向导界面的 "Dependencies" 列表中选择 Spring Boot 基本框架（"Web" → "Spring Web"）、Thymeleaf 引擎组件（"Template Engines" → "Thymeleaf"）、Lombok 模型简化组件（"Developer Tools" → "Lombok"）、MyBatis 框架（"SQL" → "MyBatis Framework"）以及 MySQL 的驱动（"SQL" → "MySQL Driver"）。

3. 配置连接

打开项目工程目录树 src→main→resources 下的 application.properties 文件，在其中配置对 MySQL 数据库的连接，内容如下：

```
spring.datasource.url = jdbc:mysql://127.0.0.1:3306/netshop?useUnicode=true&characterEncoding=utf-8&serverTimezone=UTC&useSSL=true
    spring.datasource.username = root
    spring.datasource.password = 123456
    spring.datasource.driver-class-name = com.mysql.cj.jdbc.Driver
```

4. MyBatis 实现商品管理

1）设计模型

本例用到的模型就是一个商品类，在项目工程目录树的 com.example.mybatis 节点下创建 model 包，在其中创建 Commodity.java，代码如下：

```java
package com.example.mybatis.model;

import lombok.Data;

@Data
public class Commodity {
    private int pid;                    //商品号
    private String tcode;               //商品分类编码
    private String scode;               //商家编码
    private String pname;               //商品名称
    private float pprice;               //商品价格
    private int stocks;                 //商品库存
}
```

说明：本例演示 MyBatis 操作仅用到一个商品的基本属性（模型类中定义的这几个），暂时还用不到推广文字（TextAdv）、活化情况（LivePriority）、商品综合评价（Evaluate）等，这些在本书最后的综合实用中才会用到，上面创建商品表的时候顺便也一起建好了这些字段，但本例程序的模型类代码中仅仅定义要用的几个基本属性。

2）定义数据接口

MyBatis 的持久层数据接口还是需要用户自己来开发定义的。在项目工程目录树的 com.example.mybatis 节点下创建 mapper 包，在其中创建接口 ComMapper，在接口中以 MyBatis 的注解分别构建对商品模型实体增、删、改、查的各个 SQL 语句。

接口 ComMapper.java 的定义代码如下：

```java
package com.example.mybatis.mapper;

import com.example.mybatis.model.Commodity;
import org.apache.ibatis.annotations.*;

import java.util.List;

@Mapper                                                 //标注这是一个 MyBatis 的 Mapper 接口
public interface ComMapper {
    @Select("SELECT * FROM commodity WHERE Pid = #{pid}")
    Commodity queryByPid(@Param("pid") int pid);//查询指定商品号的商品记录

    @Select("SELECT * FROM commodity")
    List<Commodity> queryAll();                         //查询所有的商品记录

    @Insert("INSERT INTO commodity(Pid, TCode, SCode, PName, PPrice, Stocks) VALUES(#{pid}, #{tcode}, #{scode}, #{pname}, #{pprice}, #{stocks})")
    int insertOne(Commodity commodity);                 //添加商品记录

    @Update("UPDATE commodity SET Stocks=#{stocks} WHERE Pid = #{pid}")
    int updateByPid(@Param("pid") int pid, @Param("stocks") int stocks);
                                                        //更新指定商品号的商品库存
```

```
    @Delete("DELETE FROM commodity WHERE Pid = #{pid}")
    int deleteByPid(int pid);                          //删除指定商品号的商品记录
}
```

说明：在每个方法的基础注解中定义要构建的 SQL 语句，SQL 语句的类型必须与注解标注的操作类型一致（如 SELECT 语句只能定义在@Select 注解中，UPDATE 语句只能定义在@Update 注解中）。SQL 语句中以#{…}指定所需参数，参数名必须与所注解方法的@Param 中的形参名一致。

用户只要按规范在数据接口中定义了这些方法，MyBatis 框架内部就提供了其实现，无须开发者编写接口实现类。这就是使用持久层框架的优势。

3）开发控制器

由于本例业务逻辑很简单，且旨在演示 MyBatis 持久层的操作机制，故省去业务层的开发，直接用控制器来调用 Mapper 接口中的方法。

在项目工程目录树的 com.example.mybatis 节点下创建 controller 包，在其中创建控制器类 MyBController，代码如下：

```
package com.example.mybatis.controller;

import com.example.mybatis.mapper.ComMapper;
import com.example.mybatis.model.Commodity;
import org.springframework.beans.factory.annotation.Autowired;
import org.springframework.web.bind.annotation.RequestMapping;
import org.springframework.web.bind.annotation.RestController;

import java.util.List;

@RestController
@RequestMapping("com")
public class MyBController {
    @Autowired
    ComMapper comMapper;                                //注入持久层数据接口

    @RequestMapping("/get")
    public Commodity getComByPid(int pid) {
        return comMapper.queryByPid(pid);    //调用接口方法查询指定商品号的商品记录
    }

    @RequestMapping("getall")
    public List<Commodity> getComAll() {
        return comMapper.queryAll();         //调用接口方法查询所有商品记录
    }

    @RequestMapping("add")
    public String addCom(Commodity commodity) {
        return comMapper.insertOne(commodity) == 1 ? "已添加商品。" : "添加失败！";
                                             //调用接口方法添加商品记录
    }

    @RequestMapping("set")
    public String setComByPid(int pid, int stocks) {
```

```
        return comMapper.updateByPid(pid, stocks) == 1 ? "已更新库存。" : "更新失
败！";
                                        //调用接口方法更新指定商品号的商品库存
    }

    @RequestMapping("del")
    public String delComByPid(int pid) {
        return comMapper.deleteByPid(pid) == 1 ? "已删除商品。" : "删除失败！";
                                        //调用接口方法删除指定商品号的商品记录
    }
}
```

可见，控制器只是简单地调用接口中的各方法就完成了对商品记录的各项基本操作，十分方便。

4）运行

启动 Spring Boot 项目，打开浏览器，分别测试 MyBatis 对商品记录增、删、改、查的操作。

（1）查询商品号为 1 的商品记录。

在地址栏中输入 http://localhost:8080/com/get?pid=1 并回车，看到 1 号商品记录信息，如图 5.3 所示。

图 5.3　查询商品号为 1 的商品记录

（2）查询所有商品记录。

在地址栏中输入 http://localhost:8080/com/getall 并回车，看到当前数据库商品表中所有的商品记录，如图 5.4 所示。

图 5.4　查询所有商品记录

（3）添加商品记录。

添加一个商品号为 1002 的商品，通过 URL 请求参数传递该商品的各项基本信息，在地址栏中输入 http://localhost:8080/com/add?pid=1002&tcode=11B&scode=AHSZ006B&pname=砀山梨 5 斤箱装特大果&pprice=17.90&stocks=6834 并回车，运行结果如图 5.5 所示，打开数据库商品表，可看到新添加的商品。

（4）更新商品库存。

修改新添加的 1002 号商品的库存（增加 1000），在地址栏中输入 http://localhost:8080/com/set?pid=1002&stocks=7834 并回车，运行结果如图 5.6 所示，打开数据库商品表，看到库存已更新。

（5）删除商品记录。

删除刚添加的 1002 号商品，在地址栏中输入 http://localhost:8080/com/del?pid=1002 并回车，运行结果如图 5.7 所示。运行完再次打开商品表，看到 1002 号商品记录没有了。

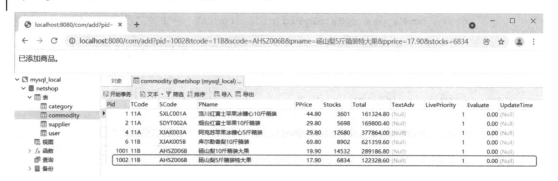

图 5.5　添加商品记录

图 5.6　更新商品库存

图 5.7　删除商品记录

5. 分页功能

在实际开发中，如果要显示的商品信息记录数很多，就要采用分页显示，分页功能可以通过 PageHelper 来实现，步骤如下。

1）添加 PageHelper 插件

PageHelper 是 MyBatis 框架的一个插件，专用于在 MyBatis 应用中执行分页操作，使用前需要先添加依赖到项目中。打开项目的 pom.xml 文件，添加内容如下：

```xml
<dependency>
    <groupId>com.github.pagehelper</groupId>
    <artifactId>pagehelper</artifactId>
    <version>4.1.6</version>
</dependency>
```

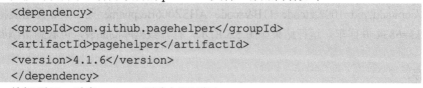

【实例5.1】依赖配置

关闭项目、重启 IDEA，再次打开项目。

2）开发配置类

PageHelper 需要以 Java 配置的方式注入 Spring Boot 容器中才能使用，为此要先开发一个配置类。

在项目工程目录树的 com.example.mybatis 节点下创建 configer 包，在其中创建配置类 PageConfiger.java，代码如下：

```java
package com.example.mybatis.configer;

import com.github.pagehelper.PageHelper;
import org.springframework.context.annotation.Bean;
import org.springframework.context.annotation.Configuration;

import java.util.Properties;

@Configuration
public class PageConfiger {
    @Bean
    public PageHelpergetHelper() {
        PageHelper helper = new PageHelper();
        Properties properties = new Properties();
        properties.setProperty("offsetAsPageNum", "true");
        properties.setProperty("rowBoundsWithCount", "true");
        properties.setProperty("reasonable", "true");
        helper.setProperties(properties);
        return helper;
    }
}
```

说明：Properties 为 PageHelper 设置属性，这里设了 3 个属性："offsetAsPageNum"设为 true，将 RowBounds 第 1 个参数 offset 作为页码（pageNum）；"rowBoundsWithCount"设为 true，在使用 RowBounds 分页时进行 count 查询；"reasonable"设为 true，启用合理化，若 pageNum 小于 1，则查询首页，若 pageNum 大于总页数（pages），则查询尾页。

3）开发控制器

在项目 controller 包中创建分页控制器类 PageController，代码如下：

```java
package com.example.mybatis.controller;

import com.example.mybatis.mapper.ComMapper;
import com.example.mybatis.model.Commodity;
import com.github.pagehelper.PageHelper;
import com.github.pagehelper.PageInfo;
import org.springframework.beans.factory.annotation.Autowired;
import org.springframework.stereotype.Controller;
import org.springframework.ui.Model;
import org.springframework.web.bind.annotation.RequestMapping;
import org.springframework.web.bind.annotation.RequestParam;

import java.util.List;

@Controller
@RequestMapping("compage")
public class PageController {
    @Autowired
    ComMapper comMapper;                              //注入持久层数据接口

    @RequestMapping("getall")
    public String showPage(Model model, @RequestParam(value = "start",
defaultValue = "0") int start, @RequestParam(value = "size", defaultValue = "2") int
size) throws Exception {
        PageHelper.startPage(start, size, "Pid DESC");
```

```
            List<Commodity> commodityList = comMapper.queryAll();
            PageInfo<Commodity> pageInfo = new PageInfo<>(commodityList);
            model.addAttribute("page", pageInfo);
            return "index";
        }
}
```

说明:

(1) 控制器方法通过两个参数 start 和 size 分别接收当前页码及每页要显示的记录数。

(2) 调用 PageHelper 的 startPage() 方法（传入 start 和 size 参数）执行分页，还可以设置排序方式，这里设为 ""Pid DESC"" 表示按商品号降序排列。

(3) 分页插件通过一个 PageInfo 类型的对象来创建分页形式的数据集合，将其直接传递（通过 addAttribute() 方法添加）给视图即可在前端页面上显示。

4) 设计前端页面

在项目工程目录树的 src→main→resources→templates 节点下创建前端页面 index.html，代码如下：

```
<!DOCTYPE html>
<html lang="en" xmlns:th="http://                    ">
<head>
<meta charset="UTF-8">
<style>
        .mytbl {
            margin: auto;
            text-align: center;
            width: 600px;
        }
</style>
<title>分页显示商品</title>
</head>
<body bgcolor="#e0ffff">
<br>
<table border="1" cellspacing="0" class="mytbl">
<tr style="background-color: lightblue">
<th>商品号</th>
<th>分类编码</th>
<th>商家编码</th>
<th>商品名称</th>
<th>价格（¥）</th>
<th>库存</th>
</tr>
<tr th:each="commodity:${page.list}">                   <!-- (a) -->
<td><span scope="row" th:text="${commodity.pid}"/></td>
<td><span th:text="${commodity.tcode}"/></td>
<td><span th:text="${commodity.scode}"/></td>
<td><span th:text="${commodity.pname}"/></td>
<td><span th:text="${commodity.pprice}"/></td>
<td><span th:text="${commodity.stocks}"/></td>
</tr>
</table>
<br>
<div style="text-align: center">
<a th:href="@{/compage/getall?start=1}">[首页]</a>
<a th:if="${not page.isFirstPage}"th:href=" @{/compage/getall(start=${page.
```

```
pageNum-1})}">[上一页]</a>                                          <!-- (b) -->
    <a th:if="${not   page.isLastPage}"  th:href="@{/compage/getall(start=${page.
pageNum+1})}">[下一页]</a>                                          <!-- (b) -->
    <a th:href="@{/compage/getall(start=${page.pages})}">[尾页]</a>
    <div style="font-size: x-small">
    第<a th:text="${page.pageNum}"></a>页                            <!-- (a) -->
        /共<a th:text="${page.pages}"></a>页                         <!-- (a) -->
    </div>
    </div>
    </body>
    </html>
```

其中：

（a）**<tr th:each="commodity:${page.list}">**、第**<a th:text="${page.pageNum}"></a>**页、/共**<a th:text="${page.pages}"></a>**页：这里前端页面的 page 就对应后台的那个 PageInfo 类型的对象，由于在后台代码中已经通过"model.addAttribute("page", pageInfo)"将分页形式的数据集传回了前端，这样就可以以"${page.xxx}"的方式提取分页的各项数据来渲染视图：用"${page.list}"获取全体分页列表数据，并以 th:each 标签循环遍历加载到页面上；用"${page.pageNum}"获取当前页码；用"${page.pages}"获取总页数。

（b）**<a th:if="${not page.isFirstPage}" th:href="@{/compage/getall(start=${page.pageNum-1})}">[上一页]</a>**、**<a th:if="${not page.isLastPage}" th:href="@{/compage/getall(start=${page.pageNum+1})}">[下一页]</a>**：这里通过 th:if 标签加入了判断，如果是首页，则隐藏"上一页"超链接；如果已经是最后一页，则隐藏"下一页"超链接。

5）运行

启动项目，打开浏览器，在地址栏中输入 http://localhost:8080/compage/getall 并回车，看到分页表格显示的商品信息，可以通过单击表格底部的"下一页""上一页""尾页"和"首页"等超链接翻看不同页的记录，如图 5.8 所示。

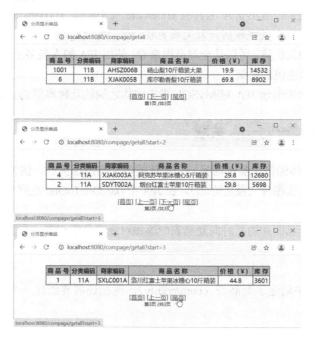

图 5.8　翻看不同页的商品信息记录

5.3 JPA 开发基础

5.3.1 JPA 简介

▶JPA（一）

JPA（Java Persistence API）最初是由 Java 官方提出的一个持久化规范，它通过注解或 XML 描述对象—关系（表）的映射关系，并将内存中的实体对象持久化到数据库中。JPA 属于 JSR—220（EJB 3.0）规范的一部分，但是 JSR—220 规定实体对象（EntityBean）由 JPA 进行支持，所以 JPA 不仅仅局限于 EJB 3.0，在传统轻量级 JavaEE 开发时代，著名的持久层框架 Hibernate 实现了完全的 JPA 规范，JPA 也就随着 Hibernate 的广泛应用而流行起来。

后来，Spring 推出了一个名为 Spring Data 的子项目，旨在统一和简化各类型数据的持久化存储方式，其中的 Spring Data JPA 封装了 Hibernate 作为 JPA 规范的默认实现，这也就是当前 Spring Boot 中所支持的 JPA，即"JPA 框架"，如图 5.9 所示。

Spring Data JPA 通过提供基于 JPA 的 Repository 极大地简化了编程，只需定义一个继承了 JpaRepository 接口的接口即可自动拥有其中所有常用的数据访问方法，开发者在几乎不编写任何实现类的情况下就能轻松完成对数据库的各种操作。

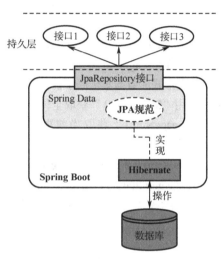

图 5.9 Spring Boot 的 JPA 框架

与 MyBatis 相比，JPA 更擅长维护对象与关系数据库多表之间的关联，在持久化关系映射上实现了全自动化，功能极为强大。虽然 JPA 因封装 Hibernate 而不能像 MyBatis 那样由用户直接来对底层 SQL 进行细致的优化，但它在关系映射开发上要更胜一筹，尤其对于那些数据库规模较大且表之间关系错综复杂的系统开发独具优势，所以从全球范围来看，使用 JPA 的人要多于 MyBatis，在 Spring Boot 数据库开发中它同样是最主流的框架之一。

下面将重点通过实例来演示 JPA 对 MySQL 多表实体之间的几种典型的关联操作。

5.3.2 JPA 实现"一对一"关联

▶JPA（二）

"一对一"关联即实体的每个实例与另一个实体的单个实例相关联，例如，商品表中的一个商品对应于商品图片表中的一张图片（反之亦然），在 JPA 中以@OneToOne 注解来定义表之间这种"一对一"的关系。

【实例 5.2】保存商品图片的同时向商品表中添加对应商品的记录，删除图片时也一起删除该商品记录。

1. 创建关联表

之前已经在数据库中创建了商品表（commodity），现在还需要创建一个与之关联的商品图片表（commodityimage）。

执行如下 SQL 语句：

```
USE netshop;
```

```
CREATE TABLE commodityimage
(
    Pid       int(8)   NOT NULL PRIMARY KEY,    /*商品号*/
    Image     blob     NOT NULL,                /*商品图片（最大 64KB）*/
    FOREIGN KEY(Pid) REFERENCES commodity(Pid)
        ON DELETE CASCADE ON UPDATE CASCADE
);
```

可见，商品图片表以外键 Pid（商品号）与商品表建立了"一对一"的关联关系。

2. 创建项目

创建 Spring Boot 项目，项目名为 JpaOneToOne，在出现的向导界面的"Dependencies"列表中选择 Spring Boot 基本框架（"Web"→"Spring Web"）、Lombok 模型简化组件（"Developer Tools"→"Lombok"）、JPA 框架（"SQL"→"Spring Data JPA"）以及 MySQL 的驱动（"SQL"→"MySQL Driver"）。

3. 配置连接

在项目 application.properties 文件中配置对 MySQL 数据库的连接，内容如下：

```
spring.datasource.url = jdbc:mysql://127.0.0.1:3306/netshop?useUnicode=true&characterEncoding=utf-8&serverTimezone=UTC&useSSL=true
spring.datasource.username = root
spring.datasource.password = 123456
spring.datasource.driver-class-name = com.mysql.cj.jdbc.Driver
spring.jpa.show-sql = true
```

其中，最后一句"spring.jpa.show-sql = true"将程序运行过程中 JPA 底层（即 Hibernate）所执行的 SQL 语句依次输出到 IDEA 环境底部的 Console（控制台）子窗口中，以便跟踪观察整个过程中 JPA 框架完成关联操作的动作顺序。

4. 设计关联实体

关联实体实际上就是相关联的数据库表所对应的模型类，它们的作用与 MVC 中的普通模型类一样，但需要用 JPA 的注解对其进行特殊设计和标注，以定义实体间的关联关系。

在项目工程目录树的 com.example.jpaonetoone 节点下创建 entity 包，在其中创建两个关联的实体类。

1）商品实体

商品实体对应的是商品表（commodity），设计实体类 Commodity.java，代码如下：

```java
package com.example.jpaonetoone.entity;

import lombok.Data;

import javax.persistence.*;

@Entity                                    //@Entity 注解声明该模型类为一个实体
@Data
@Table(name = "commodity")                 //@Table 注解声明实体所对应的数据库表名
public class Commodity {
    @Id                                    //@Id 注解标注表的主键所对应的实体类属性（这里是商品号 pid）
    private int pid;
    private String tcode;
    private String scode;
    private String pname;
    private float pprice;
    private int stocks;
}
```

说明：@Entity 和@Table 这两个注解通常是一起使用的，如果表名和实体类名相同，那么@Table 也可以省略。

2）商品图片实体

商品图片实体对应的是商品图片表（commodityimage），设计实体类 Commodityimage.java，代码如下：

```java
package com.example.jpaonetoone.entity;

import lombok.Data;

import javax.persistence.*;

@Entity
@Data
@Table(name = "commodityimage")
public class Commodityimage {
    @Id
    private int pid;
    private byte[] image;
    @OneToOne(cascade = CascadeType.ALL)
    @JoinColumn(name = "Pid")
    private Commodity commodity;                    //添加定义与之对应的商品实体对象属性
}
```

说明：本例两个实体为双向关联，故在保存实体关系的实体（即商品图片实体）中要配合注解@JoinColumn，指定关联的主键名为 Pid。同时，在商品图片实体中还要添加定义一个与之对应的商品实体对象类型的属性，这样才能建立起"一对一"的关系。

5. 开发持久层

有了 JPA 框架，持久层的开发就变得极为简单，只需要定义接口继承 JPA 的 JpaRepository 接口，用户完全不用编写任何实现代码。

在项目工程目录树的 com.example.jpaonetoone 节点下创建 repository 包，在其中创建两个接口，分别对应操作两个实体。

1）操作商品实体的接口

创建接口 ComRepository.java，其定义代码如下：

```java
package com.example.jpaonetoone.repository;

import com.example.jpaonetoone.entity.Commodity;
import org.springframework.data.jpa.repository.JpaRepository;

public interface ComRepository extends JpaRepository<Commodity,Integer> {
    Commodity queryByPid(int pid);                  //根据商品号查询商品实体
}
```

说明：在 JPA 中还有个方法 findByPid(int pid)也具备同样的功能。

2）操作商品图片实体的接口

创建接口 ImgRepository.java，其定义代码如下：

```java
package com.example.jpaonetoone.repository;

import com.example.jpaonetoone.entity.Commodityimage;
```

```
import org.springframework.data.jpa.repository.JpaRepository;

public interface ImgRepository extends JpaRepository<Commodityimage,Integer> {
    void deleteById(int pid);                      //根据商品号删除商品图片实体
}
```

说明：上面接口中的两个方法 queryByPid()和 deleteById()都是 JPA 框架内置的，只要用户自定义的接口继承了 JPA 的 JpaRepository 就可以直接拿来用，在编程时由 JPA 按默认约定自动提示用户输入所需的方法名，如图 5.10 所示。

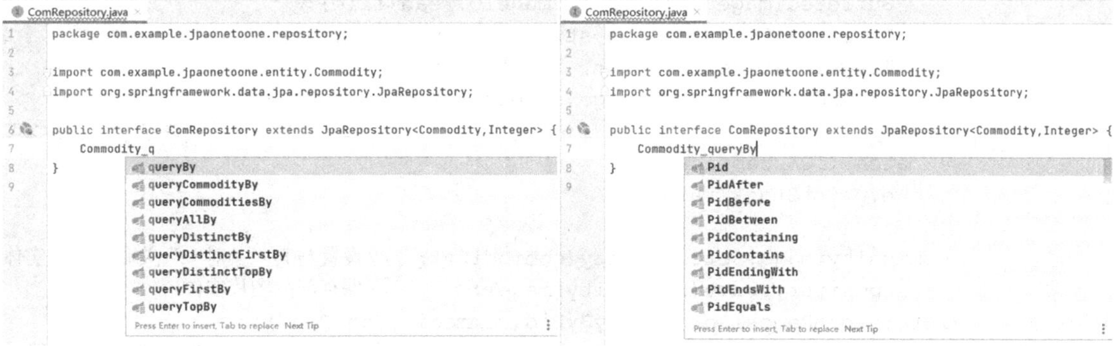

图 5.10　JPA 自动提示用户输入方法名

6. 编写控制器

要测试以上建立的"一对一"关联是否成立，需要编写测试程序，本例的测试主程序代码写在控制器中。在项目工程目录树的 com.example.jpaonetoone 节点下创建 controller 包，在其中创建控制器类 JpaController.java，代码如下：

```java
package com.example.jpaonetoone.controller;

import com.example.jpaonetoone.entity.Commodity;
import com.example.jpaonetoone.entity.Commodityimage;
import com.example.jpaonetoone.repository.ComRepository;
import com.example.jpaonetoone.repository.ImgRepository;
import org.springframework.beans.factory.annotation.Autowired;
import org.springframework.transaction.annotation.Transactional;
import org.springframework.web.bind.annotation.RequestMapping;
import org.springframework.web.bind.annotation.RestController;

import javax.imageio.ImageIO;
import java.awt.image.BufferedImage;
import java.io.ByteArrayOutputStream;
import java.io.File;
import java.io.IOException;

@RestController
@RequestMapping("com")
public class JpaController {
    @Autowired
    private ImgRepository imgRepository;           //注入操作商品图片实体的接口
    @Autowired
```

```
        private ComRepository comRepository;              //注入操作商品实体的接口

    @RequestMapping("add")
    public Commodity addCom(Commodity commodity) {        //添加商品记录
        //创建商品图片实体
        Commodityimage commodityimage = new Commodityimage();
        commodityimage.setPid(commodity.getPid());        //设置商品号
        try {                                             //设置商品图片
            File file = new File("C:/Commodity Pictures/砀山梨.jpg");
            BufferedImagebufImage = ImageIO.read(file);
            ByteArrayOutputStream stream = new ByteArrayOutputStream();
            ImageIO.write(bufImage, "jpg", stream);
            commodityimage.setImage(stream.toByteArray());
                                                          //图片转换为字节数组(byte[])形式
        } catch (IOException e) {
            e.printStackTrace();
        }
        commodityimage.setCommodity(commodity);           //设置与其"一对一"关联的商品实体
        imgRepository.save(commodityimage);               //保存商品图片实体
        return comRepository.queryByPid(commodity.getPid());
                                                          //通过 JPA 接口从数据库中查到对应商品
    }

    @RequestMapping("del")
    @Transactional                                        //删除操作必须放在事务中
    public String delComByPid(int pid) {
        imgRepository.deleteById(pid);                    //删除商品图片实体
        return "已删除图片及对应的商品记录。";
    }
}
```

说明：由于在商品与商品图片两实体间存在"一对一"的关系，故在 addCom()方法中虽然只是调用了商品图片实体接口（imgRepository）的 save()方法保存图片，但与之对应的商品记录也会同时自动保存到商品表中（可通过 JPA 接口的 queryByPid()方法查到）；同理，在删除图片时也会对商品表进行联动操作。

图 5.11　需要用到的商品图片

7. 运行演示"一对一"

1）准备

本例需要用到的商品图片保存在 C:\Commodity Pictures\（与控制器代码中指定的要一致）目录下，图片名为"砀山梨.jpg"，如图 5.11 所示。

启动项目，打开浏览器。

2）测试关联添加

在地址栏中输入 http://localhost:8080/com/add?pid=1002&tcode=11B&scode=AHSZ006B&pname=砀山梨 5 斤箱装特大果&pprice=17.90&stocks=6834 并回车，商品号为 1002 的记录随着图片一起保存到了数据库中，前端显示从数据库查到的商品记录，如图 5.12 所示。

打开数据库，可看到同步保存的图片与商品记录，如图 5.13 所示。

从 IDEA 开发环境底部子窗口的输出中可看到，JPA 先后执行了两条插入语句，如图 5.14 所示。

图 5.12　前端显示从数据库查到的商品记录

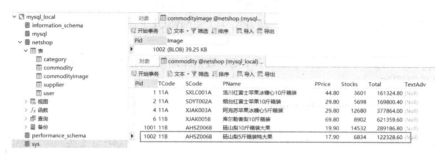

图 5.13　同步保存的图片与商品记录

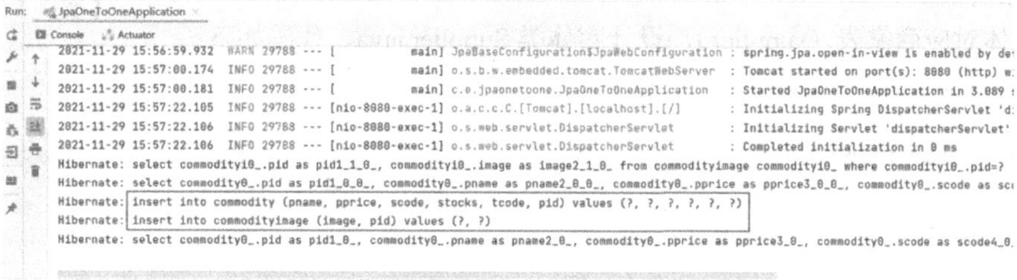

图 5.14　JPA 先后执行了两条插入语句

3）测试联动删除

在地址栏中输入 http://localhost:8080/com/del?pid=1002 并回车，前端显示信息如图 5.15 所示。

再次打开数据库，可看到图片及商品记录都已经删除了。从 IDEA 输出中也可看到 JPA 先后执行了两条删除语句，如图 5.16 所示。

图 5.15　前端显示信息

图 5.16　JPA 先后执行了两条删除语句

5.3.3　JPA 实现"一对多"关联

"一对多"关联即一个实体的实例可以与另一个实体的多个实例相关联，例如，商家表中的一个商家可能提供商品表中的多个商品（反之，一个商品却只能来自一个商家），在 JPA 中以 @OneToMany 注解来定义表之间这种"一对多"的关系。

【实例 5.3】 向商品表中添加商品记录，并显示某商家所提供的全部商品的信息。

本例所涉及的关联表有商家表（supplier）和商品表（commodity），它们都已经创建好了。

1. 创建项目

创建 Spring Boot 项目，项目名为 JpaOneToMany，在出现的向导界面的"Dependencies"列表中选择 Spring Boot 基本框架（"Web"→"Spring Web"）、Lombok 模型简化组件（"Developer Tools"→"Lombok"）、JPA 框架（"SQL"→"Spring Data JPA"）以及 MySQL 的驱动（"SQL"→"MySQL Driver"）。

2. 配置连接

在项目 application.properties 文件中配置 MySQL 数据库连接，配置内容与【实例 5.2】完全相同。

3. 设计关联实体

在项目工程目录树的 com.example.jpaonetomany 节点下创建 entity 包，在其中创建关联实体类。

1）商品实体

商品实体对应商品表（commodity），实体类 Commodity.java 的代码与【实例 5.2】相同，可直接拿来复用（将所在包名修改一致即可）。

【实例 5.3】商品实体

2）商家实体

商家实体对应商家表（supplier），设计实体类 Supplier.java，代码如下：

```java
package com.example.jpaonetomany.entity;

import lombok.Data;

import javax.persistence.*;
import java.util.List;

@Entity
@Data
@Table(name = "supplier")
public class Supplier {
    @Id
    private String scode;
    private String sname;
    @OneToMany(cascade = CascadeType.ALL)   //单向关系的一对多注解，用于"一"（商家）一方
    @JoinColumn(name = "SCode")             //商品表通过外键 SCode（商家编码）关联商家表
    private List<Commodity> commodityList;  //添加定义列表（集合）类型的属性
}
```

说明：在"一对多"单向关联中，需要在关系的发出端（主控方，即"一"的一方）定义一个集合类型的接收端（即"多"的一方）的对象属性，以保存与"一"对应的多个实体。

4. 开发持久层

在项目工程目录树的 com.example.jpaonetomany 节点下创建 repository 包，在其中创建两个接口。

1）操作商品实体的接口

创建接口 ComRepository.java，其定义代码如下：

```java
package com.example.jpaonetomany.repository;

import com.example.jpaonetomany.entity.Commodity;
import org.springframework.data.jpa.repository.JpaRepository;

public interface ComRepository extends JpaRepository<Commodity,Integer> {}
```

说明：由于本例的 ComRepository 接口仅用来添加商品记录，因此可以直接调用 JPA 本身的 save() 方法，无须用户再约定方法，只要简单地继承一下 JpaRepository 就可以了，由此可见 JPA 强大的功能给持久层程序开发带来的便利。

2）操作商家实体的接口

创建接口 SupRepository.java，其定义代码如下：

```java
package com.example.jpaonetomany.repository;

import com.example.jpaonetomany.entity.Supplier;
import org.springframework.data.jpa.repository.JpaRepository;

public interface SupRepository extends JpaRepository<Supplier,String> {
    Supplier findSupplierByScode(String scode);         //根据商家编码查询商家实体
}
```

5. 编写控制器

在控制器中编写程序来测试以上建立的"一对多"关联。

在项目工程目录树的 com.example.jpaonetomany 节点下创建 controller 包，在其中创建控制器类 JpaController.java，代码如下：

```java
package com.example.jpaonetomany.controller;

import com.example.jpaonetomany.entity.Commodity;
import com.example.jpaonetomany.repository.ComRepository;
import com.example.jpaonetomany.repository.SupRepository;
import org.springframework.beans.factory.annotation.Autowired;
import org.springframework.web.bind.annotation.RequestMapping;
import org.springframework.web.bind.annotation.RestController;

import java.util.List;

@RestController
@RequestMapping("sup")
public class JpaController {
    @Autowired
    private SupRepository supRepository;            //注入操作商家实体的接口
    @Autowired
    private ComRepository comRepository;            //注入操作商品实体的接口

    @RequestMapping("addcom")
    public String addCom(Commodity commodity) {    //添加商品记录
        comRepository.save(commodity);             //直接用 JPA 的 save()方法保存商品实体
        return supRepository.findSupplierByScode(commodity.getScode()).getSname()
+ " 添加了一条商品记录。";                          //从接口查询的商家实体中获取商家名称
    }

    @RequestMapping("findcom")
    public List<Commodity> findCom(String scode) {
        return supRepository.findSupplierByScode(scode).getCommodityList();
                                                   //从商家实体中获取其提供的商品实体集
    }
}
```

说明：由于在商家与商品实体间存在“一对多”的关系，故在商家实体对象的 commodityList 属性中自动保存了该商家所提供全部商品实体的集合，可直接通过实体模型的 get()方法得到商品的实体集。

6. 运行演示“一对多”

启动项目，打开浏览器。

1）添加商品

在地址栏中输入 http://localhost:8080/sup/addcom?pid=1002&tcode=11B&scode=AHSZ006B&pname=砀山梨 5 斤箱装特大果&pprice=17.90&stocks=6834 并回车，将商品号为 1002 的记录添加到数据库中，前端显示如图 5.17 所示。

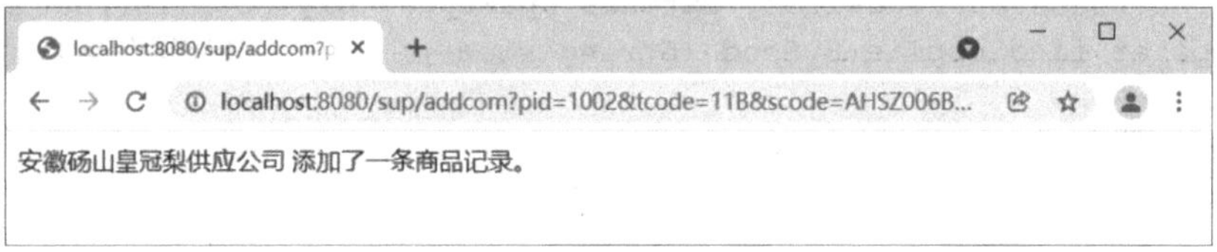

图 5.17　前端显示

在数据库商家表中，1002 号商品的商家编码“AHSZ006B”所对应的商家名称正是“安徽砀山皇冠梨供应公司”，如图 5.18 所示。

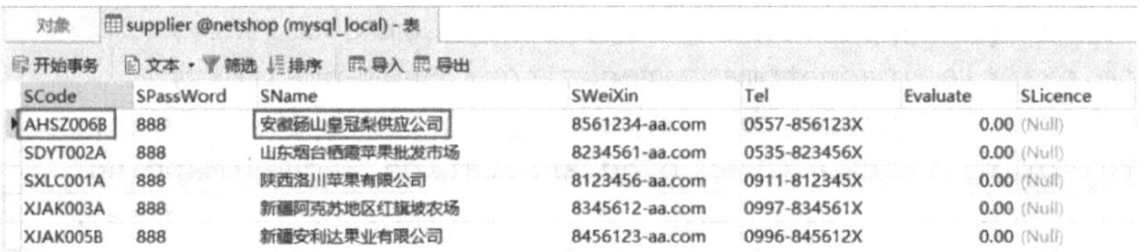

SCode	SPassWord	SName	SWeiXin	Tel	Evaluate	SLicence
AHSZ006B	888	安徽砀山皇冠梨供应公司	8561234-aa.com	0557-856123X	0.00	(Null)
SDYT002A	888	山东烟台栖霞苹果批发市场	8234561-aa.com	0535-823456X	0.00	(Null)
SXLC001A	888	陕西洛川苹果有限公司	8123456-aa.com	0911-812345X	0.00	(Null)
XJAK003A	888	新疆阿克苏地区红旗坡农场	8345612-aa.com	0997-834561X	0.00	(Null)
XJAK005B	888	新疆安利达果业有限公司	8456123-aa.com	0996-845612X	0.00	(Null)

图 5.18　商家名称关联正确

2）显示某商家提供的商品信息

在地址栏中输入 http://localhost:8080/sup/findcom?scode=AHSZ006B 并回车，显示出商家“AHSZ006B”所提供的全部商品信息，如图 5.19 所示，这与数据库中的记录也是一致的。

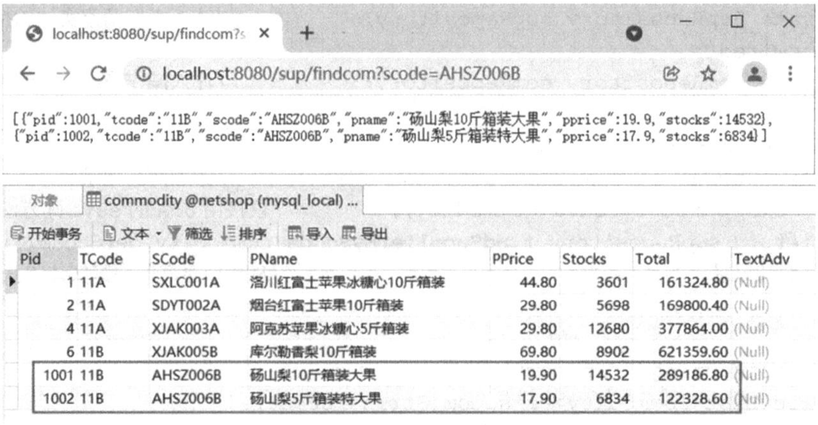

Pid	TCode	SCode	PName	PPrice	Stocks	Total	TextAdv
1	11A	SXLC001A	洛川红富士苹果冰糖心10斤箱装	44.80	3601	161324.80	(Null)
2	11A	SDYT002A	烟台红富士苹果10斤箱装	29.80	5698	169800.40	(Null)
4	11A	XJAK003A	阿克苏苹果冰糖心5斤箱装	29.80	12680	377864.00	(Null)
6	11B	XJAK005B	库尔勒香梨10斤箱装	69.80	8902	621359.60	(Null)
1001	11B	AHSZ006B	砀山梨10斤箱装大果	19.90	14532	289186.80	(Null)
1002	11B	AHSZ006B	砀山梨5斤箱装特大果	17.90	6834	122328.60	(Null)

图 5.19　显示某商家提供的全部商品信息

5.3.4 JPA 实现"多对多"关联

"多对多"关联即一个实体的多个实例与另一个实体的多个实例相关联,例如,用户表中的一个用户可能购买商品表中的多种商品,而同一种商品也可能被多个用户订购,在 JPA 中以@ManyToMany 注解来定义表之间这种"多对多"的关系。

【实例 5.4】 创建两个用户,将同一种商品加入购物车。

1. 创建关联表

"多对多"关联只能通过中间表的方式进行映射,而不能通过外键。因此在本例中,就要涉及用户表(user)、商品表(commodity),以及它们的中间表——购物车表(preshop),一共 3 个表。其中,用户表和商品表在之前已经创建好了,下面创建购物车表。

执行如下 SQL 语句:
```
USE netshop;
CREATE TABLE preshop
(
    UCode    char(16)    NOT NULL,    /*用户编码*/
    Pid      int(8)      NOT NULL,    /*商品号*/
    PRIMARY KEY(UCode, Pid)
);
```

为了后面运行程序的需要,先删除前面已经添加的商品号为 1002 的记录,执行如下语句:
```
DELETE FROM commodity WHERE Pid=1002;
```

2. 创建项目

创建 Spring Boot 项目,项目名为 JpaManyToMany,在出现的向导界面的"Dependencies"列表中选择 Spring Boot 基本框架("Web"→"Spring Web")、Lombok 模型简化组件("Developer Tools"→"Lombok")、JPA 框架("SQL"→"Spring Data JPA")以及 MySQL 的驱动("SQL"→"MySQL Driver")。

3. 配置连接

在项目 application.properties 文件中配置 MySQL 数据库连接,配置内容与【实例 5.2】完全相同。

4. 设计关联实体

由于是"多对多"关联,关系的任何一方都可以作为主控方,故在双方的实体中都要定义一个集合类型的对方的对象属性。

在项目工程目录树中的 com.example.jpamanytomany 节点下创建 entity 包,在其中创建实体类。

1)用户实体

用户实体对应用户表(user),设计实体类 User.java,代码如下:
```
package com.example.jpamanytomany.entity;

import lombok.Data;

import javax.persistence.*;
import java.util.Date;
import java.util.Set;

@Entity
@Data
@Table(name = "user")
public class User {
```

```
        @Id
        private String ucode;
        private String uname;
        @Column(columnDefinition = "enum('男','女',' ')")
        private String sex;
        private String sfznum;
        private String phone;
        private Date logintime;
        @ManyToMany(fetch = FetchType.LAZY)              //双向关系的多对多注解，用于双方
        @JoinTable(name = "preshop",joinColumns = {@JoinColumn(name = "UCode")},
inverseJoinColumns = {@JoinColumn(name = "Pid")})        //配置中间表
        private Set<Commodity> commodities;              //添加定义商品实体集属性
}
```

说明：用注解@JoinTable 来配置中间表的属性。其中，name 指定中间表名为 preshop；joinColumns 指定中间表中关联己方（用户表）的列，为 UCode（用户编码）；inverseJoinColumns 指定中间表中关联对方（商品表）的列，为 Pid（商品号）。

2）商品实体

商品实体对应商品表（commodity），设计实体类 Commodity.java，代码如下：

```
package com.example.jpamanytomany.entity;

import lombok.Data;

import javax.persistence.*;
import java.util.Set;

@Entity
@Data
@Table(name = "commodity")
public class Commodity {
    @Id
    private int pid;
    private String tcode;
    private String scode;
    private String pname;
    private float pprice;
    private int stocks;
    @ManyToMany(fetch = FetchType.LAZY)              //双向关系的多对多注解，用于双方
    @JoinTable(name = "preshop",joinColumns = {@JoinColumn(name = "Pid")},
inverseJoinColumns = {@JoinColumn(name = "UCode")})      //配置中间表
    private Set<User> users;                         //添加定义用户实体集属性
}
```

说明：这里同样使用@JoinTable 配置中间表，只不过此时己方变成了商品表，而对方是用户表，故 joinColumns 与 inverseJoinColumns 的值与用户实体类的刚好相反。

5. 开发持久层

在项目工程目录树的 com.example.jpamanytomany 节点下创建 repository 包，在其中创建两个接口。

1）操作用户实体的接口

创建接口 UserRepository.java，定义代码如下：

```
package com.example.jpamanytomany.repository;
```

```
import com.example.jpamanytomany.entity.User;
import org.springframework.data.jpa.repository.JpaRepository;

public interface UserRepository extends JpaRepository<User,String> {}
```

2）操作商品实体的接口

创建接口 ComRepository.java，定义代码如下：

```
package com.example.jpamanytomany.repository;

import com.example.jpamanytomany.entity.Commodity;
import org.springframework.data.jpa.repository.JpaRepository;

public interface ComRepository extends JpaRepository<Commodity,Integer> {}
```

本例程序运行时只需要用 JPA 本身的 save() 方法保存实体，故接口中无须额外定义任何约定方法，代码极为简洁。

6. 编写控制器

在控制器中编写程序来测试以上建立的"多对多"关联。

在项目工程目录树的 com.example.jpamanytomany 节点下创建 controller 包，在其中创建控制器类 JpaController.java，代码如下：

```
package com.example.jpamanytomany.controller;

import com.example.jpamanytomany.entity.Commodity;
import com.example.jpamanytomany.entity.User;
import com.example.jpamanytomany.repository.ComRepository;
import com.example.jpamanytomany.repository.UserRepository;
import org.springframework.beans.factory.annotation.Autowired;
import org.springframework.web.bind.annotation.RequestMapping;
import org.springframework.web.bind.annotation.RestController;

import java.util.Date;
import java.util.HashSet;
import java.util.Set;

@RestController
@RequestMapping("user")
public class JpaController {
    @Autowired
    private UserRepository userRepository;            //注入操作用户实体的接口
    @Autowired
    private ComRepository comRepository;              //注入操作商品实体的接口

    @RequestMapping("add")
    public String addToPreshop(Commodity commodity) {
        Set<User> users = new HashSet<>();            //创建用户实体集
        Set<Commodity> commodities = new HashSet<>(); //创建商品实体集
        //第一个用户
        User user1 = new User();
        user1.setUcode("231668-aa.com");
        user1.setUname("周俊邻");
        user1.setSex("男");
        user1.setSfznum("32040419700801062#");
```

```
        user1.setPhone("1391385645X");
        user1.setLogintime(new Date());
        users.add(user1);                          //添加到用户实体集
        userRepository.save(user1);                //保存第一个用户实体
        //第二个用户
        User user2 = new User();
        user2.setUcode("sunrh-phei.net");
        user2.setUname("孙函锦");
        user2.setSex("女");
        user2.setSfznum("50023119891203203#");
        user2.setPhone("1890156273X");
        user2.setLogintime(new Date());
        users.add(user2);                          //添加到用户实体集
        userRepository.save(user2);                //保存第二个用户实体
        //加入购物车的商品
        commodity.setUsers(users);                 //设置与之关联的用户实体集
        commodities.add(commodity);                //添加到商品实体集
        comRepository.save(commodity);             //保存商品实体
        return "已加入购物车。";
    }
}
```

说明：在“多对多”关系下，本例演示的是多个用户购买同一种商品的情形，所以程序中使用“commodity.setUsers(users)”设置与该商品关联的用户实体集；如果换成一个用户订购多种商品的情形，就要改用“user.setCommodities(commodities)”来设置与该用户相关联的商品实体集。

7. 运行演示“多对多”

启动项目，打开浏览器，在地址栏中输入 http://localhost:8080/user/add?pid=1002&tcode=11B&scode=AHSZ006B&pname=砀山梨 5 斤箱装特大果&pprice=17.90&stocks=6834 并回车，前端显示如图 5.20 所示。

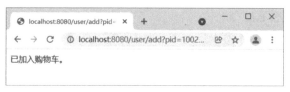

图 5.20 前端显示

此时，用户表里添加了两条新的用户记录，商品表里也添加了 1002 号商品，这些都是在控制器主程序中通过持久层接口调用 save()方法显式保存进数据库的，如图 5.21 所示。

user @netshop (mysql_local) - 表

UCode	UPassWord	UName	Sex	SfzNum	Phone	UWeiXin	Focus	GeoPosition	USendAddr	LoginTime	OnLineYes
231668-aa.com	abc123	周俊邻	男	32040419700801062#	1391385645X	(Null)	(Null)	(Null)	(Null)	2021-12-01 08:16:55	0
easy-bbb.com	abc123	易斯	男	32010219601112321#	1355181376X	(Null)	食品,手机电脑,文化用品	(Null)	(Null)	2021-11-24 13:46:16	1
sunrh-phei.net	abc123	孙函锦	女	50023119891203203#	1890156273X	(Null)	(Null)	(Null)	(Null)	2021-12-01 08:16:55	0

commodity @netshop (mysql_local) ...

Pid	TCode	SCode	PName	PPrice	Stocks	Total	TextAdv	LivePriority	Evaluate	UpdateTime
1	11A	SXLC001A	洛川红富士苹果冰糖心10斤箱装	44.80	3601	161324.80	(Null)	1	0.00	(Null)
2	11A	SDYT002A	烟台红富士苹果10斤箱装	29.80	5698	169800.40	(Null)	1	0.00	(Null)
4	11A	XJAK003A	阿克苏苹果冰糖心5斤箱装	29.80	12680	377864.00	(Null)	1	0.00	(Null)
6	11B	XJAK005B	库尔勒香梨10斤箱装	69.80	8902	621359.60	(Null)	1	0.00	(Null)
1001	11B	AHSZ006B	砀山梨10斤箱装大果	19.90	14532	289186.80	(Null)	1	0.00	(Null)
1002	11B	AHSZ006B	砀山梨5斤箱装特大果	17.90	6834	122328.60	(Null)	1	0.00	(Null)

图 5.21 通过持久层接口保存进数据库的用户与商品记录

因为在用户实体与商品实体间存在"多对多"关联，而在程序中用"commodity.setUsers(users)"设置了与 1002 号商品关联的用户实体集，相当于这个实体集中的用户都要购买 1002 号商品（加入购物车），故 JPA 还会自动在购物车表中添加记录，如图 5.22 所示。

图 5.22　购物车表中的记录

另外，从 IDEA 输出中也可看到 JPA 操作购物车表的 SQL 语句，如图 5.23 所示。

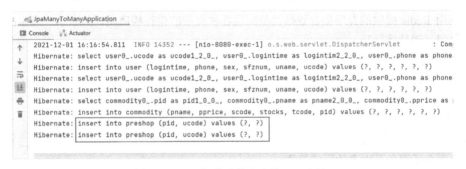

图 5.23　JPA 操作购物车表的 SQL 语句

5.4　NoSQL 开发基础

在当今互联网时代，NoSQL 得到了广泛使用，在互联网应用中起到加速系统的作用。其中有两种 NoSQL 最为主流，那就是 Redis 和 MongoDB。本节将介绍用 Spring Boot 操作这两种 NoSQL 的入门与应用知识。

5.4.1　Redis 开发入门与应用

1. Redis 简介

Redis 是一种运行在内存中的数据库，它是开源的，使用 ANSIC 语言编写，遵守 BSD 协议，支持网络并提供多种语言的 API。

由于 Redis 是基于内存的，所以它的运行速度很快（大约是关系数据库的几倍到几十倍），在已报道的某些测试中，甚至可以完成每秒 10 万次的读写，性能十分高效。现实应用中，数据的查询要远多于更新，据统计，一个正常网站日常查询与更新之比为 9∶1～7∶3，若将常用的数据存储在 Redis 中来代替关系数据库的查询访问，将可以大幅提高网站的性能。例如，当顾客登录网上商城后，系统把最近热销的几款商品信息从数据库中一次性查询出来存放在 Redis 中，那么之后大部分的查询只需要基于 Redis，对于访问量很大的网站来说，这样做将使用户获得快速响应和极佳的体验。

作为目前使用最广泛的内存数据存储系统之一，Redis 还支持数据持久化、事务、HA（High Available，高可用性）、双机集群系统、主从库等技术。Redis 在运行时会周期性地把更新后的数据写入磁盘，或者把修改操作写入追加的记录文件（有 RDB 和 AOF 两种方式）中，并在此基础上实现主从同步。计算机重启后,能通过持久化数据自动重建内存,因此使用 Redis 作为缓存,即使宕机,热点数据也不会丢失。

Redis 拥有十分丰富的应用场景,主要如下。

1)计数器

电商 App 商品的浏览量、短视频 App 视频的播放次数等信息都会被统计,以便用于运营或产品市场分析。为了保证数据实时生效,对用户的每一次浏览都得计数,这会导致非常高的并发量。这时可以用 Redis 提供的 incr 命令来实现计数器功能,由于一切操作都在内存中进行,所以性能极佳。

2)社交互动

使用 Redis 提供的散列、集合等数据类型,可以很方便地实现网站(或 App)中的点赞、踩、关注共同好友等社交场景的基本功能。

3)排行榜

可以利用 Redis 提供的有序集合数据类型实现各种复杂的排行榜应用,如京东、淘宝的销量榜,将商品按时间、销量排行等。

4)最新列表

Redis 可以通过 LPUSH 在列表头部插入一个内容 ID 作为关键字,通过 LTRIM 限制列表的数量,这样列表永远为 N 个 ID,无须查询最新的列表,直接根据 ID 查找对应的内容即可。

5)分布式会话

在集群模式下,一般会搭建以 Redis 等内存数据库为中心的会话(Session)服务,它不再由容器管理,而是由会话服务及内存数据库管理。

6)高并发读写

Redis 特别适合将方法的运行结果放入缓存,以便后续在请求方法时直接去缓存中读取。这对执行耗时但结果不频繁变动的 SQL 查询的支持极好。在高并发的情况下,应尽量避免请求直接访问关系数据库,这时可以使用 Redis 进行缓存操作,让请求先访问 Redis。

Redis 是一种键值数据库,它的缺点是自身的数据类型较少,运算能力不强。目前,Redis 处理的主要还是字符串类型的数据,支持字符串、散列、列表、集合、有序集合、基数和地理位置共 7 种使用率比较高的数据类型。在 Redis 2.6 之后开始增加 Lua 语言的支持以提高运算能力。

2. Redis 安装

1)下载 Redis

如图 5.24 所示,单击页面上的"Redis-x64-5.0.10.zip"下载 ZIP 压缩包。

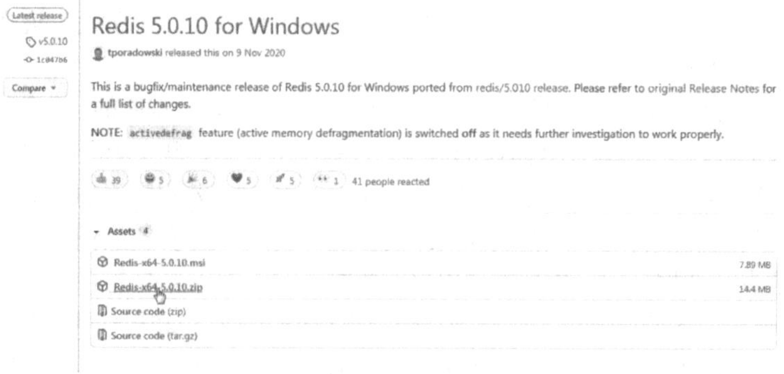

图 5.24 下载 Redis

本书使用 Redis 5.0 的 Windows 版，下载得到的压缩包文件名为 Redis-x64-5.0.10.zip。解压后将其中所有文件复制到一个指定的目录（编者保存在 C:\redis），如图 5.25 所示。

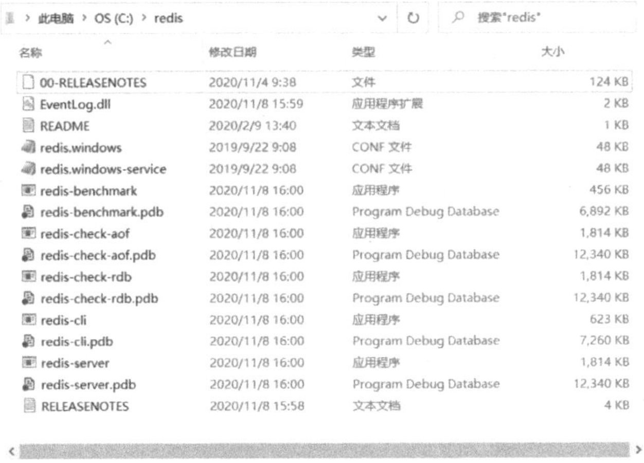

图 5.25　保存 Redis 的目录

2）启动 Redis

打开 Windows 命令行，用 cd 命令进入保存 Redis 的目录，输入如下命令启动 Redis：
`redis-server.exe redis.windows.conf`
命令行输出如图 5.26 所示信息，表示成功启动 Redis。

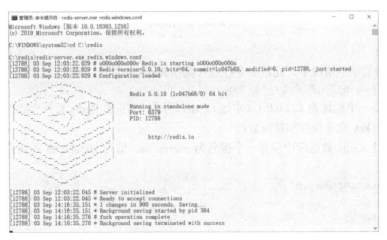

图 5.26　启动 Redis

3）安装 Redis 服务

虽然启动了 Redis，但关闭命令行窗口后 Redis 也就关闭了，为方便使用，需要把 Redis 安装成 Windows 操作系统中的一个服务。

关闭命令行窗口，重新打开，再次进入保存 Redis 的目录，执行如下命令：
`redis-server --service-install redis.windows-service.conf --loglevel verbose`
稍候片刻，如果没有报错，如图 5.27 所示，则表示安装成功。

此时，打开操作系统的"计算机管理"窗口，在系统服务列表中可以找到一个名为"Redis"的 Windows 服务，如图 5.28 所示。

图 5.27 安装 Redis 服务

图 5.28 安装成功

4）试用 Redis

在 Redis 服务启动的情况下，通过命令行进入保存 Redis 的目录，输入以下命令连接到 Redis：
`redis-cli.exe -h 127.0.0.1 -p 6379`

该命令创建了一个地址为 127.0.0.1（本地）、端口号为 6379 的 Redis 数据库连接，然后可以使用 set key value 和 get key 命令保存和获得数据。

这里先试着往 Redis 数据库中保存一个键名为 username、值为 zhouhejun 的记录，依次输入如下命令：

```
set username zhouhejun
```

```
get username
```

以上整个过程的命令行输入和显示内容如图 5.29 所示。

图 5.29 命令行输入和显示内容

5）客户端操作 Redis

以上对 Redis 的操作都是通过命令行执行的，比较麻烦且不够直观。目前，已经有第三方开发的专用于操作 Redis 的可视化客户端软件。本书提供一个用 Java 开发的 Redis 客户端 RedisClient，如图 5.30 所示。

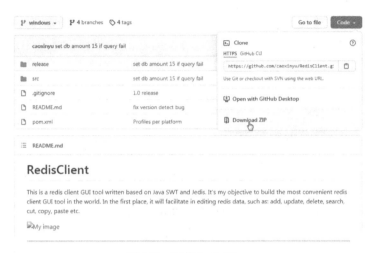

图 5.30 下载 RedisClient

下载得到的压缩包文件名为 RedisClient-windows.zip，解压后直接双击运行 RedisClient-windows\release 目录下的 redisclient-win32.x86_64.2.0.jar，打开如图 5.31 所示的界面。

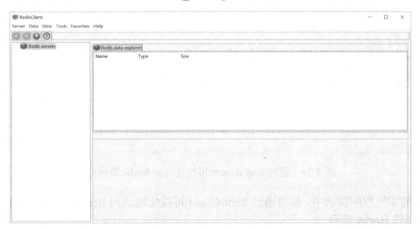

图 5.31 RedisClient 界面

右击左侧子窗口中的"Redis servers"节点，选择"Add server"命令（或者选择主菜单"Server"→"Add"命令），出现"Add server"对话框，如图 5.32 所示，在其中配置 Redis 连接。

这里的"Name"栏是连接名称（可任取），暂且命名为"MyRedis"；"Host"栏填写的是 Redis 所在的主机 IP 地址，由于安装在本地，故填写"127.0.0.1"；"Port"栏是连接端口，Redis 默认的端口是 6379，一般不要变动。单击"OK"按钮，创建一个 Redis 连接。

创建连接后，可看到"Redis servers"节点下面多了个"MyRedis"节点，双击展开可看到其中的数据库，Redis 中预置了 db0~db15 共 16 个数据库。其中，db0 是默认的当前数据库，也就是说，前面通过命令行存进去的键名 username 的记录就在该数据库中。双击 db0，在右边区域"Redis data explorer"选项页中即可看到 username 条目，单击记录条目，在下方打开的选项页中就可以看到该记录的键名（Key）和值（Value），与命令行存入的一模一样，如图 5.33 所示。

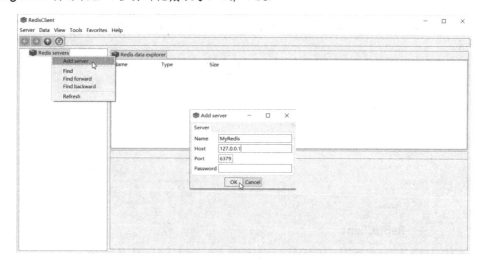

图 5.32　配置 Redis 连接

图 5.33　通过 RedisClient 可视化访问 Redis 数据库

在接下来的实例程序演示中，都将通过 RedisClient 可视化地访问 Redis 数据库，查看其中的数据。

3. 模板操作 Redis 实例

Spring Boot 提供了 StringRedisTemplate 和 RedisTemplate 两个模板来进行 Redis 数据操作。其中，StringRedisTemplate 只针对键值都是字符串类型的数据，而 RedisTemplate 则可以操作对象类型的数据。这两个模板提供的主要数据访问方法见表 5.1。

▶Redis（一）

表 5.1　模板提供的主要数据访问方法

方法	功能
opsForValue()	操作只有简单属性的数据
opsForHash()	操作含有散列的数据
opsForList()	操作含有列表类型的数据
opsForSet()	操作含有集合类型的数据
opsForZSet()	操作含有有序集合的数据

当数据存储到 Redis 中时，键和值都是通过 Spring Boot 提供的序列化器（Serializer）序列化到内存数据库中的。StringRedisTemplate 默认使用 StringRedisSerializer 序列化器，而 RedisTemplate 默认使用 JdkSerializationRedisSerializer 序列化器。

【实例 5.5】 通过模板方式操作 Redis，向其中存入商品信息。

本例程序先用 MyBatis 从 MySQL 数据库中读取商品信息，然后通过 StringRedisTemplate/RedisTemplate 模板操作将读取的商品信息转存入 Redis 内存数据库。

1）创建项目

创建 Spring Boot 项目，项目名为 RedisTemplate，在出现的向导界面的"Dependencies"列表中选择 Spring Boot 基本框架（"Web"→"Spring Web"）、Lombok 模型简化组件（"Developer Tools"→"Lombok"）、MyBatis 框架（"SQL"→"MyBatis Framework"）、MySQL 的驱动（"SQL"→"MySQL Driver"）、Redis 框架（"NoSQL"→"Spring Data Redis(Access+Driver)"）。

2）配置连接

在项目 application.properties 文件中配置 MySQL 数据库连接，配置内容与【实例 5.1】相同。

3）设计模型

由于存储到 Redis 中的数据必须序列化，所以本例的商品模型类也要实现 Java 的序列化接口 Serializable。在项目工程目录树的 com.example.redistemplate 节点下创建 model 包，在其中创建 Commodity.java，代码如下：

```java
package com.example.redistemplate.model;

import lombok.Data;

import java.io.Serializable;

@Data
public class Commodity implements Serializable {       //必须序列化
    private int pid;                                    //商品号
    private String tcode;                               //商品分类编码
    private String scode;                               //商家编码
    private String pname;                               //商品名称
    private float pprice;                               //商品价格
    private int stocks;                                 //商品库存
}
```

4）定义数据接口

在项目工程目录树的 com.example.redistemplate 节点下创建 mapper 包，在其中创建接口 ComMapper.java，定义如下：

```java
package com.example.redistemplate.mapper;

import com.example.redistemplate.model.Commodity;
import org.apache.ibatis.annotations.*;

@Mapper
public interface ComMapper {
    @Select("SELECT * FROM commodity WHERE Pid = #{pid}")
    Commodity queryByPid(@Param("pid") int pid);
}
```

说明：本例仅用到查询功能，故接口中只定义了一个查询方法。

5）开发操作 Redis 的业务层

通常开发中读取关系数据库（如 MySQL）的操作在持久层进行，而操作 NoSQL 的工作是由业务层的服务实体来承担的，这样做使代码分工明确，各模块职能清晰。

（1）定义业务接口。

在项目工程目录树的 com.example.redistemplate 节点下创建 service 包，其下定义名为 ComService 的接口，代码如下：

```java
package com.example.redistemplate.service;

import com.example.redistemplate.model.Commodity;

public interface ComService {
    public String getPNameFromRedis(int pid);           //从 Redis 获取商品名称
    public Commodity getComFromRedis(int pid);          //从 Redis 获取商品记录对象
}
```

（2）开发服务实体。

在 service 包下创建业务接口的实现类 ComServiceImpl，代码如下：

```java
package com.example.redistemplate.service;

import com.example.redistemplate.mapper.ComMapper;
import com.example.redistemplate.model.Commodity;
import org.springframework.beans.factory.annotation.Autowired;
import org.springframework.data.redis.core.RedisTemplate;
import org.springframework.data.redis.core.StringRedisTemplate;
import org.springframework.data.redis.core.ValueOperations;
import org.springframework.stereotype.Service;

import javax.annotation.Resource;

@Service
public class ComServiceImpl implements ComService {
    @Autowired
    ComMapper comMapper;
    //StringRedisTemplate 模板用于从 Redis 存取字符串（商品名称）
    @Autowired                                          //注入 StringRedisTemplate 模板
    StringRedisTemplate stringRedisTemplate;
    @Resource(name = "stringRedisTemplate")             //注入基于字符串的简单属性操作方法
    ValueOperations<String, String> valOpsStr;
    //RedisTemplate 模板用于从 Redis 存取对象（商品记录）
    @Autowired                                          //注入 RedisTemplate 模板
    RedisTemplate<Object, Object> redisTemplate;
    @Resource(name = "redisTemplate")                   //注入基于对象的简单属性操作方法
    ValueOperations<Object, Object> valOpsObj;

    @Override
    public String getPNameFromRedis(int pid) {
        Commodity commodity = comMapper.queryByPid(pid);
                                                        //先从 MyBatis 接口读取商品记录
        valOpsStr.set("pname", commodity.getPname());   //然后用 set()方法存入 Redis
        return valOpsStr.get("pname");                  //再用 get()方法从 Redis 获取
```

```java
    }

    @Override
    public Commodity getComFromRedis(int pid) {
        Commodity commodity = comMapper.queryByPid(pid);
                                    //先从 MyBatis 接口读取商品记录
        valOpsObj.set(String.valueOf(commodity.getPid()), commodity);
                                    //然后用 set() 方法存入 Redis
        return (Commodity) valOpsObj.get(String.valueOf(pid));
                                    //再用 get() 方法从 Redis 获取
    }
}
```

说明：可以看到，用模板操作 Redis 实际就是通过 set()/get()方法存取数据，数据可以是字符串或对象类型（分别基于不同的模板），这与前面通过在命令行中用 set key value/get key 命令保存和获得数据在底层机制上是一致的。

6）编写控制器

在项目工程目录树的 com.example.redistemplate 节点下创建 controller 包，在其中创建控制器类 ComController，代码如下：

```java
package com.example.redistemplate.controller;

import com.example.redistemplate.model.Commodity;
import com.example.redistemplate.service.ComServiceImpl;
import org.springframework.beans.factory.annotation.Autowired;
import org.springframework.web.bind.annotation.RequestMapping;
import org.springframework.web.bind.annotation.RestController;

@RestController
@RequestMapping("com")
public class ComController {
    @Autowired
    ComServiceImpl comService;                          //注入业务层操作 Redis 的服务实体

    @RequestMapping("getpname")
    public String getPNameByPid(int pid) {
        return comService.getPNameFromRedis(pid);//从 Redis 获取商品名称
    }

    @RequestMapping("getcom")
    public Commodity getComByPid(int pid) {
        return comService.getComFromRedis(pid);    //从 Redis 获取商品记录对象
    }
}
```

7）自定义配置 RedisTemplate

Spring Boot 默认配置的 RedisTemplate 使用 JdkSerializationRedisSerializer 来序列化数据，由于 JdkSerializationRedisSerializer 是以二进制形式存储数据的，这对我们通过 RedisClient 可视化查看很不方便，故需要对 RedisTemplate 进行配置，自定义其序列化器。

在项目主启动文件 RedisTemplateApplication.java 中进行配置，添加代码（加粗）如下：

```java
package com.example.redistemplate;
```

```java
import com.fasterxml.jackson.annotation.JsonAutoDetect;
import com.fasterxml.jackson.annotation.PropertyAccessor;
import com.fasterxml.jackson.databind.ObjectMapper;
import org.springframework.boot.SpringApplication;
import org.springframework.boot.autoconfigure.SpringBootApplication;
import org.springframework.context.annotation.Bean;
import org.springframework.data.redis.connection.RedisConnectionFactory;
import org.springframework.data.redis.core.RedisTemplate;
import org.springframework.data.redis.serializer.Jackson2JsonRedisSerializer;
import org.springframework.data.redis.serializer.StringRedisSerializer;

@SpringBootApplication
public class RedisTemplateApplication {

    public static void main(String[] args) {
        SpringApplication.run(RedisTemplateApplication.class, args);
    }

    @Bean
    public RedisTemplate<Object, Object> redisTemplate(RedisConnectionFactory factory) {
        RedisTemplate<Object, Object> template = new RedisTemplate<Object, Object>();
        template.setConnectionFactory(factory);
        Jackson2JsonRedisSerializer<Object> serializer = new Jackson2JsonRedisSerializer<Object>(Object.class);
        ObjectMapper mapper = new ObjectMapper();
        mapper.setVisibility(PropertyAccessor.ALL, JsonAutoDetect.Visibility.ANY);
        mapper.enableDefaultTyping(ObjectMapper.DefaultTyping.NON_FINAL);
        serializer.setObjectMapper(mapper);
        template.setValueSerializer(serializer);
                            //设置值的序列化采用Jackson2JsonRedisSerializer
        template.setKeySerializer(new StringRedisSerializer());
                            //设置键的序列化采用StringRedisSerializer
        return template;
    }
}
```

8）运行

启动项目，打开浏览器。

（1）从 Redis 获取商品名称。

在地址栏中输入 http://localhost:8080/com/getpname?pid=1 并回车，获取商品号为 1 的记录的商品名称，显示结果如图 5.34 所示。

图 5.34 显示商品名称

此时，打开 Redis 客户端，可看到其中存储的键名为 pname 的商品名称字符串与前端显示是一致的,如图 5.35 所示。

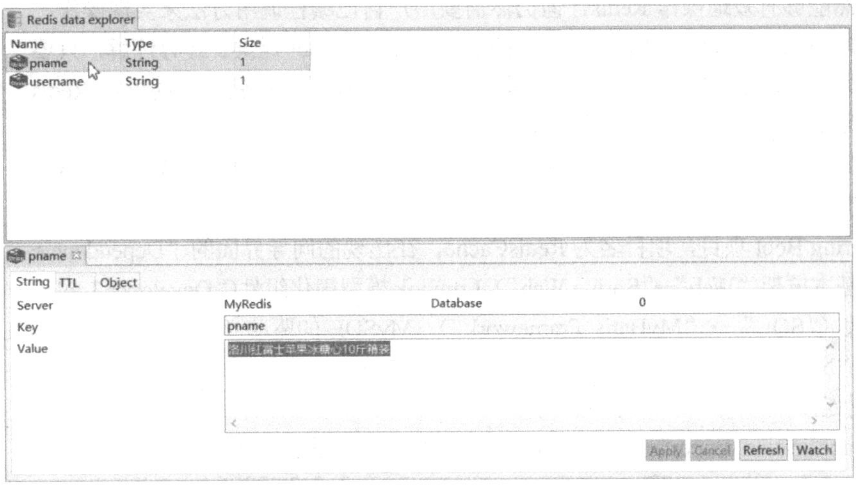

图 5.35　Redis 内存储的商品名称字符串

(2) 从 Redis 获取商品记录对象。

在地址栏中输入 http://localhost:8080/com/getcom?pid=1 并回车,获取商品号为 1 的记录对象,显示结果如图 5.36 所示。

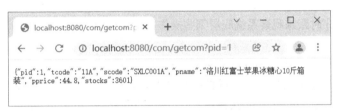

图 5.36　显示商品记录对象

此时,打开 Redis 客户端,可看到其中存储的键名为 1 的商品记录对象,其各字段内容与前端显示也是一致的,如图 5.37 所示。

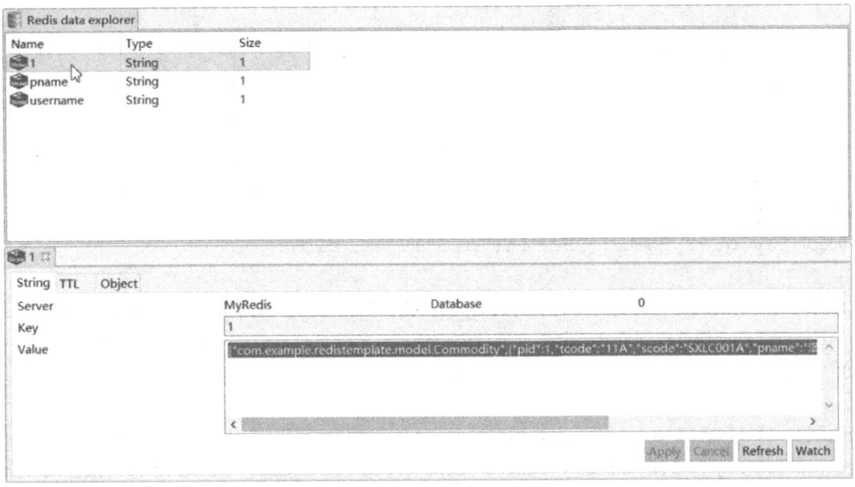

图 5.37　Redis 内存储的商品记录对象

4. 缓存注解操作 Redis 实例

模板虽然能够有效地操作 Redis，但仍然需要用户自己编程调用方法来实现操作，并不能完全自动化。为了进一步简化 Redis 的使用，Spring Boot 提供了缓存注解，只要将注解加在需要操作 Redis 的方法上，在程序执行方法代码的时候就会自动进行 Redis 的存取而无须用户干预，这种方式在实际中用得更加普遍。

▶Redis（二）

【实例 5.6】 用缓存注解方式操作 Redis，实现内存中商品信息的增、删、改、查。

1）创建项目

创建 Spring Boot 项目，项目名为 RedisCache，在出现的向导界面的 "Dependencies" 列表中选择 Spring Boot 基本框架（"Web"→"Spring Web"）、Lombok 模型简化组件（"Developer Tools"→"Lombok"）、MyBatis 框架（"SQL"→"MyBatis Framework"）、MySQL 的驱动（"SQL"→"MySQL Driver"）、Redis 框架（"NoSQL"→"Spring Data Redis(Access+Driver)"）。

2）配置连接

在项目 application.properties 文件中配置 MySQL 数据库连接，内容如下：

```
spring.datasource.url = jdbc:mysql://127.0.0.1:3306/netshop?useUnicode=true&characterEncoding=utf-8&serverTimezone=UTC&useSSL=true
spring.datasource.username = root
spring.datasource.password = 123456
spring.datasource.driver-class-name = com.mysql.cj.jdbc.Driver
logging.level.com.example.rediscache = debug
```

其中，最后一句 "logging.level.com.example.rediscache = debug" 用于显示 MyBatis 的 SQL 操作日志，以便后面测试程序时跟踪观察系统底层哪些操作是对 MySQL 而非 Redis 的。

3）设计模型

本例只用到了商品模型类 Commodity.java，与【实例 5.5】完全一样，也需要实现 Java 序列化 Serializable 接口，可以直接复用【实例 5.5】的模型类，将其复制到项目的 com.example.rediscache.model 包下，改一下包路径即可，代码略。

【实例 5.6】商品模型

4）定义数据接口

在项目工程目录树的 com.example.rediscache 节点下创建 mapper 包，在其中创建接口 ComMapper.java，定义如下：

```java
package com.example.rediscache.mapper;

import com.example.rediscache.model.Commodity;
import org.apache.ibatis.annotations.*;

@Mapper
public interface ComMapper {
    @Select("SELECT * FROM commodity WHERE Pid = #{pid}")
    Commodity queryByPid(@Param("pid") int pid);

    @Insert("INSERT INTO commodity(Pid, TCode, SCode, PName, PPrice, Stocks) VALUES(#{pid}, #{tcode}, #{scode}, #{pname}, #{pprice}, #{stocks})")
    int insertOne(Commodity commodity);

    @Update("UPDATE commodity SET Stocks=#{stocks} WHERE Pid = #{pid}")
    int updateByPid(@Param("pid") int pid, @Param("stocks") int stocks);
```

```
        @Delete("DELETE FROM commodity WHERE Pid = #{pid}")
        int deleteByPid(int pid);
}
```

说明：本例要演示 Redis 的增、删、改、查，但使用缓存注解操作 Redis 必须在程序代码操作 MySQL 的同时进行，故 MyBatis 接口中也必须定义对 MySQL 的操作方法。

5）开发业务层

（1）定义业务接口。

在项目工程目录树的 com.example.rediscache 节点下创建 service 包，在其下定义名为 ComService 的接口，代码如下：

```
package com.example.rediscache.service;

import com.example.rediscache.model.Commodity;

public interface ComService {
    public Commodity getComFromRedis(int pid);              //从 Redis 中获取商品记录

    public int addComToRedis(int pid, Commodity commodity);  //往 Redis 中添加商品记录

    public int setComToRedis(int pid, int stocks);          //更新 Redis 中的商品库存

    public int delComFromRedis(int pid);                    //在 Redis 中删除商品记录
}
```

（2）开发服务实体。

在 service 包下创建业务接口的实现类 ComServiceImpl，代码如下：

```
package com.example.rediscache.service;

import com.example.rediscache.mapper.ComMapper;
import com.example.rediscache.model.Commodity;
import org.springframework.beans.factory.annotation.Autowired;
import org.springframework.cache.annotation.CacheEvict;
import org.springframework.cache.annotation.CachePut;
import org.springframework.cache.annotation.Cacheable;
import org.springframework.stereotype.Service;

@Service
public class ComServiceImpl implements ComService {
    @Autowired
    ComMapper comMapper;

    @Override
    @Cacheable(value = "commoditys", key = "#pid")                    // (a)
    public Commodity getComFromRedis(int pid) {
        Commodity commodity = comMapper.queryByPid(pid);
        return commodity;
    }

    @Override
    @CachePut(value = "commoditys", key = "#pid")                     // (b)
```

```java
    public int addComToRedis(int pid, Commodity commodity) {
        return comMapper.insertOne(commodity);
    }

    @Override
    @CachePut(value = "commoditys", condition = "#result != 'null'", key = "#pid")
                                                                                    // (c)
    public int setComToRedis(int pid, int stocks) {
        Commodity commodity = this.getComFromRedis(pid);
        if (commodity == null) {
            return 0;
        }
        return comMapper.updateByPid(pid, stocks);
    }

    @Override
    @CacheEvict(value = "commoditys", key = "#pid")                                 // (d)
    public int delComFromRedis(int pid) {
        return comMapper.deleteByPid(pid);
    }
}
```

说明：

（a）**@Cacheable(value = "commoditys", key = "#pid")**：注解@Cacheable 标注在 getComFromRedis() 方法上，表示当该方法中的代码执行从关系数据库查询（这里调用 MyBatis 接口的 queryByPid()方法）数据操作的同时，就自动将查到的结果存进 Redis，下一次再执行该方法时就直接从 Redis 得到数据，不再访问关系数据库。注解的 key 属性指定查询所依据的键名为#pid（商品号）。

（b）**@CachePut(value = "commoditys", key = "#pid")**：注解@CachePut 通常标注在对关系数据库进行插入或更新操作的方法上，方法中的程序代码每操作一次关系数据库，Spring Boot 都会自动将操作的结果（插入的记录、更新后的记录）存入 Redis 或替换掉 Redis 中原有的旧数据，使得 Redis 内容始终保持与关系数据库一致。

（c）**@CachePut(value = "commoditys", condition = "#result != 'null'", key = "#pid")**：condition 属性指定当结果返回为空（比如关系数据库中并不存在要更新的记录）时，不操作 Redis。

（d）**@CacheEvict(value = "commoditys", key = "#pid")**：注解@CacheEvict 标注的方法在对关系数据库执行了删除操作之后，Spring Boot 也会同步删除 Redis 中指定键名（#pid）的记录。

可以看到，在服务实体类的所有方法中，都只有对关系数据库（MyBatis 接口 comMapper）执行操作的代码，并没有一句显式地直接对 Redis 操作的代码，但标注在各个方法上的注解保证了在用户代码操作关系数据库的同时，由 Spring Boot 自动对 Redis 进行同步操作，这样就不需要用户自己编程操作和管理 Redis 缓存，极大地简化了编程且增强了代码的可读性。

6）编写控制器

在项目工程目录树的 com.example.rediscache 节点下创建 controller 包，在其中创建控制器类 ComController，代码如下：

```java
package com.example.rediscache.controller;

import com.example.rediscache.model.Commodity;
import com.example.rediscache.service.ComServiceImpl;
import org.springframework.beans.factory.annotation.Autowired;
```

```java
import org.springframework.web.bind.annotation.RequestMapping;
import org.springframework.web.bind.annotation.RestController;

@RestController
@RequestMapping("com")
public class ComController {
    @Autowired
    ComServiceImpl comService;                          //注入业务层服务实体

    @RequestMapping("getcom")
    public Commodity getComByPid(int pid) {
        return comService.getComFromRedis(pid); //@Cacheable 从 Redis 中获取商品记录
    }

    @RequestMapping("addcom")
    public String addCom(int pid, Commodity commodity) {
        return comService.addComToRedis(pid, commodity) == 1 ? "已添加商品记录到缓存。" : "添加失败！";                      //@CachePut 往 Redis 中添加商品记录
    }

    @RequestMapping("setcom")
    public String setCom(int pid, int stocks) {
        if (comService.setComToRedis(pid, stocks) == 0) return "不存在商品号为" + String.valueOf(pid) + "的商品！";
        return comService.setComToRedis(pid, stocks) == 1 ? "已更新缓存中的库存量。" : "更新失败！";                      //@CachePut 更新 Redis 中的商品库存
    }

    @RequestMapping("delcom")
    public String delComByPid(int pid) {
        return comService.delComFromRedis(pid) == 1 ? "已从缓存删除商品记录。" : "删除失败！";                      //@CacheEvict 在 Redis 中删除商品记录
    }
}
```

7) 启用缓存注解

最后，还要在项目主启动文件 RedisCacheApplication.java 中用 @EnableCaching 来启用缓存注解，使之生效，代码如下：

```java
package com.example.rediscache;

import org.springframework.boot.SpringApplication;
import org.springframework.boot.autoconfigure.SpringBootApplication;
import org.springframework.cache.annotation.EnableCaching;

@EnableCaching                                          //启用缓存注解
@SpringBootApplication
public class RedisCacheApplication {
    public static void main(String[] args) {
        SpringApplication.run(RedisCacheApplication.class, args);
    }
}
```

8）运行

（1）获取商品记录（未用缓存）。

为了对比说明，先来测试一下未使用缓存时的情形。注释掉程序中的"@Cacheable(value = "commoditys", key = "#pid")"，如图 5.38 所示，然后启动项目。

打开浏览器，在地址栏中输入 http://localhost:8080/com/getcom?pid=1002 并回车，获取商品号为 1002 的记录对象，显示结果如图 5.39 所示。

图 5.38　注释掉缓存注解

图 5.39　显示商品号为 1002 的记录对象

在图 5.39 所示的浏览器页面上右击，选择"重新加载"命令，向后台再请求获取一次该商品的记录对象。

回到 IDEA 环境，从底部子窗口的输出中可以看到，系统先后执行了两次 SQL 语句查询 MySQL 的商品表，而并未使用 Redis 缓存。

图 5.40　先后查询两次 MySQL（未使用 Redis 缓存）

（2）获取商品记录（启用缓存）。

将代码"//@Cacheable(value = "commoditys", key = "#pid")"前的注释去掉，重新启动项目，打开浏览器。

在地址栏中输入 http://localhost:8080/com/getcom?pid=1002 并回车，看到页面显示记录对象后，再重新加载一次页面。

此时打开 Redis 客户端，可看到其中 db0 数据库节点下多了个"commoditys"子节点，打开后就能看到 Redis 中缓存的 1002 号商品记录，如图 5.41 所示。

再回到 IDEA 环境，从底部子窗口输出中看到整个过程中系统仅执行了一次 SQL 语句查询 MySQL 商品表，如图 5.42 所示。这是因为启用了缓存，当用户重新加载页面的时候，程序就改为直接从 Redis 缓存中读取商品记录了。

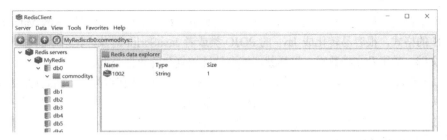

图 5.41　Redis 中缓存的 1002 号商品记录

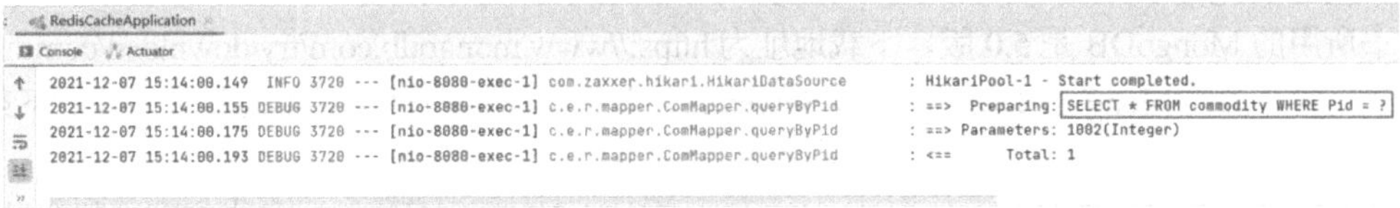

图 5.42　仅查询一次 MySQL（使用 Redis 缓存）

(3) 删除商品记录（同步清除缓存）。

在地址栏中输入 http://localhost:8080/com/delcom?pid=1002 并回车，显示结果如图 5.43 所示。

再通过客户端访问 Redis，已看不到 db0 下的"commoditys"子节点及其中的商品记录了。

(4) 添加商品记录（同时存入缓存）。

在地址栏中输入 http://localhost:8080/com/addcom?pid=1002&pid=1002&tcode=11B&scode=AHSZ006B&pname=砀山梨 5 斤箱装特大果&pprice=17.90&stocks=6834 并回车，显示结果如图 5.44 所示。

图 5.43　显示删除成功　　　　　图 5.44　显示添加成功

此时访问 Redis，又可以看到"commoditys"节点及其下的 1002 号商品了。

(5) 更新商品库存（同步更新缓存）。

在地址栏中输入 http://localhost:8080/com/setcom?pid=1002&stocks=7834 并回车，显示结果如图 5.45 所示。

图 5.45　显示更新成功

5.4.2　MongoDB 开发入门与应用

1. MongoDB 简介

Redis 虽然速度快、性能高，但计算能力十分有限，对于那些需要经常统计、按条件分析和查询的数据，用 Redis 就很不方便了，这时另一种 NoSQL 数据库闪亮登场，它就是著名的 MongoDB。

MongoDB 是一种基于文档（Document）的存储型键值数据库，它由 C++语言编写，采用面向对象的思想,库中存储的每一条数据记录都是一个文档对象,数据结构由键值对(Key-Value)组成,采用类似 JSON 的格式,很容易转化成 Java 的 POJO 类或者 JavaScript 对象,记录中的每个字段值又可以包含其他文档、数组及文档数组,这样就能够存储比较复杂的数据类型。

MongoDB 最大的优势在于它支持的查询语言非常强大,其语法有点类似于面向对象的查询语言,几乎可以实现类似关系数据库单表查询的绝大部分功能,而且支持对数据建立索引,所以它实际上是一个介于关系数据库和非关系数据库之间的产品,是非关系数据库中功能最丰富、最像关系数据库的。

2. 安装及使用 MongoDB

1)下载 MongoDB

本书所用的 MongoDB 是 5.0 版,下载地址为 https://www.mongodb.com/try/download/community,选择下载免费开源的 MongoDB Community Server 版,单击页面上的"Download"按钮开始下载。

2)安装 MongoDB

下载获得的安装包文件名为 mongodb-windows-x86_64-5.0.5-signed.msi,双击启动安装向导。

安装过程很简单,跟着向导的指引操作就可以了,但有一点要注意:由于 MongoDB 在其安装包中默认会启动"MongoDB Compass"组件的安装,而该组件并不包含在 MongoDB 的安装包内,向导会主动联网试图从第三方获取它,而该组件实际上目前还无法通过网络渠道获得,故向导程序会锁死在安装进程上无限期地等待下去,导致安装过程无法结束。

为避免出现这样的困境,读者在安装的时候要在选择安装类型的界面上单击"Custom"(定制)按钮,在下一个界面上取消勾选底部的"Install MongoDB Compass"复选框,如图 5.46 所示,这样就可以顺利地装上 MongoDB 了。

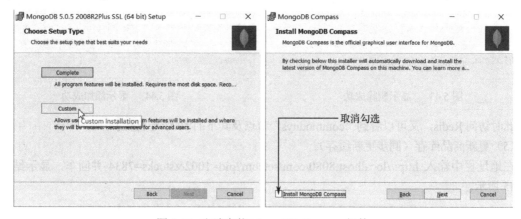

图 5.46 取消安装 MongoDB Compass 组件

如果读者在安装时不慎忘了这么做而进入了获取 MongoDB Compass 的无限期等待,那么解决办法是通过 Windows 任务管理器强行终止安装进程,退出后重新安装 MongoDB 并记得按上述方法去做就可以了。

3)试用 MongoDB

(1)登录 MongoDB。

打开 Windows 命令行,用 cd 命令进入 MongoDB 的安装目录,执行 mongo.exe 来登录,依次输入:

```
cd C:\Program Files\MongoDB\Server\5.0\bin

mongo.exe
```

命令行输出如图 5.47 所示信息,表示成功登录 MongoDB。

第 5 章　Spring Boot 数据库开发　215

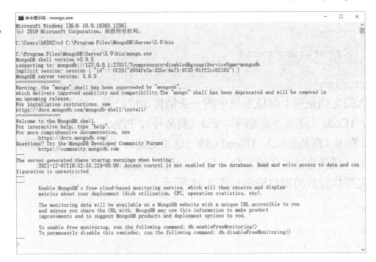

图 5.47　登录 MongoDB

（2）创建数据库及操作文档。

在 ">" 命令提示符后输入命令来操作 MongoDB 数据库，常用命令如下。

- show dbs：查看系统中已有的数据库。
- use 数据库名：创建指定名称的数据库。
- db.createCollection("集合名")：创建集合（相当于关系数据库中的表）。
- show collections：显示当前数据库中的所有集合。
- document=({…})：定义一个文档（相当于关系数据库中的记录）。
- db.集合名.insert(document)：向指定集合中添加文档。
- db.集合名.find()：查询指定集合中的文档。

为了后面运行和测试实例程序，编者在 MongoDB 中创建了一个名为"mgnetshop"的数据库，在其中创建了一个名为"saledetail"（销售详情）的集合，集合中录入了一条文档数据。

依次输入如下命令：

```
show dbs

use mgnetshop

db.createCollection("saledetail")

show collections

document=({Oid:4,
UCode:'231668-aa.com',
TCode:'11A',
Pid:1,
PPrice:44.80,
CNum:100,
SCode:'SXLC001A',
Total:4480.00,
USendAddr:{'省':'江苏','市':'南京','区':'栖霞','位置':'尧新大道16号'},
EGetTime:ISODate("2021-03-20T10:35:31"),
HEvaluate:5
```

```
})
db.saledetail.insert(document)

db.saledetail.find()
```

说明：以上录入的文档是网上商城系统中的一条销售详情记录，其各字段依次为 Oid（订单号）、UCode（用户编码）、TCode（商品分类编码）、Pid（商品号）、PPrice（商品价格）、CNum（购买数量）、SCode（商家编码）、Total（商品总价）、USendAddr（送货地址）、EGetTime（收货时间）、HEvaluate（评价），其中 USendAddr（送货地址）字段本身又是一个文档，包含"省""市""区""位置"等字段信息。

上述所有命令完整执行后的窗口输出如图 5.48 所示。

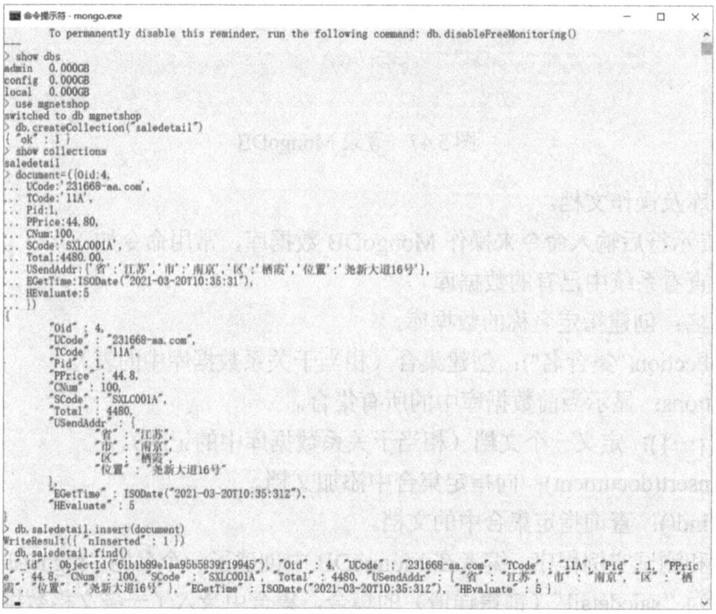

图 5.48 所有命令完整执行后的窗口输出

4）Navicat Premium 连接 MongoDB

实际应用中通过命令行操作 MongoDB 多有不便，故通常采用客户端软件以可视化方式查看和操作 MongoDB 数据。本书使用 Navicat Premium 查看和操作 MongoDB 数据库。

在 Navicat Premium 中新建一个名为 mongo_local 的连接，配置如图 5.49 所示。

图 5.49 在 Navicat Premium 中配置 MongoDB 连接

打开连接,可以看到刚刚通过命令行创建的数据库、集合及其文档数据,如图5.50所示。

图5.50 查看MongoDB文档数据

在接下来的实例程序演示中,都将通过Navicat Premium可视化地访问MongoDB数据库,查看其中的数据。

3. 通过模板方式操作MongoDB实例

与Redis类似,Spring Boot也提供了一个模板MongoTemplate专门针对MongoDB进行数据操作,下面通过实例来演示它的使用方法。

▶MongoDB(一)

【实例5.7】 通过模板方式操作MongoDB,读取保存在其中的文档数据,将MySQL中的销售详情记录转存至MongoDB。

本例程序也是通过MyBatis从MySQL数据库中读取内容进行转存的。

1)创建项目

创建Spring Boot项目,项目名为MongoTemplate,在出现的向导界面的"Dependencies"列表中选择Spring Boot基本框架("Web"→"Spring Web")、Lombok模型简化组件("Developer Tools"→"Lombok")、MyBatis框架("SQL"→"MyBatis Framework")、MySQL的驱动("SQL"→"MySQL Driver")、MongoDB框架("NoSQL"→"Spring Data MongoDB")。

2)准备数据

本例演示程序功能是从MySQL的销售详情表(saledetail)向MongoDB的saledetail集合中转存记录,在安装MongoDB时已经建好了saledetail集合并录入了测试用文档数据,这里还要在MySQL中创建源表及录入一条样本数据。通过Navicat Premium连接MySQL,在其查询编辑器中执行如下SQL语句:

```
USE netshop;
CREATE TABLE saledetail
(
    Oid         int(8)       NOT NULL,         /*订单号*/
    UCode       char(16)     NOT NULL,         /*用户编码*/
    TCode       char(3)      NOT NULL,         /*商品分类编码*/
    Pid         int(8)       NOT NULL,         /*商品号*/
    PPrice      decimal(7,2) NOT NULL,         /*商品价格*/
    CNum        int          UNSIGNED DEFAULT 0,  /*购买数量*/
    SCode       char(8)      NOT NULL,         /*商家编码*/
    Total       float(7,2)   AS(CNum * PPrice),/*商品总价*/
    USendAddr   json         NULL,             /*送货地址*/
    EGetTime    datetime     NULL,             /*收货时间*/
    HEvaluate   tinyint      UNSIGNED DEFAULT 0 CHECK(HEvaluate<= 5),
                                               /*评价:0-未评价,1~5为星个数*/
    PRIMARY KEY(Oid DESC, Pid),
```

```
    INDEX    myInxPid(Pid)
) PARTITION BY KEY() PARTITIONS 10;

INSERT INTO saledetail(Oid, UCode, TCode, Pid, PPrice, CNum, SCode, USendAddr,
EGetTime, HEvaluate) VALUES(1, 'easy-bbb.com', '11A', 1, 44.80, 2, 'SXLC001A',
JSON_OBJECT("省","江苏","市","南京","区","栖霞","位置","仙林大学城文苑路 1 号"),
'2021-03-20 09:21:01', 4);
```

3）配置连接

在项目 application.properties 文件中配置 MySQL 及 MongoDB 的数据库连接，配置内容如下：

```
# 配置 MySQL
spring.datasource.url = jdbc:mysql://127.0.0.1:3306/netshop?useUnicode=true&characterEncoding=utf-8&serverTimezone=UTC&useSSL=true
spring.datasource.username = root
spring.datasource.password = 123456
spring.datasource.driver-class-name = com.mysql.cj.jdbc.Driver
# 配置 MongoDB
spring.data.mongodb.host = localhost
spring.data.mongodb.port = 27017
spring.data.mongodb.database = mgnetshop
# 以 JSON 格式输出显示
spring.jackson.serialization.indent-output = true
```

注意：这里配置的 MongoDB 数据库名称（spring.data.mongodb.database）一定要与前面安装 MongoDB 时所创建的数据库名称（编者设置的是 mgnetshop）保持一致。

4）设计模型

存储到 MongoDB 中的数据也必须序列化，所以模型类也要实现序列化 Serializable 接口。在项目工程目录树的 com.example.mongotemplate 节点下创建 model 包，在其中创建模型类。

本例需要建立两个模型类：一个针对 MySQL 中的销售详情表（saledetail）和 MongoDB 中的 saledetail 集合；另一个则针对销售详情记录内部的 USendAddr（送货地址）字段，因为它本身也是一个文档对象，在程序运行时需要作为一个整体来进行存取操作。

（1）销售详情模型。

销售详情模型类 Saledetail.java 的代码如下：

```java
package com.example.mongotemplate.model;

import lombok.Data;
import org.springframework.data.annotation.Id;
import org.springframework.data.mongodb.core.mapping.Document;
import org.springframework.data.mongodb.core.mapping.Field;

import java.io.Serializable;
import java.math.BigDecimal;
import java.util.Date;

@Data
@Document                              //标识为一个 MongoDB 文档
public class Saledetail implements Serializable {
    @Id                                //标注 MongoDB 文档编号（为主键）
    private String _id;
    @Field("Oid")
```

```
    private int oid;                    //订单号
    @Field("UCode")
    private String ucode;                //用户编码
    @Field("TCode")
    private String tcode;                //商品分类编码
    @Field("Pid")
    private int pid;                     //商品号
    @Field("PPrice")
    private BigDecimal pprice;           //商品价格
    @Field("CNum")
    private int cnum;                    //购买数量
    @Field("SCode")
    private String scode;                //商家编码
    @Field("Total")
    private BigDecimal total;            //商品总价
    @Field("USendAddr")
    private Addr usendaddr;              //送货地址
    @Field("EGetTime")
    private Date egettime;               //收货时间
    @Field("HEvaluate")
    private int hevaluate;               //评价
}
```

说明：

① 第 1 个属性_id（private String _id）以@Id 标注，对应 MongoDB 文档编号，每个文档都有唯一的编号用于标识，它是一个随机字符串，在录入文档时由 MongoDB 系统自动生成，如图 5.51 所示。

图 5.51　MongoDB 文档编号

② 模型中的其他属性上都加了@Field 注解，该注解的作用是将模型类属性与 MongoDB 中的字段名相对应，@Field("xxx")中的 xxx 为属性在 MongoDB 中的字段名称。

（2）送货地址模型。

销售详情模型类中有一个送货地址属性被声明为了 Addr 类型，因送货地址本身也是一个 MongoDB 文档，Addr 即它所对应的模型类 Addr.java，代码如下：

```
package com.example.mongotemplate.model;

import lombok.Data;
import org.springframework.data.mongodb.core.mapping.Document;
import org.springframework.data.mongodb.core.mapping.Field;

import java.io.Serializable;
@Data
@Document
```

```
public class Addr implements Serializable {
    @Field("省")
    private String province;
    @Field("市")
    private String city;
    @Field("区")
    private String district;
    @Field("位置")
    private String road;
}
```

5)定义数据接口

这个数据接口用于 MyBatis 操作 MySQL。在项目工程目录树的 com.example.mongotemplate 节点下创建 mapper 包,在其中创建接口 SaleMapper.java,定义如下:

```
package com.example.mongotemplate.mapper;

import com.example.mongotemplate.model.Saledetail;
import org.apache.ibatis.annotations.Mapper;
import org.apache.ibatis.annotations.Param;
import org.apache.ibatis.annotations.Select;

@Mapper
public interface SaleMapper {
    @Select("SELECT * FROM saledetail WHERE Oid = #{oid} AND Pid = #{pid}")
    Saledetai lqueryById(@Param("oid") int oid, @Param("pid") int pid);
}
```

说明:这个接口方法用来从 MySQL 中读取销售详情记录。

6)开发操作 MongoDB 的业务层

与 Redis 操作类似,程序对 MongoDB 的操作也是由业务层来执行的。

(1)定义业务接口。

在项目工程目录树的 com.example.mongotemplate 节点下创建 service 包,在其下定义名为 SaleService 的接口,代码如下:

```
package com.example.mongotemplate.service;

import com.example.mongotemplate.model.Saledetail;
import com.mongodb.client.result.DeleteResult;

public interface SaleService {
    //从 MongoDB 获取销售详情记录对象
    public Saledetail getSaleFromMongo(int oid, int pid);
    //从 MySQL 获取销售详情记录对象
    public Saledetail getSaleFromMySql(int oid, int pid);
    //将从 MySQL 获取的销售详情记录转存进 MongoDB
    public void saveSaleToMongo(Saledetail saledetail);
    //从 MongoDB 删除销售详情记录
    public DeleteResult delSaleFromMongo(int oid, int pid);
}
```

(2)开发服务实体。

在 service 包下创建业务接口的实现类 SaleServiceImpl,代码如下:

```java
package com.example.mongotemplate.service;

import com.example.mongotemplate.mapper.SaleMapper;
import com.example.mongotemplate.model.Addr;
import com.example.mongotemplate.model.Saledetail;
import com.mongodb.client.result.DeleteResult;
import org.springframework.beans.factory.annotation.Autowired;
import org.springframework.data.mongodb.core.MongoTemplate;
import org.springframework.data.mongodb.core.query.Criteria;
import org.springframework.data.mongodb.core.query.Query;
import org.springframework.stereotype.Service;

@Service
public class SaleServiceImpl implements SaleService {
    @Autowired
    SaleMapper saleMapper;
    //MongoTemplate 模板用于从 MongoDB 存取信息
    @Autowired                                              //注入 MongoTemplate 模板
    MongoTemplate mongoTemplate;

    @Override
    public Saledetail getSaleFromMongo(int oid, int pid) {
        Criteria criteria = Criteria.where("oid").is(oid).and("pid").is(pid);
        Query query = Query.query(criteria);                        // (a)
        return mongoTemplate.findOne(query, Saledetail.class);    // (a)
    }

    @Override
    public Saledetail getSaleFromMySql(int oid, int pid) {
        Saledetail saledetail = saleMapper.queryById(oid, pid);
        Addr addr = new Addr();
        addr.setProvince("江苏");
        addr.setCity("南京");
        addr.setDistrict("栖霞");
        addr.setRoad("仙林大学城文苑路1号");
        saledetail.setUsendaddr(addr);                              // (b)
        return saledetail;
    }

    @Override
    public void saveSaleToMongo(Saledetail saledetail) {
        mongoTemplate.save(saledetail, "saledetail");               // (c)
    }

    @Override
    public DeleteResult delSaleFromMongo(int oid, int pid) {    // (d)
        Criteria criteria = Criteria.where("oid").is(oid).and("pid").is(pid);
        Query query = Query.query(criteria);
        return mongoTemplate.remove(query, Saledetail.class);     // (d)
    }
}
```

说明：

（a）**Criteria criteria = Criteria.where("oid").is(oid).and("pid").is(pid);**、**Query query = Query.query(criteria)**、**return mongoTemplate.findOne(query, Saledetail.class)**：这里使用了 Criteria（准则）对象来构建查询条件，"where("oid").is(oid).and("pid").is(pid)"设定查询条件为按参数 oid（订单号）和 pid（商品号）进行检索，其中参数都是模型类中定义的属性，但由于加了@Field 注解，MongoTemplate 模板能够自动将它们对应到 MongoDB 中的文档字段上，就可以通过 findOne()方法查询出唯一的销售详情记录了。

（b）**saledetail.setUsendaddr(addr)**：由于 MyBatis 尚无法完成 MySQL 中 JSON 字段与 Java 模型类属性间的自动转换，所以本例采用程序代码直接设值的方式，而在实际应用中只能通过自定义 typeHandler 来解决，编程比较烦琐，本书不展开。

（c）**mongoTemplate.save(saledetail, "saledetail")**：用 MongoTemplate 模板的 save()方法将销售详情记录保存进 MongoDB。

（d）**public DeleteResult delSaleFromMongo(int oid, int pid) {…}**、**return mongoTemplate.remove(query, Saledetail.class)**：用 MongoTemplate 模板的 remove()方法从 MongoDB 删除指定的销售详情记录，与查询一样使用 Criteria（准则）对象来构建删除条件，执行删除后会返回一个 DeleteResult 对象，该对象中记录了此次操作的结果，供程序在需要的时候引用。

7）编写控制器

在项目工程目录树的 com.example.mongotemplate 节点下创建 controller 包，在其中创建控制器类 SaleController，代码如下：

```java
package com.example.mongotemplate.controller;

import com.example.mongotemplate.model.Saledetail;
import com.example.mongotemplate.service.SaleServiceImpl;
import org.springframework.beans.factory.annotation.Autowired;
import org.springframework.web.bind.annotation.RequestMapping;
import org.springframework.web.bind.annotation.RestController;

@RestController
@RequestMapping("sale")
public class SaleController {
    @Autowired
    SaleServiceImpl saleService;                    //注入业务层操作 MongoDB 的服务实体

    @RequestMapping("getsale")
    public Saledetail getSaleById(int oid, int pid) {
        return saleService.getSaleFromMongo(oid, pid);
                                            //从 MongoDB 获取销售详情记录对象
    }

    @RequestMapping("savesale")
    public String saveSaleById(int oid, int pid) {
        saleService.saveSaleToMongo(saleService.getSaleFromMySql(oid, pid));
        return oid + " 号订单 " + pid + " 号商品的销售记录已转存到 MongoDB。";
                                            //先从 MySQL 中获取再转存至 MongoDB
    }

    @RequestMapping("delsale")
```

```
public String delSaleById(int oid, int pid) {
    return "删除了 MongoDB 中的 " + saleService.delSaleFromMongo(oid,
pid).getDeletedCount() + " 条销售记录。";              //在 MongoDB 中删除销售详情记录
    }
}
```

说明：在删除记录后通过返回 DeleteResult 对象的 getDeletedCount()方法获取删除文档记录的条数并输出至前端显示。

8）运行

启动项目，打开浏览器。

（1）读取 MongoDB 中的文档数据。

之前在安装 MongoDB 时已经通过命令行向其中录入了一个文档，现将它的内容读取出来。在地址栏中输入 http://localhost:8080/sale/getsale?oid=4&pid=1 并回车，获取该文档数据，显示在前端页面上，如图 5.52 所示。

图 5.52　显示 MongoDB 中的文档数据

（2）将 MySQL 中的销售详情记录转存至 MongoDB。

本例在准备数据时也往 MySQL 的销售详情表（saledetail）中录入了一条样本记录，如图 5.53 所示。现将它转存至 MongoDB。

图 5.53　MySQL 销售详情表（saledetail）中的记录

在地址栏中输入 http://localhost:8080/sale/savesale?oid=1&pid=1 并回车，转存操作完成后页面显示如图 5.54 所示。

图 5.54　转存成功

打开 MongoDB 数据库，可见转存到其中的文档，如图 5.55 所示。

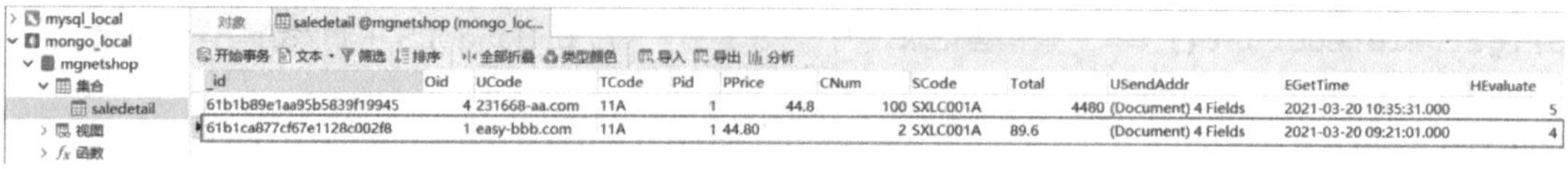

图 5.55 转存到 MongoDB 中的文档

用 Navicat Premium 进一步将该文档展开，其子文档 USendAddr（送货地址）字段的数据也被成功地转存了进来，如图 5.56 所示。需要说明的是，通过模板转存入 MongoDB 的文档都会被自动附加上一个名为"_class"的字段，它里面保存的是类的全限定名（本例的是 com.example.mongotemplate.model.Saledetail），在某些应用场合用于辅助 Java 的反射机制生成对应的 POJO。

图 5.56 转存文档中的子文档及附加字段

（3）在 MongoDB 中删除销售详情记录。

在 MongoDB 中删除刚刚转存的文档记录，在地址栏中输入 http://localhost:8080/sale/delsale?oid=1&pid=1 并回车，显示结果如图 5.57 所示。

图 5.57 删除成功

再次打开 MongoDB 数据库（或刷新），就看不到这条记录了。

为了后面操作 MongoDB 数据库方便，把删除的这条记录重新插入进去。

4．JPA 操作 MongoDB 实例

在 JPA 框架中也提供了操作 MongoDB 数据库的接口，可以直接继承使用，下面用一个实例简单地演示一下用法。

【实例 5.8】 通过 JPA 操作 MongoDB，读取保存在其中的文档数据。 ▶MongoDB（二）

1）创建项目

创建 Spring Boot 项目，项目名为 MongoJpa，在出现的向导界面的"Dependencies"列表中选择 Spring Boot 基本框架（"Web"→"Spring Web"）、Lombok 模型简化组件（"Developer Tools"→"Lombok"）、MongoDB 框架（"NoSQL"→"Spring Data MongoDB"）、JPA 框架（"SQL"→"Spring Data JPA"）。

2）配置连接

在项目 application.properties 文件中配置 MongoDB 的数据库连接，代码如下：

```
# 配置 MongoDB
spring.data.mongodb.host = localhost
spring.data.mongodb.port = 27017
spring.data.mongodb.database = mgnetshop
# 以 JSON 格式输出显示
spring.jackson.serialization.indent-output = true
```

3）设计模型

直接复用【实例5.7】的两个模型类，将 model 包及其下模型类复制到项目的 com.example.mongojpa 包下，修改包路径与当前的项目一致即可，代码略。

【实例5.8】销售详情模型 【实例5.8】送货地址模型

4）开发持久层

在项目工程目录树的 com.example.mongojpa 节点下创建 repository 包，在其中创建 JPA 操作 MongoDB 数据库的接口 SaleRepository.java，定义代码如下：

```
package com.example.mongojpa.repository;

import com.example.mongojpa.model.Saledetail;
import org.springframework.data.mongodb.repository.MongoRepository;
import org.springframework.stereotype.Repository;

@Repository
public interface SaleRepository extends MongoRepository<Saledetail,String> {
    Saledetail querySaledetailsByOidAndPid(int oid, int pid);   //查询销售详情记录
}
```

说明：要用 JPA 操作 MongoDB 就必须继承其 MongoRepository 接口，它里面指定了两个类型，一个是实体类型，即标注了@Document 的模型类（本例中就是 Saledetail）；另一个是模型类的主键类型，这个类型要求标注@Id（即 Saledetail 类的第 1 个属性_id，为 String 类型）。

5）开发操作 MongoDB 的业务层

（1）定义业务接口。

在项目工程目录树的 com.example.mongojpa 节点下创建 service 包，在其下定义名为 SaleService 的接口，代码如下：

```
package com.example.mongojpa.service;

import com.example.mongojpa.model.Saledetail;

public interface SaleService {
    //从MongoDB获取销售详情记录对象
    public Saledetail getSaleFromMongo(int oid, int pid);
}
```

（2）开发服务实体。

在 service 包下创建业务接口的实现类 SaleServiceImpl，代码如下：

```
package com.example.mongojpa.service;

import com.example.mongojpa.model.Saledetail;
import com.example.mongojpa.repository.SaleRepository;
import org.springframework.beans.factory.annotation.Autowired;
import org.springframework.stereotype.Service;

@Service
public class SaleServiceImpl implements SaleService {
    @Autowired
    SaleRepository saleRepository;                              //注入持久层接口
```

```
    @Override
    public Saledetail getSaleFromMongo(int oid, int pid) {
        return saleRepository.querySaledetailsByOidAndPid(oid, pid);
                                                //调用接口方法查询 MongoDB
    }
}
```

6）编写控制器

在项目工程目录树的 com.example.mongojpa 节点下创建 controller 包，在其中创建控制器类 SaleController，代码如下：

```
package com.example.mongojpa.controller;

import com.example.mongojpa.model.Saledetail;
import com.example.mongojpa.service.SaleServiceImpl;
import org.springframework.beans.factory.annotation.Autowired;
import org.springframework.web.bind.annotation.RequestMapping;
import org.springframework.web.bind.annotation.RestController;

@RestController
@RequestMapping("sale")
public class SaleController {
    @Autowired
    SaleServiceImpl saleService;              //注入业务层操作 MongoDB 的服务实体

    @RequestMapping("getsale")
    public Saledetail getSaleById(int oid, int pid) {
        return saleService.getSaleFromMongo(oid, pid);
                                                //从 MongoDB 获取销售详情记录对象
    }
}
```

7）启用 MongoDB 接口

虽然第 4 步通过继承 MongoRepository 已经在项目中创建了一个 JPA 操作 MongoDB 的接口，但是它尚不能自动被 Spring Boot 容器所识别，还必须配置、启用它才行。

在项目主启动文件 MongoJpaApplication.java 中用 @EnableMongoRepositories 注解来启用 MongoDB 接口，使之生效，代码如下：

```
package com.example.mongojpa;

import org.springframework.boot.SpringApplication;
import org.springframework.boot.autoconfigure.SpringBootApplication;
import org.springframework.boot.autoconfigure.jdbc.DataSourceAutoConfiguration;
import org.springframework.data.mongodb.repository.config.EnableMongoRepositories;

@SpringBootApplication(exclude = DataSourceAutoConfiguration.class)
@EnableMongoRepositories(basePackages = "com.example.mongojpa.repository")
public class MongoJpaApplication {

    public static void main(String[] args) {
        SpringApplication.run(MongoJpaApplication.class, args);
    }

}
```

说明：@EnableMongoRepositories 注解中通过 basePackages 配置项指定了 MongoDB 接口所在的包，这样在启动项目时，Spring Boot 就会到指定的包 com.example.mongojpa.repository 中去扫描继承了 MongoRepository 的接口，将它作为 Bean 装配到容器中，程序就可以使用这个接口来操作 MongoDB 数据库了。

8）运行

启动项目，打开浏览器，在地址栏中输入 http://localhost:8080/sale/getsale?oid=4&pid=1 并回车，获取 MongoDB 中的文档数据，显示在前端页面上，如图 5.58 所示。

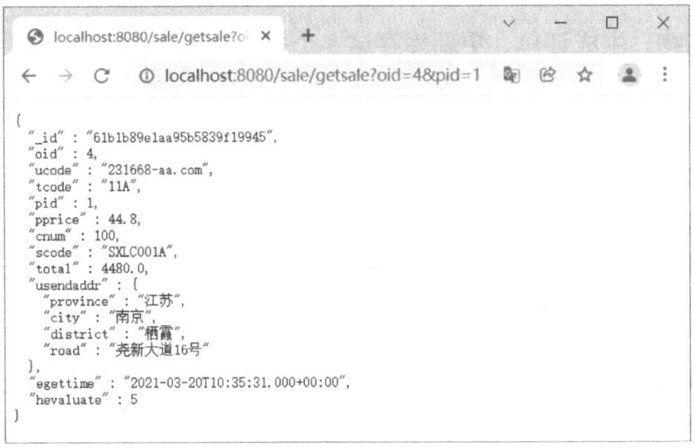

图 5.58　JPA 通过接口读取 MongoDB 中的文档

5.5　数据库事务应用

对于很多网站的业务而言，如网上商城用户购买下单后商品库存的扣减、订单记录的生成以及账户资金的支付等要么同时成功，要么同时失败，而不能只完成其中一部分，这便是一种事务机制，它对于保证数据的一致性乃至整个互联网企业应用的成败都是至关重要的。

5.5.1　@Transactional 注解

传统 JavaEE 编程中需要由用户自己开发事务，首先创建一个事务对象，然后将相关的数据库操作语句添加到事务中，最后提交事务，在此过程中还必须以一系列配套的"try…catch…finally…"语句随时准备捕获各种异常和回滚失败的事务，这使得程序中充斥着大量事务管理的代码，湮没了真正有价值的业务逻辑代码，既造成了代码冗余、降低了可读性，又不利于系统维护。

Spring Boot 支持声明式事务，即使用@Transactional 注解来选择需要应用事务的方法，标注了该注解就表明该方法需要事务支持。

Spring Boot 的声明式事务管理是通过 AOP 机制实现的，其基本原理是对方法前后进行拦截，然后在目标方法开始之前创建或者加入一个事务，执行完目标方法之后再根据执行情况提交或者回滚事务。这样，当@Transactional 注解标注的方法被调用时，Spring Boot 就在其内部自动开启一个新的事务，当方法无异常运行结束后，会提交这个事务。声明式事务管理最大的优点是不需要通过编程的方式显式地管理事务，因而不需要在业务逻辑代码中掺杂事务处理的代码，只需要相关的事务规则声明，便可以将事务规则应用到业务逻辑中。

@Transactional 注解可以作用于接口、接口方法、类及类方法上。当作用于类上时，该类的所有

public()方法都将具有该类型的事务属性,也可以在方法级别使用该注解来覆盖类级别的定义,还可以使用@Transactional 注解的属性来定制事务行为。

5.5.2 事务应用举例

下面通过一个实例来演示 Spring Boot 基于@Transactional 注解的声明式事务应用。

【**实例 5.9**】 网上商城用户购买商品确认下单,系统生成订单记录并根据用户的购买数量来更新库存。

显然,用户确认购物、生成订单、更新库存这 3 个操作是一个不可分割的业务整体,必须置于同一个事务中。

1. 准备表和数据

本例操作涉及三个表:购物车表(preshop)、订单表(orders)、商品表(commodity),其中商品表已经有了,前两个表需要创建。

1)创建购物车表(preshop)

执行以下 SQL 语句:

```sql
USE netshop;
DROP TABLE preshop;
CREATE TABLE preshop
(
    UCode       char(16)        NOT NULL,           /*用户编码*/
    TCode       char(3)         NOT NULL,           /*商品分类编码*/
    Pid         int(8)          NOT NULL,           /*商品号*/
    PName       varchar(32)     NOT NULL,           /*商品名称*/
    PPrice      decimal(7, 2)   NOT NULL,           /*商品价格*/
    CNum        tinyint         UNSIGNED NOT NULL DEFAULT 1,
                                                    /*购买数量*/
    SCode       char(8)         NOT NULL,           /*商家编码*/
    Confirm     bit             NOT NULL DEFAULT 0,
                                                    /*确认购物*/
    Oid         int(8)          NULL,               /*订单号*/
    EStatus enum('未发货', '已发货', '已收货', '已拒收') DEFAULT '未发货',
                                                    /*物流状态*/
    USendAddr   json            NULL,               /*送货地址*/
    EGetTime    datetime        NULL,               /*收货时间*/
    HEvaluate   tinyint         UNSIGNED DEFAULT 0 CHECK(HEvaluate<= 5),
                                                    /*评价:0-未评价,1~5 为星个数*/
    PRIMARY KEY(UCode, Pid),
    INDEX   myInxPid(Pid),
    INDEX   myInxOPid(Oid, Pid)
);
```

向购物车表中录入一条记录,执行语句:

```sql
INSERT INTO preshop(UCode, TCode, Pid, PName, PPrice, SCode) VALUES('231668-aa.com', '11B', 1002, '砀山梨 5 斤箱装特大果', 17.90, 'AHSZ006B');
```

它表示一个有待用户确认购买(存在于购物车中)的商品。

2)创建订单表(orders)

执行以下 SQL 语句:

```
USE netshop;
CREATE TABLE orders
(
    Oid         int(8)       NOT NULL AUTO_INCREMENT,  /*订单号*/
    UCode       char(16)     NOT NULL,                  /*用户编码*/
    PayMoney    decimal(8,2) NULL,                      /*支付金额*/
    PayTime     datetime     NULL,                      /*下单时间*/
    PRIMARY KEY(Oid DESC),
    FOREIGN KEY(UCode) REFERENCES user(UCode)
        ON DELETE RESTRICT ON UPDATE RESTRICT
);
```

稍后演示运行程序时生成的订单记录就存放在该表中。

3) 修改商品库存

由于数据库中原先所有商品的库存值都比较大,不便于测试程序和观察结果,故这里修改 1002 号商品的库存为 20,执行语句:

```
UPDATE commodity SET Stocks = 20 WHERE Pid = 1002;
```

2. 创建项目

创建 Spring Boot 项目,项目名为 Transaction,在出现的向导界面的"Dependencies"列表中选择 Spring Boot 基本框架("Web"→"Spring Web")、MyBatis 框架("SQL"→"MyBatis Framework") 以及 MySQL 的驱动("SQL"→"MySQL Driver")。

3. 配置连接

在项目 application.properties 文件中配置 MySQL 数据库连接,配置内容与【实例 5.1】完全相同。

4. 开发持久层

在项目工程目录树的 com.example.transaction 节点下创建 mapper 包,在其中创建接口 OrderMapper.java,定义代码如下:

```java
package com.example.transaction.mapper;

import org.apache.ibatis.annotations.Insert;
import org.apache.ibatis.annotations.Mapper;
import org.apache.ibatis.annotations.Param;
import org.apache.ibatis.annotations.Update;

@Mapper
public interface OrderMapper {
    @Insert("INSERT INTO orders(Oid, UCode, PayMoney, PayTime) VALUES(#{oid}, #{ucode}, #{paymoney}, NOW())")
    int insertOrder(@Param("oid") int oid, @Param("ucode") String ucode, @Param("paymoney") float paymoney);                       //向订单表添加新生成的订单

    @Update("UPDATE commodity SET Stocks=Stocks-#{cnum} WHERE Pid = #{pid}")
    int updateStocks(@Param("pid") int pid, @Param("cnum") int cnum);
                                //更新商品表指定商品的库存

    @Update("UPDATE preshop SET CNum=#{cnum}, Confirm=1, Oid=#{oid} WHERE UCode = #{ucode} AND Pid = #{pid}")
    int confirmPreshop(@Param("ucode") String ucode, @Param("pid") int pid, @Param("cnum") int cnum, @Param("oid") int oid);        //在购物车表里填写购买数量和订单号、置确认位
}
```

5. 开发业务层（应用事务）

1）定义业务接口

在项目工程目录树的 com.example.transaction 节点下创建 service 包，在其中定义名为 OrderService 的接口：

```java
package com.example.transaction.service;

public interface OrderService {
    public void payOrders(int pid, int cnum);           //确认购买下单
}
```

2）开发服务实体

在 service 包中创建业务接口的实现类 OrderServiceImpl，在其中应用事务实现确认购买下单的整个业务逻辑，代码如下：

```java
package com.example.transaction.service;

import com.example.transaction.mapper.OrderMapper;
import org.springframework.beans.factory.annotation.Autowired;
import org.springframework.stereotype.Service;
import org.springframework.transaction.annotation.Transactional;

@Service
public class OrderServiceImpl implements OrderService {
    @Autowired
    OrderMapper orderMapper;                            //注入持久层接口

    @Override
    @Transactional                                      //声明该业务方法放在一个事务中
    public void payOrders(int pid, int cnum) {
        orderMapper.confirmPreshop("231668-aa.com", pid, cnum, 1);
                                                        //确认购物
        orderMapper.insertOrder(1, "231668-aa.com", Float.parseFloat(String.valueOf(17.90 * cnum)));
                                                        //生成订单
        orderMapper.updateStocks(pid, cnum);            //更新库存
    }
}
```

可见，这里仅仅在业务层方法上加了@Transactional 注解，就将该方法中的三个操作（确认购物、生成订单、更新库存）全都包含进了同一个事务中，Spring Boot 负责全程管理这个事务，无须用户再进行任何额外的编程。

6. 编写控制器

在项目工程目录树的 com.example.transaction 节点下创建 controller 包，在其中创建控制器类 OrderController.java，代码如下：

```java
package com.example.transaction.controller;

import com.example.transaction.service.OrderServiceImpl;
import org.springframework.beans.factory.annotation.Autowired;
import org.springframework.web.bind.annotation.RequestMapping;
import org.springframework.web.bind.annotation.RestController;

@RestController
```

```
@RequestMapping("order")
public class OrderController {
    @Autowired
    OrderServiceImpl orderService;                      //注入业务层服务实体

    @RequestMapping("pay")
    public String payMyOrder(int pid, int cnum) {       //下订单
        try {
            orderService.payOrders(pid, cnum);
            return "下单成功！";
        } catch (Exception e) {
            return "下单失败！";
        }
    }
}
```

7. 运行演示

启动项目，打开浏览器。

1）事务失败的情形

故意购买商品超过库存量，在地址栏中输入 http://localhost:8080/order/pay?pid=1002&cnum=21 并回车，显示结果如图 5.59 所示。

图 5.59 下单失败

此时，打开数据库，看到购物车表、订单表和商品表中的内容都无变化，如图 5.60 所示。

对象	preshop @netshop (mysql_local) - 表										
开始事务 文本 ▼ 筛选 排序 导入 导出											
UCode	TCode	Pid	PName	PPrice	CNum	SCode	Confirm	Oid	EStatus	USendAddr	EGetTime	HEvaluate
▶ 231668-aa.com	11B	1002	砀山梨5斤箱装特大果	17.90	1	AHSZ006B	0	(Null)	未发货	(Null)	(Null)	0

对象	orders @netshop (mysql_local) - 表			
开始事务 文本 ▼ 筛选 排序 导入 导出				
Oid	UCode		PayMoney	PayTime
▶ (N/A)	(N/A)			

对象	commodity @netshop (mysql_local) ...									
开始事务 文本 ▼ 筛选 排序 导入 导出										
Pid	TCode	SCode	PName	PPrice	Stocks	Total	TextAdv	LivePriority	Evaluate	UpdateTime
▶ 1	11A	SXLC001A	洛川红富士苹果冰糖心10斤箱装	44.80	3601	161324.80	(Null)		1	0.00 (Null)
2	11A	SDYT002A	烟台红富士苹果10斤箱装	29.80	5698	169800.40	(Null)		1	0.00 (Null)
4	11A	XJAK003A	阿克苏苹果冰糖心5斤箱装	29.80	12680	377864.00	(Null)		1	0.00 (Null)
6	11B	XJAK005B	库尔勒香梨10斤箱装	69.80	8902	621359.60	(Null)		1	0.00 (Null)
1001	11B	AHSZ006B	砀山梨10斤箱装大果	19.90	14532	289186.80	(Null)		1	0.00 (Null)
1002	11B	AHSZ006B	砀山梨5斤箱装特大果	17.90	20	358.00	(Null)		1	0.00 (Null)

图 5.60 下单失败时数据无变化

2）事务成功的情形

只购买两件商品（未超库存），在地址栏中输入 http://localhost:8080/order/pay?pid=1002&cnum=2 并回车，显示结果如图 5.61 所示。

此时，再打开数据库，看到购物车表中购买数量（CNum）已经填写为 2，确认购物（Confirm）被置位，订单号（Oid）也填写上了，订单表中生成了一条订单记录，而商品表中 1002 号商品的库存

减少了 2,如图 5.62 所示。

图 5.61 下单成功

图 5.62 下单成功时数据一致

可见,由于有了事务保证,无论用户下单操作成功或失败,数据库各表的数据始终能保持一致。

第 6 章　Spring Boot 安全框架

在互联网的世界里存在太多的恶意攻击，因此保证网站安全就十分必要，对于某些重要操作的请求，需要验明用户身份后才可以进行；此外，当需要与第三方企业合作，存在系统之间的交互时，也需要验证合作方身份才允许处理业务。为了提供安全机制，Spring Boot 推出了其安全框架——Spring Security。

▶第 6 章视频提纲

6.1　Spring Security 基础

6.1.1　Spring Security 简介

Spring Security 是一个专门针对 Spring/Spring Boot 应用系统的安全框架，它充分利用了 Spring 的依赖注入和 AOP 功能，为网站提供声明式的安全访问控制解决方案，使用这个框架进行开发，可省去为企业系统安全控制而不得不编写的大量重复代码，有助于提高可靠性和开发效率。

Spring Security 基于 Spring AOP 和 Servlet 过滤器，对访问用户进行认证和授权。除此之外，它还提供了 ACLS、LDAP、JAAS、CAS 等高级特性以满足复杂环境下的安全需求。

认证（Authentication）和授权（Authorization）是 Spring Security 框架最为重要的两大核心功能，认证即确认用户是否可以访问当前系统，授权则是进一步确定用户在当前系统下所拥有的操作权限。

6.1.2　Spring Security 安全应用架构

▶Spring Security 安全应用架构

Spring Security 为 Web 应用的访问安全性提供了一个适配器类 WebSecurityConfigurerAdapter，该类实现了 WebSecurityConfigurer<WebSecurity>接口，并提供了两个 configure()方法用于认证和授权操作。开发时，用户需要自定义一个继承自 WebSecurityConfigurerAdapter 适配器的类，在类上加 @Configuration 注解后，就可以通过重写其中的两个 configure()方法来配置所需要的安全策略。

其中，参数类型为 AuthenticationManagerBuilder 的 configure()方法实现认证功能，而参数类型为 HttpSecurity 的 configure()方法实现授权功能。

Spring Security 安全应用架构如图 6.1 所示。

1. 认证

访问用户的账号信息被 Spring Security 封装于一个类型为 UserDetails 的实体内，由开发者编写的服务类通过实现 UserDetailsService 接口中的 loadUserByUsername()方法获取。认证时还可对用户密码进行加密，Spring Security 5 默认采用 BCrypt 算法的加密器，开发者也可以定义自己的加密器（通过实现 PasswordEncoder）。最后，将开发好的服务类、加密器等组件注入（用@Bean）Spring Boot 容器中，再由作为配置类的 WebSecurityConfigurerAdapter 适配器将它们配置注册（用 AuthenticationManagerBuilder）进系统即可开始正常工作并发挥认证作用。

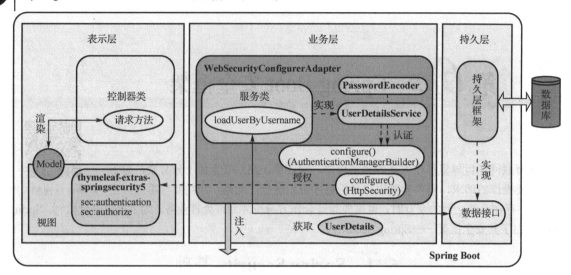

图 6.1　Spring Security 安全应用架构

2. 授权

对来访用户应用的权限规则写在 configure (HttpSecurity) 方法中，它可与前端的 thymeleaf-extras-springsecurity5（Thymeleaf 的 Spring Security 扩展支持）组件配合使用，以 sec:系列标签判断登录用户的角色、获取用户名等，使不同权限的用户访问不一样的页面内容。

6.2　用户认证

6.2.1　安全框架中的用户

在 Spring Security 的适配器类中，通过重写 configure(AuthenticationManagerBuilder)方法完成用户认证，认证需要有一套用户数据的来源，Spring Security 框架支持多种来源的用户信息。

1. 内存用户

使用 AuthenticationManagerBuilder 的 inMemoryAuthentication()方法即可添加内存中的临时用户，并可给其指定角色和权限。但此种方式多在开发和测试阶段用于快速验证，正式上线运行的系统一般不会采用，因为内存空间毕竟有限，且会占用 JVM 的内存，降低性能。

2. JDBC 数据源用户

通过 JDBC 获取用户信息，直接指定 dataSource（数据源）即可。在这种方式下由 Spring Security 默认了数据库的结构，在 JDBC 持久层实现中定义好默认的用户及其角色权限获取的 SQL 语句。当然，开发者也可以自定义查询用户和权限的 SQL 语句。此种方式无法适应多种多样的数据库类型，因此用得也不多。

3. 通用用户

这是普遍采用的方式，用户信息和权限可通过各种不同的持久层框架获取，用户信息既可存放在关系数据库中，也可存放在非关系数据库中，非常灵活。

使用通用用户必须由开发者自定义实现 UserDetailsService 接口的类，并重写其中的 loadUserByUsername()方法查询对应的用户和权限。实际上，上述内存中的用户及 JDBC 数据源用户也都是 UserDetailsService 的实现，只不过是由 Spring Security 框架提供的现成默认实现，供特殊情况下有需要时使用而已。

如前所述，通用用户方式下所开发的 UserDetailsService 接口实现类（属于一种业务层服务类）必须在 WebSecurityConfigurerAdapter 适配器（属于一种 Java 配置类）中注册才能起作用。

6.2.2 认证信息的获取

在 Spring Security 框架中，认证信息的获取是由 UserDetails 和 UserDetailsService 配合完成的。

1. UserDetails 用户实体

UserDetails 是 Spring Security 的用户实体类，专门用于存储用户名、密码、权限等信息，它以框架中一个核心接口的形式提供给开发者，该接口中定义了一些可以获取用户名、密码、权限等与认证相关的信息的方法，具体如下。

- String getUsername()：返回用户名，无法返回则显示为 null。
- String getPassword()：返回密码，无法返回则显示为 null。
- booleanisEnabled()：用户是否被禁用。被禁用的用户不能进行身份认证。
- booleanisAccountNonLocked()：用户账号是否被锁定或解锁，被锁定的用户无法进行身份认证。
- booleanisAccountNonExpired()：用户账号是否过期，过期则无法认证。
- booleanisCredentialsNonExpired()：用户凭据（密码）是否过期，过期则无法认证。

在安全开发中，定义实体（模型）类的时候需要用 implements UserDetails 声明实现一个 UserDetails 类型的接口，并重写其 getAuthorities 来获取该用户所拥有的所有角色权限，这样这个用户实体才能真正成为 Spring Security 安全框架所识别的通用用户，用于身份认证。

2. UserDetailsService 接口

Spring Security 提供了一个 UserDetailsService 接口，通过它可以获取用户信息，而这个接口中只有一个 loadUserByUsername() 方法需要根据用户名加载相关信息，该方法定义返回一个 UserDetails 类型的接口对象，其中包含了用户的各项信息，包括用户名、密码、权限、是否启用、是否被锁定、是否过期等。

登录认证时，Spring Security 将通过 UserDetailsService 的 loadUserByUsername() 方法获取对应的 UserDetails 实体对象进行认证。

6.3 请求授权

认证功能可以验证用户身份，并且可以给用户赋予不同的角色，但对于不同角色的用户而言，其访问权限是不一样的。例如，一个网站可能存在管理员用户和普通用户，管理员用户拥有的权限会比普通用户大得多。

在安全应用架构中，配置类继承了 WebSecurityConfigurerAdapter 适配器类，并覆盖了其 configure(AuthenticationManagerBuilder) 方法。除此之外，适配器中还提供了另一个方法，那就是 configure(HttpSecurity)，通过它便能够实现对于不同角色用户赋予不同权限的功能。

configure(HttpSecurity) 方法使用其参数 HttpSecurity 的 authorizeRequests() 方法的子节点给指定用户授权访问 URL 的模式。因为适配器类已经提供了 configure(HttpSecurity) 方法的默认实现，所以通常情况下，只要是通过了认证的用户便可以访问所有的请求地址。还可以通过 formLogin() 方法配置默认的登录页面、失败转向页面，通过 httpBasic() 方法启用浏览器的 HTTP 基础认证方式。

在默认情况下，只要是登录了的用户，其一切请求都会畅通无阻，但这样在实际应用中是很不安全的，毕竟不同的用户有着不同的角色，必须根据角色来授予不一样的权限。因此，通常需要在 configure(HttpSecurity)方法中自定义一系列安全访问的规则，可以通过 antmatchers()方法使用 Ant 风格或者正则式来匹配 URL 路径，然后针对当前用户的信息对请求路径进行安全处理。Spring Security 提供了许多安全处理方法，具体见表 6.1。

表 6.1 Spring Security 的安全处理方法

安全处理方法	用 途
anyRequest()	匹配所有请求路径
authenticated()	用户登录后可访问
formLogin()	启用安全框架默认的登录页面
httpBasic()	启用浏览器的 HTTP 基础认证
permitAll()	用户可任意访问
anonymous()	匿名可访问
access(String)	Spring EL 表达式结果为 true 时可访问
rememberMe()	允许通过了 remember-me 功能认证的用户访问
fullyAuthenticated()	用户只有在完全（非 remember-me）认证的情况下可访问
denyAll()	不允许任何访问
and()	连接词，并取消之前限定的前提规则
not()	对其他方法的访问采取求反
hasAuthority(String)	用户是给定的角色才允许访问（参数字符串表示角色）
hasAnyAuthority(String…)	只要用户具有给定角色中的任意一个就允许访问（参数字符串指定多个角色）
hasRole(String)	将访问权限授予一个角色（角色名会自动加前缀"ROLE_"）
hasAnyRole(String…)	将访问权限授予多个角色（角色名会自动加前缀"ROLE_"）
hasIpAddress(String)	用户来自给定的 IP 地址才允许访问（参数字符串表示 IP 地址）

这样，通过上述方法就可以给予请求的地址一定的权限保护了。但需要注意的一点是，对于这些方法，框架会采取"先配置者优先"的原则，在权限存在冲突的情形下，Spring Security 以用户先配置的方法所定义的权限为准，所以在实际工作中建议把那些具体、严格的权限限制方法写在前面，而把通用、宽松的权限限制方法写在后面。

6.4 安全应用实例

下面通过一个典型的实例来演示 Spring Security 安全框架的功能应用。

【实例 6.1】 运用 Spring Security 安全框架实现"商品信息管理系统"登录功能。根据不同用户角色显示不同的内容界面，若为商家登录，则显示"商品管理"表单；若为顾客登录，则显示"商品浏览"列表。

本例与【实例 2.6】在功能上类似，但这里应用了安全框架的功能而非.properties 配置文件来管理和验证不同角色的用户。

1．准备数据库表

本例在 MySQL 数据库中存储登录用户的信息，但 Spring Security 框架要求用户、角色及关联数据必须按一定的格式保存在以特定方式关联的多个表中，故先要创建相关的表及录入测试用样本记录。

通过 Navicat Premium 连接 MySQL, 在其查询编辑器中执行 SQL 语句准备表和数据。

1) 访客表 (visitor)

该表用于保存来访的用户账号信息 (用户名和密码), 执行以下 SQL 语句:

```sql
USE netshop;
CREATE TABLE visitor
(
    id          int             NOT NULL PRIMARY KEY,    /*访客号*/
    username    varchar(16)     NOT NULL,                /*用户名*/
    password    varchar(12)     NOT NULL                 /*密码*/
);
INSERT INTO visitor(id,username,password) VALUES(1,'SXLC001A','888');
INSERT INTO visitor(id,username,password) VALUES(2,'easy-bbb.com','abc123');
```

创建表后向其中插入了两条访客用户账号的记录。

注意: 访客表的用户名和密码两个字段的名称只能为 username 和 password, 这是为了在后面编程设计实体类时使其属性与安全框架的 UserDetails 接口兼容。

2) 角色表 (role)

该表用于保存角色信息, 本例设置了两种角色, 角色名分别是 ROLE_SUP (商家) 和 ROLE_USER (顾客), 执行以下 SQL 语句:

```sql
USE netshop;
CREATE TABLE role
(
    id      int             NOT NULL PRIMARY KEY,    /*角色号*/
    name    varchar(10)     NOT NULL                 /*角色名*/
);
INSERT INTO role(id,name) VALUES(1,'ROLE_SUP');
INSERT INTO role(id,name) VALUES(2,'ROLE_USER');
```

注意: 这里插入的两条记录中角色名必须以 "ROLE_" 打头, 且所有字符必须大写, 才能被安全框架正确识别。

3) 访客—角色关联表 (visitor_roles)

该表用于记录访客表中用户账号与角色表中角色之间的对应关系, 执行以下 SQL 语句:

```sql
USE netshop;
CREATE TABLE visitor_roles
(
    visitor_id  int     NOT NULL,                            /*访客号*/
    roles_id    int     NOT NULL,                            /*角色号*/
    FOREIGN KEY(visitor_id) REFERENCES visitor(id)
        ON DELETE RESTRICT ON UPDATE RESTRICT,
    FOREIGN KEY(roles_id) REFERENCES role(id)
        ON DELETE RESTRICT ON UPDATE RESTRICT
);
INSERT INTO visitor_roles(visitor_id,roles_id) VALUES(1,1);
INSERT INTO visitor_roles(visitor_id,roles_id) VALUES(2,2);
```

插入的两条记录分别建立关联: 1号访客 SXLC001A 对应 1号角色 ROLE_SUP (商家), 2号访客 easy-bbb.com 对应 2号角色 ROLE_USER (顾客)。

注意: 关联表的 "访客号" 字段名必须以 "访客表名_" 打头 (这里为 visitor_), 即要与安全框架在底层操作的时候自动生成的关联字段名一致。

本例的持久层通过 JPA 操作 MySQL 数据库获取访客用户的信息。

2. 创建项目

创建 Spring Boot 项目，项目名为 mystore，在出现的向导界面的"Dependencies"列表中选择 Spring Boot 基本框架（"Web"→"Spring Web"）、Thymeleaf 引擎组件（"Template Engines"→"Thymeleaf"）、Lombok 模型简化组件（"Developer Tools"→"Lombok"）、JPA 框架（"SQL"→"Spring Data JPA"）以及 MySQL 的驱动（"SQL"→"MySQL Driver"）。

为使项目支持安全访问，最重要的是添加 Spring Security 安全框架，选择"Security"→"Spring Security"，如图 6.2 所示。

添加的 Spring Security 安全框架在项目 pom.xml 文件中对应有两个依赖项，如下：

```
<dependency>
<groupId>org.springframework.boot</groupId>
<artifactId>spring-boot-starter-security</artifactId>
</dependency>
<dependency>
<groupId>org.thymeleaf.extras</groupId>
<artifactId>thymeleaf-extras-springsecurity5</artifactId>
</dependency>
```

【实例 6.1】依赖配置

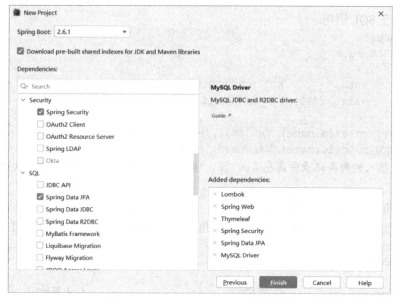

图 6.2　添加 Spring Security 安全框架

其中，第 1 个 spring-boot-starter-security 是安全框架的核心依赖；第 2 个 thymeleaf-extras-springsecurity5 则是 Thymeleaf 的 Spring Security 扩展支持组件，用于前端。

3. 配置连接

打开项目工程目录树 src→main→resources 下的 application.properties 文件，在其中配置对 MySQL 数据库的连接，内容如下：

```
spring.datasource.url = jdbc:mysql://localhost:3306/netshop?useUnicode=true&characterEncoding=utf8&serverTimezone=UTC&useSSL=true
spring.datasource.username = root
spring.datasource.password = 123456
spring.datasource.driver-class-name = com.mysql.cj.jdbc.Driver
```

4. 开发实体

在项目工程目录树的 com.example.mystore 节点下创建 entity 包，在其中创建访客和角色两个关联的实体类。

1）访客实体

访客实体对应的是访客表（visitor），设计实体类 Visitor.java，代码如下：

```java
package com.example.mystore.entity;

import lombok.Data;
import org.springframework.security.core.GrantedAuthority;
import org.springframework.security.core.authority.SimpleGrantedAuthority;
import org.springframework.security.core.userdetails.UserDetails;

import javax.persistence.*;
import java.util.ArrayList;
import java.util.Collection;
import java.util.List;

@Entity
@Data
public class Visitor implements UserDetails {          // (a)
    @Id
    private int id;
    private String username;                    //用户名属性必须命名为username
    private String password;                    //密码属性必须命名为password
    @ManyToMany(cascade = {CascadeType.REFRESH}, fetch = FetchType.EAGER)
    private List<Role> roles;                    // (b)

    @Override
    public Collection<? extends GrantedAuthority> getAuthorities() {
        List<GrantedAuthority> authorities = new ArrayList<>();
        List<Role> roles = this.getRoles();
        for (Role role : roles) {
            authorities.add(new SimpleGrantedAuthority(role.getName()));
        }
        return authorities;
    }

    @Override
    public boolean isAccountNonExpired() {
        return true;
    }

    @Override
    public boolean isAccountNonLocked() {
        return true;
    }

    @Override
    public boolean isCredentialsNonExpired() {
        return true;
```

```
            }
            
            @Override
            public boolean isEnabled() {
                return true;
            }
    }
```

说明：

（a）**public class Visitor implements UserDetails {…}**：访客实体类必须实现 UserDetails 才能被安全框架纳入为其所使用的用户实体对象，为其提供认证服务。

由于访客类声明了实现 UserDetails，所以必须重写其 getAuthorities()、isAccountNonExpired()、isAccountNonLocked()、isCredentialsNonExpired()、isEnabled()等方法，尽管它们在程序功能实现中未必用得到，但都要写出完整的方法体来。

（b）**@ManyToMany(cascade = {CascadeType.REFRESH}, fetch = FetchType.EAGER)、private List<Role> roles;**：这是用 JPA 注解配置访客与角色的"多对多"关联，将角色列表定义为访客类的一个属性。

2）角色实体

角色实体对应的是角色表（role），其实体类 Role.java 的代码如下：

```
package com.example.mystore.entity;

import lombok.Data;

import javax.persistence.Entity;
import javax.persistence.Id;

@Entity
@Data
public class Role {
    @Id
    private int id;                    //角色号
    private String name;               //角色名
}
```

5. 开发持久层

持久层就只有一个 JPA 数据接口，用于获取数据库中的访客用户数据。

在项目工程目录树的 com.example.mystore 节点下创建 repository 包，在其中创建接口 VisitorRepository.java，定义代码如下：

▶创建安全项目

```
package com.example.mystore.repository;

import com.example.mystore.entity.Visitor;
import org.springframework.data.jpa.repository.JpaRepository;

public interface VisitorRepository extends JpaRepository<Visitor,Integer> {
    Visitor findByUsername(String username);       //根据用户名查询访客
}
```

6. 定义安全服务类

在典型的安全应用中，业务层的主要工作包括认证和授权，但这些都已经由安全框架代劳了，开发者只需要定义好自己的安全服务类实现 Spring Security 的规定接口。

▶用户认证

在项目工程目录树的 com.example.mystore 节点下创建 service 包,在其中定义安全服务类。
1)实现 UserDetailsService 接口
定义的安全服务类只要重写接口中的 loadUserByUsername()方法。
安全服务类 MyUserDetailsService.java 代码如下:

```java
package com.example.mystore.service;

import com.example.mystore.entity.Visitor;
import com.example.mystore.repository.VisitorRepository;
import org.springframework.beans.factory.annotation.Autowired;
import org.springframework.security.core.userdetails.UserDetails;
import org.springframework.security.core.userdetails.UserDetailsService;
import org.springframework.security.core.userdetails.UsernameNotFoundException;

public class MyUserDetailsService implements UserDetailsService {
    @Autowired
    VisitorRepository visitorRepository;                    //注入持久层 JPA 数据接口

    @Override
    public UserDetails loadUserByUsername(String username) {//重写接口方法
        Visitor visitor = visitorRepository.findByUsername(username);
                                                            //获取访客用户信息
        if (visitor == null) {
            throw new UsernameNotFoundException("用户不存在!");
        }
        return visitor;
    }
}
```

这里,安全服务类从持久层的 JPA 接口获取访客用户 UserDetails 类型的封装信息。
2)自定义加密器
前面已经讲过,Spring Security 5 默认采用 BCrypt 算法的加密器,但本例为简单起见,存储在 MySQL 中的用户密码用的都是明文,为免去加(解)密的麻烦,这里自定义了一个加密器,它不使用任何加密算法,直接将明文字符串原样返回。
自定义加密器 MyPasswordEncoder.java 的代码如下:

```java
package com.example.mystore.service;

import org.springframework.security.crypto.password.PasswordEncoder;

public class MyPasswordEncoder implements PasswordEncoder {
    @Override
    public String encode(CharSequence sequence) {
        return sequence.toString();                         //直接将明文字符串原样返回
    }

    @Override
    public boolean matches(CharSequence sequence, String password) {
        return password.equals(sequence.toString()); //直接明文匹配
    }
}
```

说明：由于本例仅用于演示安全框架基本的工作原理和使用方法，为节省篇幅、简化程序而定义了一个没有任何加密算法的加密器，在实际应用中可不能这么做！实际使用的加密器必须实现足够安全的加密算法，否则就失去了加密的意义。

若要开发实用的加密器，只需要自定义一个加密器类实现安全框架的 PasswordEncoder 接口，然后在覆盖的方法中编写自己的加密算法及匹配流程即可。

7. 配置安全策略

对安全策略的设计都在一个 Java 配置类中进行，如前面所介绍的，也就是重写安全框架适配器中的两个 configure()方法。

▶请求授权

在项目工程目录树的 com.example.mystore 节点下创建 configer 包，在其中创建配置类 SecurityConfiger，继承安全框架适配器 WebSecurityConfigurerAdapter 类。

SecurityConfiger.java 代码如下：

```java
package com.example.mystore.configer;

import com.example.mystore.service.MyPasswordEncoder;
import com.example.mystore.service.MyUserDetailsService;
import org.springframework.context.annotation.Bean;
import org.springframework.context.annotation.Configuration;
import org.springframework.security.config.annotation.authentication.builders.AuthenticationManagerBuilder;
import org.springframework.security.config.annotation.web.builders.HttpSecurity;
import org.springframework.security.config.annotation.web.configuration.WebSecurityConfigurerAdapter;
import org.springframework.security.core.userdetails.UserDetailsService;
import org.springframework.security.crypto.password.PasswordEncoder;

@Configuration
public class SecurityConfiger extends WebSecurityConfigurerAdapter {
    @Bean                                                //注册安全服务类
    public UserDetailsService getUserDetailsService() {
        return new MyUserDetailsService();
    }

    @Bean                                                //注册自定义的加密器
    public PasswordEncoder getPasswordEncoder() {
        return new MyPasswordEncoder();
    }

    @Override
    //重写第 1 个 configure()方法（配置认证策略）
    protected void configure(AuthenticationManagerBuilder builder) throws Exception {
        builder.userDetailsService(getUserDetailsService()).passwordEncoder(getPasswordEncoder());       //（a）注入安全服务类及加密器
    }

    @Override
    //重写第 2 个 configure()方法（配置授权策略）
    protected void configure(HttpSecurity http) throws Exception {
```

```
            http
                    .authorizeRequests()
                    .anyRequest().authenticated()
                    .and()
                    .formLogin().loginPage("/index").failureUrl("/index?error").perm
itAll()
                    .and()
                    .logout().permitAll();                         // (b)
        }
    }
```

说明：

（a）**builder.userDetailsService(getUserDetailsService()).passwordEncoder(getPasswordEncoder());**：在第 1 个 configure()方法中配置认证策略，通过 AuthenticationManagerBuilder 向安全框架中注入前面自定义的安全服务类及加密器。

（b）**http**

.authorizeRequests()

.anyRequest().authenticated()

.and()

.formLogin().loginPage("/index").failureUrl("/index?error").permitAll()

.and()

.logout().permitAll();：在第 2 个 configure()方法中配置授权策略，通过 HttpSecurity 的 authorizeRequests()方法下的子节点配置用户访问 URL 的权限。其中，.anyRequest().authenticated()表示所有请求都必须经过认证（登录）后才允许访问；.formLogin().loginPage("/index").failureUrl ("/index?error").permitAll()设定安全框架默认的登录页面为 index.html（稍后在前端开发中编写），并用 permitAll()方法开放登录页面可任意访问；**.logout().permitAll()**定制注销行为，设定用户的注销请求可任意访问。

8. 开发前端

1）编写控制器

有了安全框架的支持，控制器中无须编写任何用户登录认证及授权的逻辑，只要简单地进行初始化和页面转向即可。

在项目工程目录树的 com.example.mystore 节点下创建 controller 包，在其中创建控制器类 LogController.java，代码如下：

```
package com.example.mystore.controller;

import org.springframework.stereotype.Controller;
import org.springframework.ui.Model;
import org.springframework.web.bind.annotation.RequestMapping;

@Controller
public class LogController {
    @RequestMapping("index")
    public String init(Model model) {
        model.addAttribute("code", "SXLC001A");
        model.addAttribute("password", "888");
        return "index";
```

```
        }

        @RequestMapping("/")
        public String loginCheck() {
            return "home";
        }
    }
```

2）开发页面

（1）加载图片资源。

为了让不同角色的访客在登录系统后看到不一样的内容，与【实例 2.6】一样显示两张不同的图片，需要先往项目中加载图片资源。在项目工程目录树的 src→main→resources→static 目录下新建一个 image 子目录，将两张图片（商品管理.jpg、商品浏览.jpg）存放进去。

（2）设计登录页面 index.html。

index.html 代码如下：

```
<!DOCTYPE html>
<html lang="en" xmlns:th="http://...">
<head>
<meta charset="UTF-8">
<title>商品信息管理系统</title>
</head>
<body bgcolor="#e0ffff">
<br>
<div style="text-align: center">
<p th:if="${param.logout}">您已退出系统。</p>
<p th:if="${param.error}">登录出错！请重试。</p>
<form th:action="@{/index}" method="post">
<table style="text-align: center;margin: auto">
<caption><h4>用户登录             </h4></caption>
<tr>
<td>用  户 </td>
<td>
<input th:type="text" name="username" size="16" th:value="${code}">
</td>
</tr>
<tr>
<td>密  码 </td>
<td>
<input th:type="password" name="password" size="16" th:value="${password}">
</td>
</tr>
</table>
<br>
<input th:type="submit" value="登录">  
<input th:type="reset" value="重置">  
</form>
</div>
</body>
</html>
```

(3) 设计欢迎页面 home.html。

home.html 代码如下：

```html
<!DOCTYPE html>
<html lang="en" xmlns:th="http://               " xmlns:sec="http://
/thymeleaf-extras-springsecurity5">
                                    <!--引入Thymeleaf的Spring Security扩展支持组件-->
<head>
<meta charset="UTF-8">
<title>商品信息管理系统</title>
</head>
<body bgcolor="#e0ffff">
<br>
<div style="text-align: center">
<h3>欢迎使用商品信息管理系统</h3>
<h4 style="display: inline">用户：</h4><span sec:authentication="name"></span>
                                                                     <!-- (a) -->
<br>
<br>
<div sec:authorize="hasRole('ROLE_SUP')">                            <!-- (b) -->
<img th:src="'image/商品管理.jpg'" height="138px" width="639px">
</div>
<div sec:authorize="hasRole('ROLE_USER')">                           <!-- (c) -->
<img th:src="'image/商品浏览.jpg'" height="190px" width="639px">
</div>
<form th:action="@{/logout}" method="post">                          <!-- (d) -->
<input th:type="submit" value="注销"/>
</form>
</div>
</body>
</html>
```

其中：

（a）**<span sec:authentication="name"></span>**：通过 sec:authentication 从安全框架中获得当前访客的用户名，这里需要特别注意，name 是由 authentication 内部提供的属性，不能随便更改，否则会取不到值。

（b）**<div sec:authorize="hasRole('ROLE_SUP')"><img th:src="'image/商品管理.jpg'" height="138px" width="639px"></div>**：当访客角色为 ROLE_SUP（商家）时显示"商品管理.jpg"图片。

（c）**<div sec:authorize="hasRole('ROLE_USER')"><img th:src="'image/商品浏览.jpg'" height="190px" width="639px"></div>**：当访客角色为 ROLE_USER（顾客）时显示"商品浏览.jpg"图片。

（d）**<form th:action="@{/logout}" method="post">**：/logout 是注销的默认路径，通过 POST 请求提交。

9. 运行演示

启动项目，打开浏览器，在地址栏中输入 http://localhost:8080/index 并回车，进入登录页面。

1）以商家角色登录

登录页面上初始已经填好了数据库中商家账号的用户名和密码，直接单击"登录"按钮即可。欢迎页面显示商品管理图片，如图 6.3 所示。

图 6.3 以商家角色登录的结果

2）以顾客角色登录

重新访问登录页面，在"用户"栏中输入"easy-bbb.com"，在"密码"栏中输入"abc123"，单击"登录"按钮，进入欢迎页面，显示商品浏览图片，如图 6.4 所示。

图 6.4 以顾客角色登录的结果

3）登录出错提示

如果在登录页面输入的用户名或密码错误，安全框架会阻止用户访问欢迎页面，同时在登录页面上显示出错提示，如图 6.5 所示。

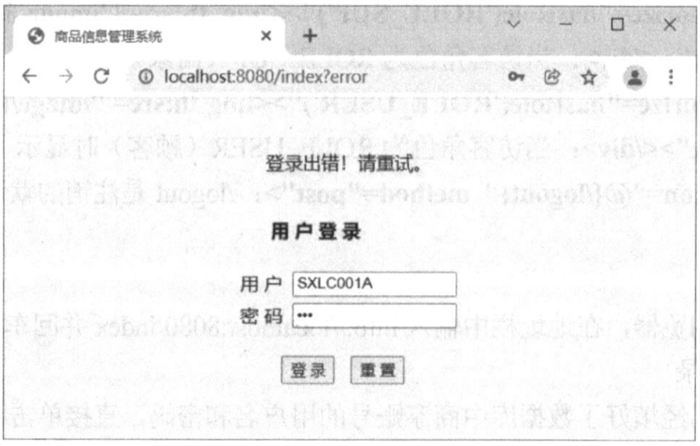

图 6.5 显示出错提示

4）注销退出

不管用户以何种角色登录，都可以单击欢迎页面图片下方的"注销"按钮退出系统，回到登录页面后可看到"您已退出系统"的提示信息，如图 6.6 所示。

图 6.6　注销后的提示信息

第7章 REST 风格接口开发

互联网环境运行着种类繁多的 Web 应用系统和 App，不同平台和架构的系统相互请求访问数据和共享彼此的资源成为常态，因此一个规范化、标准化且风格一致的接口对于互联网应用的交互协作必不可少。如今的互联网已进入微服务和云的时代，一种被称作 "REST" 风格的接口成为各个互联网应用之间最为流行的交互方式，从事 Spring Boot 开发必须了解这种风格的网站接口设计。

▶第 7 章视频提纲

7.1 REST 接口概述

7.1.1 REST 简介

REST（Representational State Transfer，表现层状态转换）是由 HTTP 的主要设计者、Apache 基金会第一任主席、著名互联网专家 Roy Thomas Fielding 博士最早在 2000 年提出的一种软件架构风格，它可以有效地降低网络应用开发的复杂性，提高系统的可伸缩性，在目前 3 种主流的 Web 服务实现方案中，比传统 SOAP 和 XML-RPC 更加简洁，故越来越多的 Web 服务开始采用 REST 风格设计和实现，这对互联网开发产生了深远的影响。

1. 基本概念

REST 将资源的状态以适合客户端的形式从服务器发送到客户端（或相反），通过 URI 进行资源定位，用 HTTP 动作描述操作、完成功能。

1）资源

所谓 "资源" 也就是互联网系统中一个具体存在的可供请求使用的对象，它可以是一般关系数据库中的记录，也可以是一些特殊媒体类型数据（如图片、歌曲、视频等），还可以是系统权限用户、角色和菜单等。在 REST 中，每一个资源都会对应一个独一无二的 URI（Uniform Resource Identifier，统一资源标识符），要获取这个资源，只要发起请求去访问它的 URI 即可。在 REST 中，URI 有时也称端点（End Point）。

2）表现层

有了资源还需要确定如何表现这个资源。例如，一个用户记录可以以 JSON、XML 或其他的形式表示。在现今的互联网开发中，JSON 已经是最通用的表现形式，所以通常网络上的数据都会以 JSON 格式表示和传输。

3）状态转换

实际应用中的资源并非一成不变，一个资源可以经历创建、访问、修改和删除的过程。由于 HTTP 是一个没有状态的协议，这也就意味着资源的状态变化只能保存在服务器端，在 HTTP 中存在多种动作来对应这些变化。

2. HTTP 动作

对于一个资源而言，既然它存在创建、访问、修改和删除这样的状态转换，也就对应于 HTTP 的多种动作,具体如下。

(1) GET:访问服务器资源(一个、多个或全部)。
(2) POST:向服务器提交资源信息,用来创建新的资源。
(3) PUT:修改服务器上已经存在的资源。此动作会把资源的所有属性一并提交。
(4) PATCH:修改服务器上已经存在的资源。此动作只将资源的部分需要修改的属性提交。
(5) DELETE:从服务器上删除资源。

以上这 5 个是实际应用中 HTTP 常用的基本动作。当然,HTTP 还有另外一些不常用的动作,如 HEAD(获取资源的元数据)、OPTIONS(提供资源可供客户端修改的属性信息)等,因为实用价值不大,本书不予讨论。

3. REST 风格

1) 核心理念

REST 风格的核心理念是,将资源的定位与操作分离开来,URI 仅负责描述资源所在位置,而由 HTTP 动作来描述要对资源进行的具体操作。

基于此种理念,REST 风格的 URI 中是不应当包含动词的。例如,前面章节的实例要查询数据库中商品号为 1 的商品信息,访问如下地址:

```
http://localhost:8080/com/get?pid=1
```

这显然不符合 REST 规范,REST 风格的地址应当设计成这样:

```
http://localhost:8080/coms/1
```

然后向这个地址发起 GET 请求来获取 1 号商品的记录。如果现在的需求变为删除 1 号商品,则在 REST 风格下同样访问这个地址,只不过需要把请求的动作类型改为 DELETE。

2) 参数传递方式

REST 将参数作为 URI 的组成部分,通过对 URI 本身的精心设计来获取参数,而不是像传统请求那样将参数拼接在地址后面逐一赋值携带。

例如,添加商品记录。

传统的访问地址为:

```
http://localhost:8080/com/add?参数1=值1&参数2=值2&...&参数n=值n
```

REST 风格的地址为:

```
http://localhost:8080/coms/值1/值2/…/值n
```

如果要传递的参数数目较多(多于 5 个),则通常采取传递一个 JSON 对象体的方式来传递参数,访问地址就简化为:

```
http://localhost:8080/coms
```

然后将所有参数封装于一个 JSON 对象中:

```
{"参数1":值1,"参数2":值2, …,"参数n":值n}
```

放在请求体中一起发出去即可。

4. 架构原则

除对 URI 设计风格的要求外,REST 对互联网软件的架构同样有一套特别的约束条件和原则,体现在如下几点。

1) 采用客户-服务器模型

REST 系统必须基于客户-服务器(C/S)方式工作,提供资源的服务器和使用资源的客户端需要隔离,两者之间通过一个统一的接口来互相通信。

2) 标准化通信

在一个 REST 系统中,客户端并不会固定地与同一个服务器打交道,故服务器和客户端之间的通信必须被标准化。

3）无状态

REST 系统都是基于 HTTP 的，而 HTTP 连接最显著的特点是，客户端发送的每次请求都需要服务器回送响应，在请求结束后主动释放连接。从建立连接到关闭连接的过程称为"一次请求"，前后的请求并没有必然联系，所以是无状态的。服务器并不会保存有关客户端的任何状态，需要客户端负责自身状态的维持，并在每次发送请求时提供足够的信息。此外，所有的资源都可以通过 URI 定位，而且这个位置与其他资源无关，也不会因为其他资源的变化而变化。

4）可缓存

REST 系统需要缓存请求，以尽量减少服务器和客户端之间的信息传输量、提高性能，而且服务器必须让客户端知道请求是否可以被缓存。

5）统一接口

REST 系统需要通过一个统一的接口来完成各子系统间以及服务器与客户端之间的交互，故客户端与服务器之间通信的方法必须统一。

对于客户端发起的请求操作，REST 将对数据的元操作（增、删、改、查）分别对应到 HTTP 几种基本的动作类型上，即用 POST 新建资源，用 DELETE 删除资源，用 PUT/PATCH 更新资源，用 GET 来获取资源，这样就统一了数据操作的接口。

对于返回客户端的响应结果，REST 全都用 HTTP 状态码表示，每一个状态码（如 200、201、202、204、400、401、403、500 等）在 REST 中都有特定的含义，比如，200 表示操作成功；401 表示用户身份验证失败；403 表示身份验证通过了，但对资源没有操作权限。这样就统一了返回消息的接口。

如果一个软件的架构符合上述原则，就称它为 REST 风格的架构。

遵循 REST 风格，可以使开发的接口更为通用，以便调用者理解接口的作用。鉴于此，目前各大互联网公司的系统对外提供的 API 基本都是 REST 风格的，这样既可以统一规范，又可以减少沟通、学习和二次开发的成本。

7.1.2 Postman 接口调试工具

实际互联网开发中，接口开发是由专门人员承担的，故往往在接口做好后尚不具备与之配套的前端或客户端程序，如何检验接口功能的有效性呢？这就要用到接口调试工具，它能够模拟真实的客户端向服务器接口发出各种类型的请求，并接收和显示接口返回的响应内容。

已经有很多种接口调试工具，目前用于 REST 接口调试最流行的工具当属 Postman，它能模拟各种动作类型的 HTTP 请求，且与浏览器相比，它能直接输出 JSON 格式数据，让用户直观地看到接口返回的结果。本章开发的接口都使用 Postman 作为调试工具，下面先来介绍 Postman 的安装和使用。

1. 获取 Postman

从网络各种渠道均可获得 Postman，一般以压缩包的形式提供，编者所使用的压缩包文件名为 Postman5.5.5.zip，对其解压，存盘到某个路径下待用。

2. 安装 Google Chrome 浏览器

通常 Postman 是作为 Google Chrome 浏览器的一个插件运行的，所以安装 Postman 首先要有 Google Chrome 浏览器，这个浏览器是免费的，很容易下载及安装，过程略。

3. 打开扩展程序工具

打开 Google Chrome 浏览器，进入主菜单，选择"更多工具"→"扩展程序"命令，出现"扩展程序"页面，打开右上角的"开发者模式"开关，单击"加载已解压的扩展程序"按钮，如图 7.1 所示。

图 7.1 "扩展程序"页面上的操作

4. 加载 Postman

弹出"选择扩展程序目录"对话框，选中第 1 步 Postman 解压后的存放目录，单击"选择文件夹"按钮。回到"扩展程序"页面，可看到一个名为 Postman 的新的 Chrome 应用，如图 7.2 所示。

5. 安装完成

重新打开一个 Google Chrome 浏览器窗口，单击左上角"显示应用"按钮，在出现的"应用"页面上可看到 Postman 图标，如图 7.3 所示，说明安装成功。

图 7.2 新的 Chrome 应用　　　　　　　　图 7.3 安装成功

6. 使用 Postman

单击"应用"页面上的 Postman 图标即可打开其主界面，如图 7.4 所示。初次使用需要先注册一个账号，然后输入用户名、密码登录。

在界面左侧下拉列表中选择要使用的 HTTP 动作类型（GET、POST、PUT、PATCH、DELETE 等），在顶部 URL 栏中输入请求地址（REST 风格），单击右边的"Send"按钮即可向目标 REST 接口发出请求，接口响应后返回的处理结果会显示在 Postman 主界面上。

稍后的实例演示中，读者还将看到 Postman 更多的具体用法，此处暂不过多地展开。

图 7.4　Postman 主界面

7.2　控制器注解开发 REST 接口

Spring Boot 的@RequestMapping 注解能将 URL 地址映射到对应的控制器方法，那么只要把 URI 设计为符合 REST 风格规范，显然开发出的接口也就是 REST 接口。不过，为了更方便地支持 REST 开发，Spring Boot 还提供了 5 个专门的注解，具体如下。

- @GetMapping：对应 HTTP 的 GET 请求，获取资源。
- @PostMapping：对应 HTTP 的 POST 请求，创建资源。
- @PutMapping：对应 HTTP 的 PUT 请求，提交所有属性以修改资源。
- @PatchMapping：对应 HTTP 的 PATCH 请求，提交部分属性以修改资源。
- @DeleteMapping：对应 HTTP 的 DELETE 请求，删除服务器端的资源。

可见，这 5 个注解正好是针对 HTTP 的 5 个基本动作而设计的，通过它们就能有效地支持 REST 风格的规范。

7.2.1　开发实例

下面通过实例开发来演示 Spring Boot 控制器注解的应用。

【实例 7.1】　运用 Spring Boot 的控制器注解开发 REST 接口，实现对数据库商品记录的增、删、改、查操作。

1．准备数据库表

本例使用 MySQL 数据库中已经存在的商品表，但由于 Spring Data REST 对表名长度的限制，为与下一节的实例共用同一个表（便于对比两种模式开发的 REST 接口），将原商品表更名为 commodit，同时为满足接口测试添加新商品的需要，往关联的商家表和商品分类表中录入两条记录，执行以下语句：

```
USE netshop;
INSERT INTO supplier(SCode, SName, SWeiXin, Tel) VALUES('SHPD0A2B', '万享进货通供应链（上海）有限公司', '1889629850X', '1889629850X');
INSERT INTO category VALUES('11G', '车厘子');
```

更名后的商品表及其中数据如图 7.5 所示。

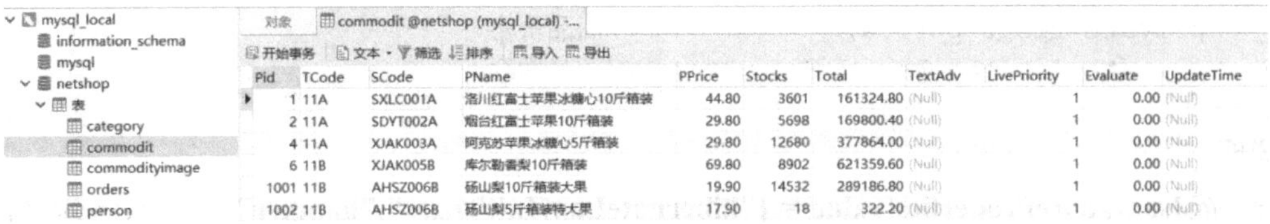

图 7.5 更名后的商品表及其中数据

2. 创建项目

创建 Spring Boot 项目，项目名为 RestMap，在出现的向导界面的"Dependencies"列表中选择 Spring Boot 基本框架（"Web"→"Spring Web"）、Lombok 模型简化组件（"Developer Tools"→"Lombok"）、JPA 框架（"SQL"→"Spring Data JPA"）以及 MySQL 的驱动（"SQL"→"MySQL Driver"）。

此处引入 JPA 框架是因为本例在底层（持久层）还是通过 JPA 操作 MySQL 的，而所开发的 REST 接口则是由控制器提供给前端（客户端）访问数据用的，并非系统自身在底层操作数据库的接口，要注意这两种接口是完全不同的概念。

3. 配置连接

在项目的 application.properties 文件中配置对 MySQL 数据库的连接，内容如下：

```
spring.datasource.url = jdbc:mysql://localhost:3306/netshop?useUnicode=true&characterEncoding=utf8&serverTimezone=UTC&useSSL=true
spring.datasource.username = root
spring.datasource.password = 123456
spring.datasource.driver-class-name = com.mysql.cj.jdbc.Driver

spring.jpa.show-sql = true
spring.jackson.serialization.indent-output = true

debug = true
```

这里在最后用一句"debug = true"设置打开调试模式，是为了后面测试接口时能通过 IDEA 环境底部的输出子窗口看到 REST 接口响应中的详细信息，便于跟踪观察接口的工作细节。

4. 开发实体

在项目工程目录树的 com.example.restmap 节点下创建 entity 包，在其中创建更名后的商品表（commodit）实体类 Commodit.java，代码如下：

```java
package com.example.restmap.entity;

import com.fasterxml.jackson.annotation.JsonIgnoreProperties;
import lombok.Data;

import javax.persistence.*;

@Entity
@Data
@JsonIgnoreProperties(value = {"hibernateLazyInitializer","handler","fieldHandler"})
                                    //（a）
public class Commodit {
    @Id
    private int pid;                    //商品号
    private String tcode;               //商品分类编码
```

```
    private String scode;              //商家编码
    private String pname;              //商品名称
    private float pprice;              //商品价格
    private int stocks;                //商品库存
}
```

说明:

(a) **@JsonIgnoreProperties**(value = {"hibernateLazyInitializer","handler","fieldHandler"}): 因为 JPA 在做实体类的持久化时默认会使用 Hibernate, 在其工作过程中会创造代理类来继承实体类, 并添加 hibernateLazyInitializer、handler 等无须转化成 JSON 的属性, 它们如果被直接当作存在的属性去进行序列化处理就会发生异常, 故这里要用@JsonIgnoreProperties 注解将它们忽略掉。

5. 开发持久层

持久层只有一个 JPA 数据接口, 用于获取数据库中的数据。

在项目工程目录树的 com.example.restmap 节点下创建 repository 包, 在其中创建接口 ComRepository.java, 定义代码如下:

```
package com.example.restmap.repository;

import com.example.restmap.entity.Commodit;
import org.springframework.data.jpa.repository.JpaRepository;

public interface ComRepository extends JpaRepository<Commodit,Integer> {}
```

6. 在控制器中开发 REST 接口

在项目工程目录树的 com.example.restmap 节点下创建 controller 包, 在其中创建控制器类 ComController.java, 代码如下:

```
package com.example.restmap.controller;

import com.example.restmap.entity.Commodit;
import com.example.restmap.repository.ComRepository;
import org.springframework.beans.factory.annotation.Autowired;
import org.springframework.web.bind.annotation.*;

import java.util.List;

@RestController
@RequestMapping("restapi")
public class ComController {
    @Autowired
    private ComRepository repository;                //注入 JPA 接口

    /**以下各个方法可通过 REST 接口请求调用, 稍后将在 Postman 中测试*/
    @GetMapping(value = "/commodits/{pid}")          //GET 请求 (获取指定商品号的记录)
    public Commodit getCom(@PathVariable("pid") Integer id) {
        return repository.getById(id);
    }

    @GetMapping(value = "/commodits")                //GET 请求 (获取所有商品记录)
    public List<Commodit> getComAll(){
        return repository.findAll();
    }

    @PostMapping(value = "/commodits/{pid}/{tcode}/{scode}/{pname}/{pprice}/
```

```
{stocks}")                                              //POST 请求（添加商品记录）
    public Commodit addCom(Commoditcommodit) {
        return repository.save(commodit);
    }

    @PatchMapping(value = "/commodits/{pid}/{stocks}")   //PATCH 请求（更新库存）
    public Commodit setCom(@PathVariable("pid") Integer pid, @PathVariable
("stocks")Integer stocks) {
        Commodit commodit = new Commodit();
        commodit = repository.getById(pid);
        commodit.setStocks(stocks);
        return repository.save(commodit);
    }

    @DeleteMapping(value = "/commodits/{pid}")           //DELETE 请求（删除商品记录）
    public String delCom(@PathVariable("pid") Integer id) {
        repository.deleteById(id);
        return "已删除商品。";
    }
}
```

可以看到，这里的每个加粗注解中所设计的 URI 路径（value 属性值）都是符合 REST 风格规范的，通过这些注解就能把 URI 定位到对应的控制器方法上，在方法参数上用@PathVariable 注解就能够将 URI 中的参数提取出来，传给 JPA 接口方法去执行底层的数据操作。

至此，基于控制器注解的 REST 接口就开发完成了，接下来用 Postman 进行测试。

7.2.2 测试接口

启动当前项目，打开 Google Chrome 浏览器，单击窗口左上角"显示应用"按钮，在出现的"应用"页面上单击 Postman 图标，启动 Postman 进入其主界面。

▶控制器注解开发 REST 接口

1. 根据商品号查询单个商品记录

在 Postman 界面顶部 URL 栏中输入 http://localhost:8080/restapi/commodits/1，请求的 HTTP 动作类型选为 GET，单击"Send"按钮向接口发出请求，迅速得到响应，获取了 1 号商品记录信息，如图 7.6 所示。

2. 查询所有商品记录

在 Postman 的 URL 栏中输入 http://localhost:8080/restapi/commodits，请求动作类型选 GET，单击"Send"按钮，返回结果如图 7.7 所示。

3. 添加商品

在 Postman 的 URL 栏中输入 http://localhost:8080/restapi/commodits/1901/11G/SHPD0A2B/智利车厘子 2 斤大樱桃整箱顺丰包邮/59.80/5420，请求动作类型选 POST，单击"Send"按钮，若添加成功则返回添加的商品记录信息，如图 7.8 所示。

可以看到，这里输入的地址是完全符合 REST 接口规范的，此时打开数据库商品表也可看到新添加的商品记录。

4. 更新库存

将刚添加的商品的库存改为原来的十分之一，在 Postman 的 URL 栏中输入 http://localhost:8080/restapi/commodits/1901/542，请求动作类型选 PATCH，单击"Send"按钮，返回显示的是修改后的商品记录信息，如图 7.9 所示。

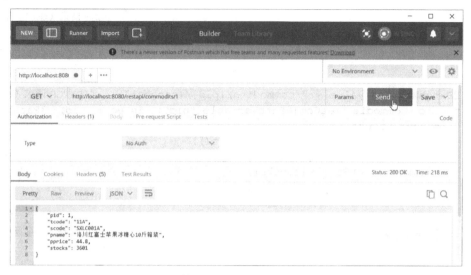

图 7.6 接口返回的 1 号商品记录信息

图 7.7 返回所有商品记录信息 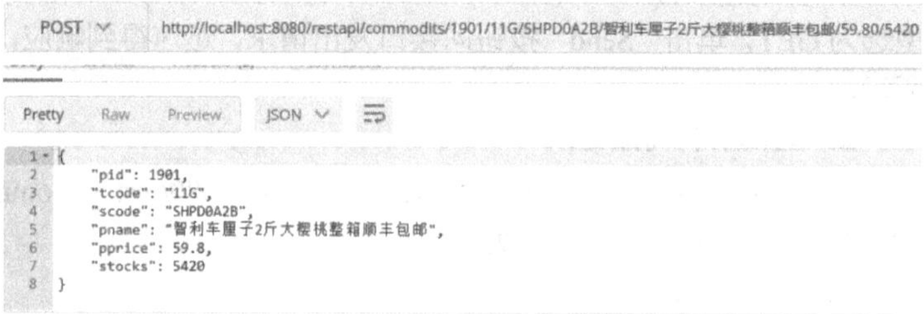　　　　图 7.8 返回添加的商品记录信息

由于这里要改的仅是商品库存，而商品记录的其他属性不变，故用 PATCH 类型动作只修改部分属性，操作之后同样可从数据库商品表中查看更新效果。

5. 删除商品

将刚添加的商品记录删除，在 Postman 的 URL 栏中输入 http://localhost:8080/restapi/commodits/1901，请求动作类型选 DELETE，单击"Send"按钮，返回消息"已删除商品"，如图 7.10 所示。

此时打开数据库商品表，发现这条商品记录已经没有了。

由此，通过 Postman 工具完整测试了这个基于控制器注解的 REST 接口的全部功能。

图 7.9　返回显示修改后的商品记录信息　　　　图 7.10　返回消息"已删除商品"

7.3　Spring Data REST 开发 REST 接口

上节基于控制器注解的 REST 接口必须由开发者自己来定义访问接口的 URI 路径，而 Spring Boot 框架内置的 Spring Data REST 能够实现将某些类型的持久层数据接口直接转换成 REST 服务，供网络上的其他程序访问。

▶Spring Data REST 开发 REST 接口

7.3.1　开发实例

下面通过实例开发来演示基于 Spring Data REST 的 REST 服务的应用。

【实例 7.2】　运用 Spring Data REST 开发与【实例 7.1】完全一样的 REST 接口，实现对数据库商品记录的增、删、改、查操作。

1. 创建项目

创建 Spring Boot 项目，项目名为 RestData，在出现的向导界面的"Dependencies"列表中选择 Spring Boot 基本框架（"Web"→"Spring Web"）、Lombok 模型简化组件（"Developer Tools"→"Lombok"）、JPA 框架（"SQL"→"Spring Data JPA"）以及 MySQL 的驱动（"SQL"→"MySQL Driver"）。

为使项目支持 REST 服务，最重要的是添加 Spring Data REST 组件，选择"Web"→"Rest Repositories"，如图 7.11 所示。

图 7.11　添加 Spring Data REST 组件

2. 配置连接

在项目的 application.properties 文件中配置对 MySQL 数据库的连接，内容如下：

```
spring.datasource.url = jdbc:mysql://localhost:3306/netshop?useUnicode=true&characterEncoding=utf8&serverTimezone=UTC&useSSL=true
spring.datasource.username = root
spring.datasource.password = 123456
spring.datasource.driver-class-name = com.mysql.cj.jdbc.Driver

spring.jpa.show-sql = true
spring.jackson.serialization.indent-output = true

spring.data.rest.base-path = /restapi
debug = true
```

与前面【实例 7.1】的配置比较，细心的读者会发现多了一句"spring.data.rest.base-path = /restapi"，这是在配置 REST 资源的根路径，其作用相当于控制器注解开发 REST 时标注在类上的"@RequestMapping("restapi")"，这样配置后，在所有访问 REST 接口的 URI 最上层都会加入这个根路径，如"http://localhost:8080/**restapi**/commodits"。

3. 开发实体

本例的实体类可直接复用【实例 7.1】的，在项目工程目录树的 com.example.restdata 节点下创建 entity 包，复制【实例 7.1】的实体类源文件 Commodit.java，修改包路径与当前项目一致即可，代码略。

【实例 7.2】实体类

4. 开发持久层

持久层只有一个 JPA 数据接口。

在项目工程目录树的 com.example.restdata 节点下创建 repository 包，在其中创建接口 ComRepository.java，定义代码如下：

```java
package com.example.restdata.repository;

import com.example.restdata.entity.Commodit;
import org.springframework.data.jpa.repository.JpaRepository;

public interface ComRepository extends JpaRepository<Commodit,Integer> {}
```

至此，REST 接口就已经完成了。

可能有读者会惊讶：除了定义一个实体类和一个 JPA 接口，其他什么都还没有做呀？

没错！虽然开发者几乎什么都没做，但由于本项目引入了 Spring Data REST 组件，只要运行项目，它就会自动地将持久层接口转换成 REST 服务，这样外部就可以以一个 REST 接口的方式访问到它了。

7.3.2 测试接口

启动当前项目，打开 Google Chrome 浏览器，启动 Postman 进入其主界面。

1. 查询单个商品记录

在 Postman 的 URL 栏中输入 http://localhost:8080/restapi/commodits/1，动作类型选 GET，单击"Send"按钮发出请求，同样得到了 1 号商品记录信息，如图 7.12 所示。

与图 7.6 比较可见，基于 Spring Data REST 自动生成的 REST 接口所返回的记录会被附加上一个"_links"属性，其中包含指向该记录（资源）的超链接地址。

2. 查询所有商品记录

在 Postman 的 URL 栏中输入 http://localhost:8080/restapi/commodits，动作类型选 GET，单击"Send"按钮，返回结果如图 7.13 所示。

可以看到，在所有商品记录列表的最后有一个"page"属性（其中还包含 size、totalElements、totalPages、number 四个子属性），它是 Spring Data REST 自带的用于控制分页的功能，当查询返回结果较多时支持分页显示。

图 7.12　得到 1 号商品记录信息

图 7.13　返回所有商品记录信息

例如，当前数据库商品表里共有 6 条记录，若只想查看中间两条，可将所有记录分为 3 页，每页两条（size=2），显示第 1 页（分页页码默认从 0 开始）。在 Postman 的 URL 栏中输入 http://localhost:8080/restapi/commodits/?page=1&size=2，动作类型选 GET，单击"Send"按钮发送，返回结果如图 7.14 所示。

Spring Data REST 不仅返回了中间两条商品记录，还在最后附加的"_links"属性中列出了指向其他相关页（first—首页、prev—上一页、self—当前页、next—下一页、last—尾页）的地址，方便用户进一步请求访问，如图 7.15 所示。

3. 添加商品

在 Spring Data REST 方式下，添加商品的信息要以 JSON 格式封装于请求体（Body）中，而 URL 只要包含资源的基本路径即可，具体操作步骤如下。

（1）在 Postman 的 URL 栏中输入 http://localhost:8080/restapi/commodits。

（2）切换至"Body"选项页，选中"raw"，在右边下拉列表中选择"JSON(application/json)"，在下方编辑区输入 JSON 格式的商品记录数据：

```
{"pid":1901, "tcode":"11G","scode":"SHPD0A2B","pname":"智利车厘子 2 斤大樱桃整箱顺丰包邮","pprice":59.80, "stocks":5420}
```

（3）选动作类型为 POST，单击"Send"按钮发送请求。

图 7.14　分页查询的返回结果　　　　图 7.15　返回信息中附带了指向其他相关页的地址

以上操作的过程如图 7.16 所示。

图 7.16　含封装请求体的发送操作

请求发送后，REST 执行添加操作，若添加成功则返回添加的商品记录信息，如图 7.17 所示。此时打开数据库商品表也可看到新添加的商品记录。

4．更新库存

还是将添加的商品库存改为原来的十分之一，在 Spring Data REST 方式下，新的库存值被封装在请求体（Body）中，而 URL 只给出路径和要操作的资源标识（商品号）。

（1）在 Postman 的 URL 栏中输入 http://localhost:8080/restapi/commodits/1901。

（2）切换至"Body"选项页，选中"raw"，在右边下拉列表中选择"JSON(application/json)"，在下方编辑区输入：

```
{"stocks":542}
```

（3）选动作类型为 PATCH，单击"Send"按钮发送请求，返回显示修改后的商品记录信息，如图 7.18 所示，同样可从数据库商品表中查看更新效果。

5．删除商品

将刚添加的商品记录删除，在 Postman 的 URL 栏中输入 http://localhost:8080/restapi/commodits/1901，动作类型选 DELETE，单击"Send"按钮。此时打开数据库商品表可见删除成功。

比较本节与 7.2.2 节的测试过程，可以发现：使用 Spring Data REST 自动生成的 REST 接口相对于用控制器注解开发的接口来说，用户编程更简单，访问 URL 更简洁，接口额外提供的功能也更多，所以实际应用中更多地通过 Spring Data REST 直接将数据资源暴露为 REST 接口，供互联网上其他用户使用。

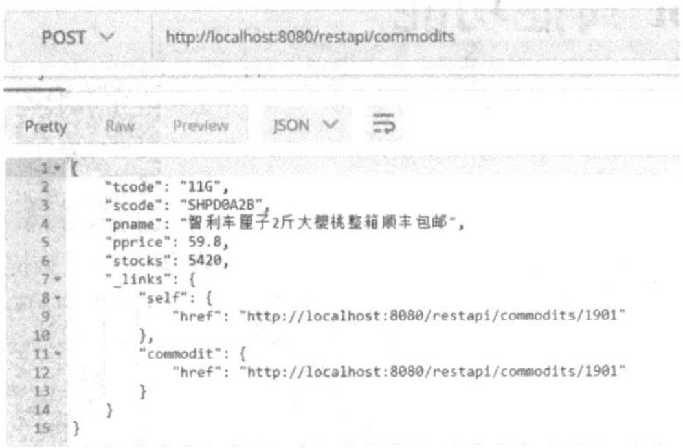

图 7.17　返回添加的商品记录信息

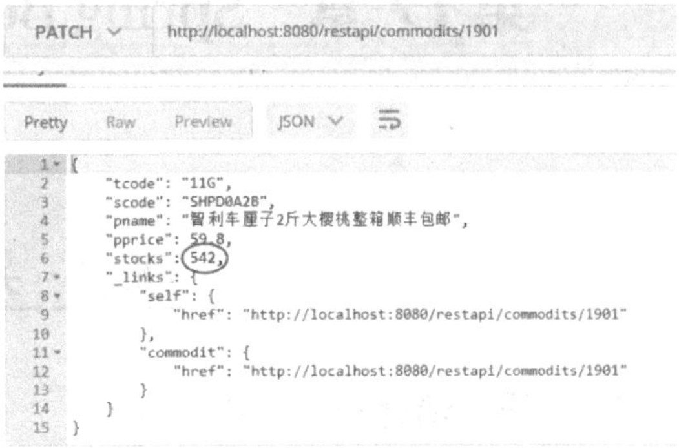

图 7.18　返回显示修改后的商品记录信息

第 8 章 Spring Boot 其他功能

8.1 异步消息

8.1.1 异步消息模型及中间件

在网络应用中，常常需要进行多个系统的集成，为了解决不同系统之间的交互通信问题，就要使用异步消息机制。所谓"异步"指的是，发送者在发出消息后无须等待接收者的处理及回应，甚至无须关心是否发送成功或对方是否收到，就可以接着做自己的其他事；而接收者可在任何方便的时候接收、查看和处理消息内容。

1. 异步消息模型

在 Spring Boot 中，异步消息是通过"消息代理"实现的，当发送者发出消息后，消息将暂时先由消息代理保管，消息代理将消息存入一个队列（Queue），当有接收者要求接收消息时，消息代理再从队列中取出消息传递给接收者，然后清除该消息（这时候队列里已经没有这条消息了），如图 8.1 所示。

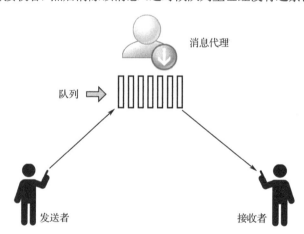

图 8.1 消息代理实现的异步消息模型

在这种模式下，消息代理确保每一条消息只有唯一的发送者和接收者，但并不表示只有一个接收者可以从队列中取消息，这是因为队列中可能有很多个消息，故可以有多个接收者先后从中取不同的消息。另外，消息的接收顺序也不一定要与消息的发送顺序相同。

图 8.1 中的消息代理的软件实现即"消息中间件"，目前消息中间件的实现标准有两种主流的规范，分别为 JMS 和 AMQP。

2. JMS

JMS（Java Message Service，Java 消息服务）是 Java 平台上面向消息中间件的技术规范，它的设计目标是方便系统中 Java 应用程序间的消息交换，并且通过提供标准的产生、发送、接收消息的接口来简化异步消息功能开发。

JMS 所提供的接口主要如下。

1) ConnectionFactory（连接工厂）

它是用户创建的连接到 JMS 消息代理的被管理对象，JMS 客户通过可移植的接口访问连接，这样当底层的实现改变时，上层代码无须改动。

2) Connection（连接对象）

连接对象代表了一条应用程序和消息代理之间的通信链路。在获得了连接工厂后，就可以创建一个 JMS 消息代理的连接，它允许用户进一步创建会话以发送消息到目的地，或从目的地接收消息。

3) Destination（目的地）

目的地是指消息发布和接收的地点，它是包装了目的地标识符的被管理对象，由 JMS 管理员创建这些对象，然后用户通过 JNDI 来发现它们。

4) Session（会话）

会话表示一个单线程的上下文，用于发送和接收消息。会话可以支持事务，如果用户选择了事务支持，会话上下文将保存一组消息，直到事务被提交才发送这些消息。而在提交事务之前，用户可以使用回滚操作取消这些消息。

5) MessageProducer（生产者）

生产者是由会话创建的对象，用于发送消息到目的地。用户既可以创建某个目的地的生产者，也可以创建一个通用的生产者，待发送消息时再指定其目的地。

6) MessageConsumer（消费者）

消费者也是由会话创建的对象，用于接收目的地的消息。

7) Message（消息）

消息是在生产者和消费者之间传送的对象，实际上就是从一个应用程序传送到另一个应用程序的对象。一个消息由 3 个主要部分构成。

（1）消息头（必选）：包含用于识别和为消息寻找路由的操作设置。

（2）属性（可选）：一组多个消息属性可用于创建定制的字段和过滤器（消息选择器），另外还包含额外的属性以支持其他消息代理实现和用户的兼容。

（3）消息体（可选）：消息可以有一个消息体，JMS 允许用户创建文本、映射、字节、流和对象这 5 种不同类型的消息体。

3. AMQP

AMQP（Advanced Message Queuing Protocol，高级消息队列协议）也是一个消息中间件的规范，提供统一消息服务的应用层标准协议，属于应用层协议的一个开放标准，它不仅兼容 JMS，还支持跨语言和平台。基于 AMQP 的客户端与不同开发语言的消息中间件产品之间均可传递消息而不受条件限制。

AMQP 的基本概念如下。

1）客户端

它是 AMQP 连接或会话的发起者。AMQP 是非对称的，客户端生产和消费消息，服务器存储和路由这些消息。

2）服务器

它接收客户端连接，实现 AMQP 消息队列和路由功能的进程，实际上就是消息代理的实现（中间件）。

3）AMQP 模型

它是一个由关键实体和语义表示的逻辑框架，遵从 AMQP 规范的服务器必须提供这些实体和语义。为了实现规范中定义的语义，客户端可以发送命令来控制 AMQP 服务器。

4）连接

它是一个网络连接，例如 TCP/IP 套接字连接。

5）端点

一个 AMQP 连接包括两个端点，一个是客户端，另一个是服务器。

6）搭档

当描述两个端点之间的交互过程时，使用术语"搭档"来表示"另一个"端点。例如定义端点 A 和端点 B，当它们进行通信时，端点 B 就是端点 A 的搭档，端点 A 也是端点 B 的搭档。

7）会话

它是端点之间的命名对话，在一个会话上下文中，保证消息"恰好传递一次"。

8）信道

它是多路复用连接中的一条独立的双向数据流通道，为会话提供物理传输介质。

9）帧

它是 AMQP 传输的一个原子单元。

10）段

它是帧的有序集合，形成一个完整子单元。

11）片段集

它是段的有序集合，形成一个逻辑工作单元。

12）消息头

它是描述消息数据属性的一种特殊段。

13）消息体

它是包含应用程序数据的一种特殊段。消息体对于服务器来说完全透明，即服务器不能查看或修改消息体。

14）消息内容

它是包含在消息体中的数据。

15）消息队列

它是一个命名实体，用来保存消息直到消费者接收。

16）消费者

它是一个从消息队列中请求消息的客户端应用程序。

17）生产者

它是一个向交换器发布消息的客户端应用程序。

18）控制

它是单向指令，AMQP 规范假设这些指令的传输是不可靠的。

19）命令

它是需要确认的指令，AMQP 规范规定这些指令的传输是可靠的。

20）异常

它是在执行一个或多个命令时可能发生的错误状态。

21）类

它是一批用来描述某种特定功能的 AMQP 命令或者控制。

22）交换器

它是服务器中的实体，用来接收生产者发送的消息并将这些消息路由给服务器中的队列。

23）交换器类型

它是基于不同路由语义的交换器类型。

24）绑定器

它是消息队列和交换器之间的关联。

25）绑定器关键字

它是绑定的名称。一些交换器类型可能使用这个名称定义绑定器路由行为的模式。

26）路由关键字

它是一个消息头，交换器可以用它来决定如何路由某条消息。

27）持久存储

它是一种服务器资源，当服务器重启时，保存的消息数据不会丢失。

28）临时存储

它是一种服务器资源，当服务器重启时，保存的消息数据会丢失。

29）持久化

服务器将消息保存在可靠磁盘存储中，当服务器重启时，消息不会丢失。

30）非持久化

服务器将消息保存在内存中，当服务器重启时，消息可能丢失。

31）虚拟主机

虚拟主机是共享相同的身份认证和加密环境的独立服务器域。客户端应用程序在登录到服务器之后，可选择一个虚拟主机。

4. 消息中间件

基于上述这两种规范，很多厂商和开发者社区纷纷推出各自的消息中间件产品，其中比较著名的有：Apache 基金会的 ActiveMQ 和 Kafka、JBoss 社区的 HornetQ、The OpenJMS Group 的 OpenJMS、Rabbit 科技的 RabbitMQ 等。

当前最主流的两大消息中间件是 ActiveMQ 和 RabbitMQ。ActiveMQ 是 JMS 的实现，而 RabbitMQ 是 AMQP 的实现。Spring Boot 为这两个中间件都提供了很好的支持，它们在应用功能上的地位和作用是对等的，实际开发中可根据需求和使用偏好选用任意一款。

本书下面将通过两个实例分别演示这两款中间件的异步消息功能，以便读者对比学习。

8.1.2 ActiveMQ 实现异步消息

【实例 8.1】用 ActiveMQ 作为消息中间件，发送者（商家）在页面上编辑并发出商品降价促销信息，接收者（顾客）打开页面可看到该信息。

1. ActiveMQ 安装及使用

1）下载 ActiveMQ

访问 ActiveMQ 官网，如图 8.2 所示，单击页面左侧 "ActiveMQ "Classic"" 栏的 "Download Latest" 按钮转至下载页。

在下载页上单击 "apache-activemq-5.16.3-bin.zip" 下载 Windows 版的 ActiveMQ，如图 8.3 所示。

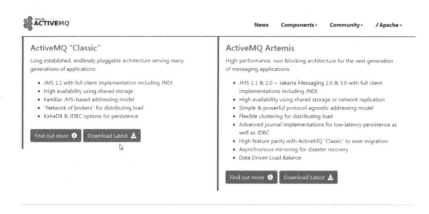

图 8.2 ActiveMQ 官网

图 8.3 下载 Windows 版的 ActiveMQ

下载得到的是压缩包形式的文件 apache-activemq-5.16.3-bin.zip，将其解压到一个目录中。

2）启动 ActiveMQ

（1）打开解压的 ActiveMQ 目录，从其\conf 目录中找到配置文件 activemq.xml 并打开，找到并注释掉其中的一行（加粗）：

```
    ...
    <transportConnectors>
    <!-- DOS protection, limit concurrent connections to 1000 and frame size to 100MB
-->
    <transportConnector name="openwire" uri="tcp://0.0.0.0:61616?maximumConnections=
1000&amp;wireFormat.maxFrameSize=104857600"/>
    <!--<transportConnector name="amqp" uri="amqp://0.0.0.0:5672?maximumConnections=
1000&amp;wireFormat.maxFrameSize=104857600"/>-->
    <transportConnector name="stomp" uri="stomp://0.0.0.0:61613?maximumConnections=
1000&amp;wireFormat.maxFrameSize=104857600"/>
    <transportConnector name="mqtt" uri="mqtt://0.0.0.0:1883?maximumConnections=
1000&amp;wireFormat.maxFrameSize=104857600"/>
    <transportConnector name="ws" uri="ws://0.0.0.0:61614?maximumConnections=
1000&amp;wireFormat.maxFrameSize=104857600"/>
    </transportConnectors>
    ...
```

操作如图 8.4 所示。

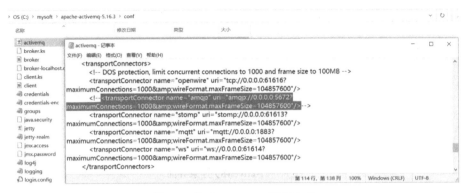

图 8.4　修改 ActiveMQ 配置文件

（2）进入 ActiveMQ 目录下的\bin\win64 子目录（注：因编者计算机的操作系统是 64 位的，若用的是 32 位操作系统，则要进入\bin\win32 子目录），看到一个 activemq.bat 文件，如图 8.5 所示，双击即可启动 ActiveMQ。

图 8.5　ActiveMQ 启动文件

此时，弹出命令行窗口，如图 8.6 所示，输出启动信息，没有错误就表示启动成功。

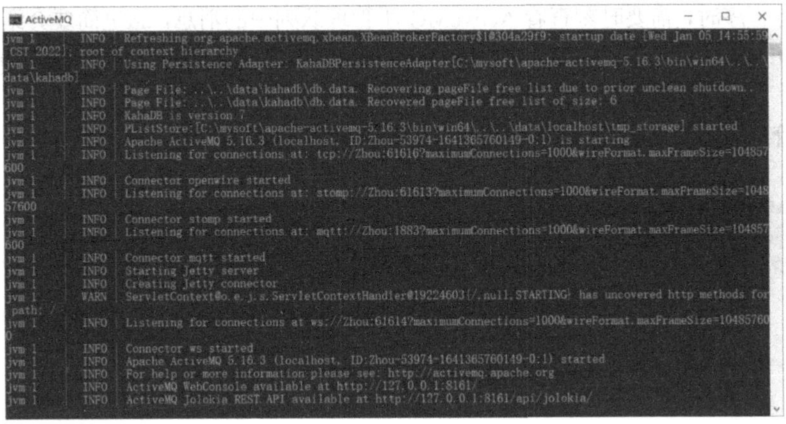

图 8.6　ActiveMQ 启动后出现的命令行窗口

3）访问 ActiveMQ

打开浏览器，在地址栏中输入 http://localhost:8161 并回车，出现登录界面，如图 8.7 所示。

输入用户名和密码（默认都是 admin），单击"登录"按钮进入 ActiveMQ 的欢迎页面，如图 8.8 所示。

图 8.7 ActiveMQ 登录界面

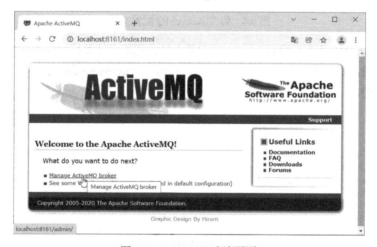

图 8.8 ActiveMQ 欢迎页面

4）查看消息队列

在后面运行程序时，需要时刻查看 ActiveMQ 所管理队列中的消息，这里简要介绍一下操作方法。

（1）在 ActiveMQ 欢迎页面上单击"Manage ActiveMQ broker"，进入 ActiveMQ 管理页面，如图 8.9 所示。

（2）单击管理页面导航栏上的"Queues"，转至队列查看页面，如图 8.10 所示。

图 8.9 ActiveMQ 管理页面　　　　　　　图 8.10 ActiveMQ 队列查看页面

因为现在尚未有任何发送者程序发来消息，故"Queues:"下面的表格是空的，稍后运行程序时将看到其中显示的消息条目。

一个完整的异步消息系统除了作为消息枢纽的中间件，至少还需要有一个发送者程序和一个接收者程序，它们分属于不同的 Spring Boot 项目，各自在网络上独立运行。在系统运行过程中，发送者与接收者程序可以不同时在线，但 ActiveMQ 必须始终运行着。

关掉图 8.6 所示的命令行窗口也就退出了 ActiveMQ，运行异步消息系统时要先开启 ActiveMQ，然后再次进入 ActiveMQ 目录下的\bin\win64 子目录，双击 activemq.bat 文件即可。

2. 发送者程序

先来开发发送者程序，步骤如下。

1）创建项目

创建 Spring Boot 项目，项目名为 ActiveSender，在出现的向导界面的"Dependencies"列表中选择 Spring Boot 基本框架（"Web"→"Spring Web"）、Thymeleaf 引擎组件（"Template Engines"→"Thymeleaf"）、Lombok 模型简化组件（"Developer Tools"→"Lombok"）。

为使项目支持 ActiveMQ，最重要的是添加 Spring ActiveMQ 框架，选择"Messaging"→"Spring for Apache ActiveMQ 5"，如图 8.11 所示。

添加的 Spring ActiveMQ 框架在项目 pom.xml 文件中对应的依赖项为：

```
<dependency>
<groupId>org.springframework.boot</groupId>
<artifactId>spring-boot-starter-activemq</artifactId>
</dependency>
```

【实例 8.1】依赖配置

2）配置代理地址

在项目 application.properties 文件中配置 ActiveMQ 消息代理的地址：

```
spring.activemq.broker-url = tcp://localhost:61616
```

这个地址及端口号是 ActiveMQ 默认的，一般不要改变。

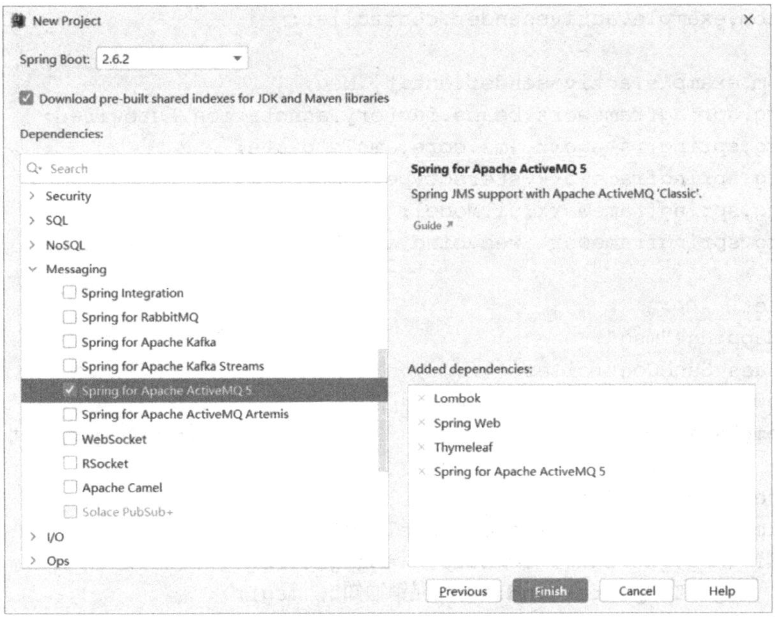

图 8.11　添加 Spring ActiveMQ 框架

3）定义消息实体

基于 JMS 规范的消息实体须实现 MessageCreator 接口，并重写其 createMessage()方法。

在项目工程目录树的 com.example.activesender 节点下创建 entity 包，在其中创建消息实体类 Msg.java，代码如下：

```java
package com.example.activesender.entity;

import lombok.Data;
import org.springframework.jms.core.MessageCreator;

import javax.jms.JMSException;
import javax.jms.Message;
import javax.jms.Session;

@Data
public class Msg implements MessageCreator {
    private String text;

    @Override
    public Message createMessage(Session session) throws JMSException {
        return session.createTextMessage(this.text);
    }
}
```

实体类的 text 属性存储消息的内容。

4）开发控制器

在控制器中用 Spring Boot 配置好的 JmsTemplate 模板向 ActiveMQ 发消息。

在项目工程目录树的 com.example.activesender 节点下创建 controller 包，在其中创建控制器类 SendController.java，代码如下：

```java
package com.example.activesender.controller;

import com.example.activesender.entity.Msg;
import org.springframework.beans.factory.annotation.Autowired;
import org.springframework.jms.core.JmsTemplate;
import org.springframework.stereotype.Controller;
import org.springframework.ui.Model;
import org.springframework.web.bind.annotation.RequestMapping;

@Controller
@RequestMapping("msg")
public class SendController {
    @Autowired
    JmsTemplate jmsTemplate;                              //注入 JmsTemplate 模板

    @RequestMapping("/input")
    public String sendMsg(Model model, Msg msg) {
        if (msg.getText() != null &&msg.getText() != "") {
            jmsTemplate.send("商品促销通知", msg);
        }
        model.addAttribute("msg", msg);
        return "input";
```

　　　　}
　　}

说明：通过 JmsTemplate 模板的 send()方法向名为"商品促销通知"的目的地发送 Msg 消息实体，目的地名由程序员自定义，程序执行后就在 ActiveMQ 上创建了一个名为"商品促销通知"的目的地。

5）前端页面

在项目工程目录树的 src→main→resources→templates 下创建前端页面 input.html，代码如下：

```html
<!DOCTYPE html>
<html lang="en" xmlns:th="http://               ">
<head>
<meta charset="UTF-8">
<title>消息录入</title>
</head>
<body bgcolor="#e0ffff">
<br>
<form th:action="@{/msg/input}" th:object="${msg}" method="post">
<input th:type="text" th:field="*{text}" th:placeholder="请输入消息内容"/>
<input th:type="submit" value="发送">
</form>
<br>
<p th:text="'您编辑的内容【'+${msg.text}+'】已发送至 ActiveMQ 保存。'" th:if="${msg.text!=null&&msg.text!=''}"/>
</body>
</html>
```

6）运行

确保已经启动了 ActiveMQ。

启动项目，打开浏览器，在地址栏中输入 http://localhost:8080/msg/input 并回车，页面如图 8.12 所示。

图 8.12　发送消息页面

在文本框中输入消息内容，单击"发送"按钮，下面提示消息已被发送至 ActiveMQ。

此时，查看 ActiveMQ 的队列，可看到保存在其中的消息条目，如图 8.13 所示。

消息条目各字段的含义如图 8.14 所示，其中，"Number Of Pending Messages"是等待接收者接收的消息数，当前为 1 条；"Number Of Consumers"是消费者，也就是接收者的个数，由于当前尚未有接收者程序在运行，故显示为 0；"Messages Enqueued"是进入队列的消息数，为 1 条；"Messages Dequeued"表示离开队列的消息数，由于队列中的这条消息还未被任何接收者接收，故暂时不能离开队列，值为 0。

单击最后"Operations"列中的"Delete"可人为删除这个消息条目。

图 8.13　保存在 ActiveMQ 队列中的消息条目

图 8.14　消息条目各字段的含义

3. 接收者程序

要进一步测试消息的接收过程，必须开发接收者程序，步骤如下。

1）创建项目

创建 Spring Boot 项目，项目名为 ActiveReceiver，在出现的向导界面的"Dependencies"列表中选择 Spring Boot 基本框架（"Web"→"Spring Web"）、Thymeleaf 引擎组件（"Template Engines"→"Thymeleaf"）、Spring ActiveMQ 框架（"Messaging"→"Spring for Apache ActiveMQ 5"）。

2）配置代理地址

与发送者程序的配置完全一样，在项目 application.properties 文件中配置：

```
spring.activemq.broker-url = tcp://localhost:61616
```

3）开发接收器

接收器作为一个组件（以@Component 注解），监听和接收来自消息代理（ActiveMQ）特定目的地队列中的消息。

在项目工程目录树的 com.example.activereceiver 节点下创建 component 包，在其中创建接收器类 Receiver.java，代码如下：

```java
package com.example.activereceiver.component;

import org.springframework.jms.annotation.JmsListener;
import org.springframework.stereotype.Component;

@Component
public class Receiver {
    private String text;                              //存储消息内容

    @JmsListener(destination = "商品促销通知")
    public void receiveMsg(String message) {
        this.text = message;
    }
```

```
        public String getText() {
            return this.text;
        }
    }
```

说明：@JmsListener 是从 Spring 4.1 开始提供的一个注解，用于简化 JMS 开发，只要用该注解的 destination 属性来设定要监听的目的地名，即可接收到来自该目的地队列中的消息。

4）开发控制器

在控制器中注入接收器，将接收到的消息内容发往前端页面。

在项目工程目录树的 com.example.activereceiver 节点下创建 controller 包，在其中创建控制器类 ReceiveController.java，代码如下：

```
package com.example.activereceiver.controller;

import com.example.activereceiver.component.Receiver;
import org.springframework.beans.factory.annotation.Autowired;
import org.springframework.stereotype.Controller;
import org.springframework.ui.Model;
import org.springframework.web.bind.annotation.RequestMapping;

@Controller
@RequestMapping("msg")
public class ReceiveController {
    @Autowired
    Receiver receiver;                                          //注入接收器

    @RequestMapping("/show")
    public String showMsg(Model model) {
        model.addAttribute("text", receiver.getText());         //获取接收器中的消息内容
        return "show";
    }
}
```

5）前端页面

在项目工程目录树的 src→main→resources→templates 下创建前端页面 show.html，代码如下：

```
<!DOCTYPE html>
<html lang="en" xmlns:th="http://          ">
<head>
<meta charset="UTF-8">
<title>消息显示</title>
</head>
<body bgcolor="#e0ffff">
<br>
<p th:text="'收到来自 ActiveMQ 的消息【'+${text}+'】。'" th:if="${text!=null&&text!=''}"/>
</body>
</html>
```

6）运行

确保 ActiveMQ 已经启动。

启动项目，打开浏览器，在地址栏中输入 http://localhost:8080/msg/show 并回车，页面如图 8.15 所示。

此时，查看 ActiveMQ 的队列，看到消息条目中各字段的值已经发生了改变，如图 8.16 所示。

图 8.15　接收消息页面

图 8.16　消息条目字段值的改变

其中,"Number Of Pending Messages" 由 1 变为 0,是因为队列中等待的消息已被接收;"Number Of Consumers" 项显示消费者个数为 1,指示当前有一个消费者(即接收者程序)正在运行;"Messages Enqueued" 项显示 0,是因为并未有新的消息进入队列;"Messages Dequeued" 为 1,也就是刚被接收的这条消息已经离开队列了。

注意:由于消息接收后就离开了队列,若此时重启接收者程序,再次访问 http://localhost:8080/msg/show 将看不到任何内容,即同一条消息能且仅能被接收一次,不能反复接收。

8.1.3　RabbitMQ 实现异步消息

【实例 8.2】 用 RabbitMQ 作为消息中间件,实现与【实例 8.2】相同的异步消息收发功能。

1. RabbitMQ 安装与使用

RabbitMQ 是流行的开源消息队列系统,用 Erlang 语言开发,故要使用它必须先安装 Erlang。

1)安装 Erlang

(1)下载 Erlang。

下载得到可执行程序安装包 otp_win64_24.0.exe。

(2)安装 Erlang。

双击安装包文件 otp_win64_24.0.exe,启动安装向导,选择要安装的组件,这里采用默认选项,如图 8.17 所示。

单击"Next"按钮,指定安装路径,编者安装到 C:\Program Files\erl-24.0,如图 8.18 所示。

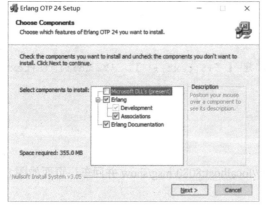

图 8.17　Erlang 安装向导

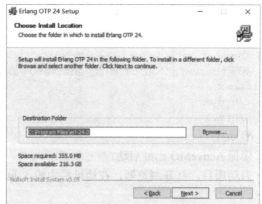

图 8.18　指定 Erlang 安装路径

单击"Next"按钮，根据向导的指引继续往下操作，每一步都采用默认配置，直至完成。

(3) 配置环境变量。

安装完后需要为 Erlang 配置环境变量，这样后面安装的 RabbitMQ 才能找到并借助 Erlang 运行。

在计算机操作系统中右击"此电脑"，选择"属性"命令，进入"高级系统设置"，打开"系统属性"对话框，单击"环境变量"按钮，打开"环境变量"对话框。新建一个系统变量 ERLANG_HOME，变量值设为 Erlang 的安装路径，如图 8.19 所示。

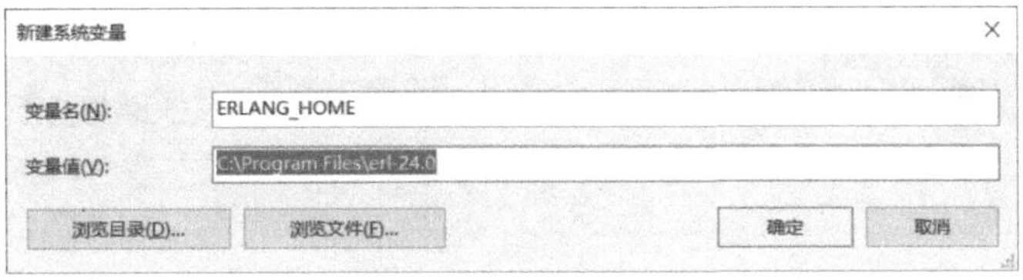

图 8.19　新建系统变量

然后编辑 Path 系统变量，添加上 Erlang 的条目"%ERLANG_HOME%\bin"，如图 8.20 所示。

图 8.20　编辑 Path 系统变量

(4) 测试安装。

打开 Windows 命令行，输入 erl 并回车，看到如图 8.21 所示的版本信息，表示 Erlang 安装成功。

2) 安装 RabbitMQ

(1) 下载 RabbitMQ。

下载得到可执行程序安装包 rabbitmq-server-3.9.5.exe。

(2) 安装 RabbitMQ。

双击安装包文件 rabbitmq-server-3.9.5.exe，启动安装向导，选择要安装的组件，这里采用默认选项，如图 8.22 所示。

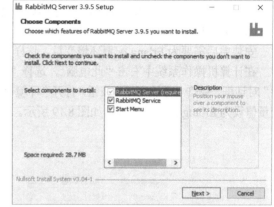

图 8.21　Erlang 安装成功　　　　　图 8.22　RabbitMQ 安装向导

单击"Next"按钮，指定安装路径，编者安装到 C:\Program Files\RabbitMQ Server。

单击"Install"按钮开始安装，稍候片刻，安装完成。

（3）配置环境变量。

安装完成后同样需要为 RabbitMQ 配置环境变量，打开操作系统"环境变量"对话框。新建一个系统变量 RABBITMQ_SERVER，变量值设为 RabbitMQ 安装路径下的 rabbitmq_server-3.9.5 子目录，如图 8.23 所示。

图 8.23　新建 RabbitMQ 的系统变量

然后编辑 Path 系统变量，添加上 RabbitMQ 的条目"%RABBITMQ_SERVER%\sbin"，如图 8.24 所示。

图 8.24　编辑 Path 系统变量

（4）安装 RabbitMQ-Plugins 插件。

这个插件实际上就是一个管理界面，方便用户在浏览器中可视化地查看 RabbitMQ 各个消息队列的工作情况。

打开 Windows 命令行，输入：

```
rabbitmq-plugins enable rabbitmq_management
```

如图 8.25 所示，表示安装成功。

（5）将 RabbitMQ 启动为 Windows 服务。

以管理员身份进入 Windows 命令行，输入：

```
net start RabbitMQ
```

回车后出现提示信息"请求的服务已经启动"，表示启动成功了，如图 8.26 所示。

图 8.25　安装 RabbitMQ-Plugins 插件

图 8.26　将 RabbitMQ 启动为 Windows 服务

在计算机操作系统中右击"此电脑"并选择"管理"命令，打开"计算机管理"窗口，在"服务和应用程序"→"服务"页列表中可找到一个名为"RabbitMQ"的服务，这就是 RabbitMQ 所对应的 Windows 服务，如图 8.27 所示。

图 8.27　RabbitMQ 所对应的 Windows 服务

这个服务将常驻操作系统中，以保证 RabbitMQ 始终处于运行状态。

（6）测试安装。

以管理员身份打开 Windows 命令行，输入：

```
rabbitmqctl status
```

如果出现如图 8.28 所示的状态信息，无报错，就说明安装成功，并且说明现在 RabbitMQ 服务运行正常。

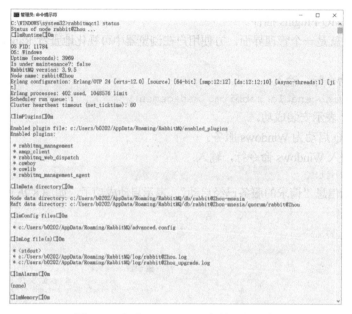

图 8.28 查看 RabbitMQ 服务的运行状态

3）使用 RabbitMQ

（1）访问 RabbitMQ。

打开浏览器，在地址栏中输入 http://localhost:15672 并回车，出现登录界面，如图 8.29 所示。

图 8.29 RabbitMQ 登录界面

输入用户名和密码（默认都是 guest），单击"Login"按钮进入 RabbitMQ 管理页面，如图 8.30 所示。

图 8.30 RabbitMQ 管理页面

（2）查看消息队列。

单击管理页面导航栏上的"Queues"项，转至队列查看页面，如图 8.31 所示。

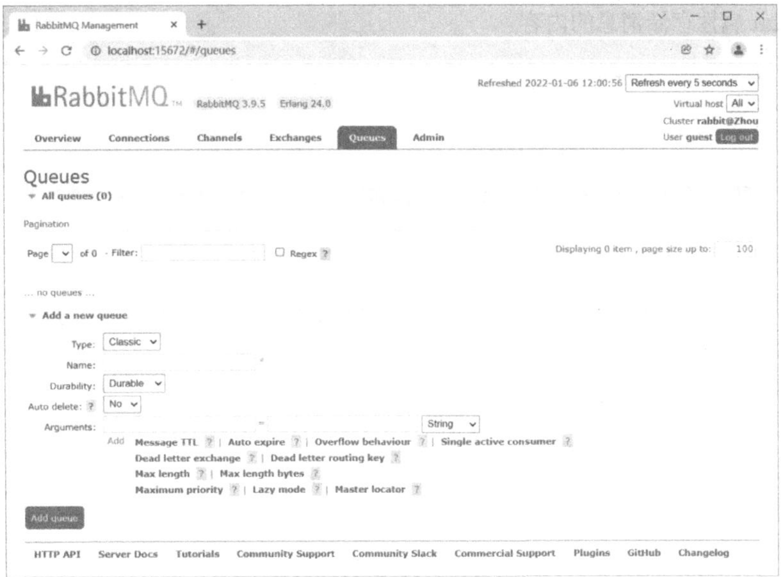

图 8.31　RabbitMQ 队列查看页面

因为现在尚未有任何发送者程序发来消息，故"Queues"下面还看不到任何条目，稍后运行程序时将看到这里显示的消息条目。

2. 发送者程序

先来开发发送者程序，步骤如下。

1）创建项目

创建 Spring Boot 项目，项目名为 RabbitSender，在出现的向导界面的"Dependencies"列表中选择 Spring Boot 基本框架（"Web"→"Spring Web"）、Thymeleaf 引擎组件（"Template Engines"→"Thymeleaf"）、Lombok 模型简化组件（"Developer Tools"→"Lombok"）。

为使项目支持 RabbitMQ，最重要的是添加 Spring RabbitMQ 框架，选择"Messaging"→"Spring for RabbitMQ"，如图 8.32 所示。

添加的 Spring RabbitMQ 框架在项目 pom.xml 文件中对应的依赖项为：

```
<dependency>
<groupId>org.springframework.boot</groupId>
<artifactId>spring-boot-starter-amqp</artifactId>
</dependency>
```

【实例 8.2】依赖配置

2）定义消息实体

与 JMS 不同，AMQP 规范对消息实体并无特别的要求，直接写一个简单的模型类即可。

在项目工程目录树的 com.example.rabbitsender 节点下创建 entity 包，在其中创建消息实体类 Msg.java，代码如下：

```
package com.example.rabbitsender.entity;

import lombok.Data;

@Data
```

```
public class Msg {
    private String text;
}
```

实体类的 text 属性存储消息的内容。

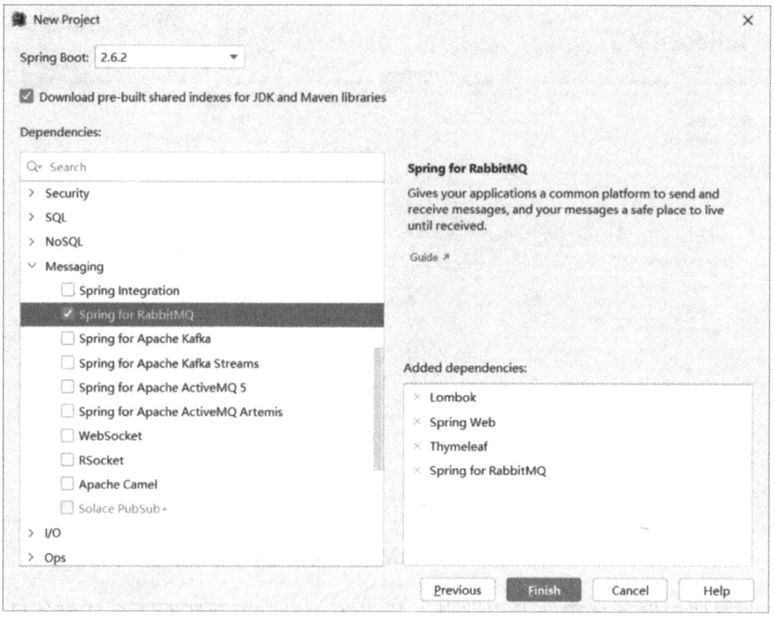

图 8.32　添加 Spring RabbitMQ 框架

3）开发控制器

在控制器中用 Spring Boot 配置好的 RabbitTemplate 模板向 RabbitMQ 发消息。

在项目工程目录树的 com.example.rabbitsender 节点下创建 controller 包，在其中创建控制器类 SendController.java，代码如下：

```
package com.example.rabbitsender.controller;

import com.example.rabbitsender.entity.Msg;
import org.springframework.amqp.core.Message;
import org.springframework.amqp.core.Queue;
import org.springframework.amqp.rabbit.core.RabbitTemplate;
import org.springframework.beans.factory.annotation.Autowired;
import org.springframework.context.annotation.Bean;
import org.springframework.stereotype.Controller;
import org.springframework.ui.Model;
import org.springframework.web.bind.annotation.RequestMapping;

@Controller
@RequestMapping("msg")
public class SendController {
    @Autowired
    RabbitTemplate rabbitTemplate;              //注入 RabbitTemplate 模板

    @Bean
    public Queue myQueue() {
```

```
            return new Queue("商品促销通知");        //显式创建Queue（队列）对象
    }

    @RequestMapping("/input")
    public String sendMsg(Model model, Msg msg) {
        if (msg.getText() != null &&msg.getText() != "") {
            rabbitTemplate.send("商品促销通知", new Message(msg.getText().getBytes()));
                                                    //发送的消息需要封装为Message实体
        }
        model.addAttribute("msg", msg);
        return "input";
    }
}
```

说明：基于 RabbitMQ 的发送者程序需要以 Bean 的形式显式创建一个 Queue（队列）对象作为消息的目的地，其中通过 new 构造初始化指定目的地名称（本程序的是"商品促销通知"），这样当 RabbitTemplate 模板以 send()方法向目的地"商品促销通知"发送 Message 消息时，就在 RabbitMQ 上创建了"商品促销通知"目的地。

4）前端页面

在项目工程目录树的 src→main→resources→templates 下创建前端页面 input.html，代码如下：

```html
<!DOCTYPE html>
<html lang="en" xmlns:th="http://                    ">
<head>
<meta charset="UTF-8">
<title>消息录入</title>
</head>
<body bgcolor="#e0ffff">
<br>
<form th:action="@{/msg/input}" th:object="${msg}" method="post">
<input th:type="text" th:field="*{text}" th:placeholder="请输入消息内容"/>
<input th:type="submit" value="发送">
</form>
<br>
<p th:text="'您编辑的内容【'+${msg.text}+'】已发送至 RabbitMQ 保存。'" th:if="${msg.text!=null&&msg.text!=''}"/>
</body>
</html>
```

5）运行

启动项目，打开浏览器，在地址栏中输入 http://localhost:8080/msg/input 并回车，页面如图 8.33 所示。

图 8.33 发送消息页面

在文本框中输入消息内容，单击"发送"按钮，下面提示消息已被发送至 RabbitMQ。此时，查看 RabbitMQ 的队列，可看到保存在其中的消息条目，如图 8.34 所示。

图 8.34　保存在 RabbitMQ 队列中的消息条目

其中，"Messages"栏下的"Ready"是等待接收者接收的消息数，当前为 1 条；"Total"是队列中总的消息数，也是 1 条。

3．接收者程序

接下来继续开发接收者程序，步骤如下。

1）创建项目

创建 Spring Boot 项目，项目名为 RabbitReceiver，在出现的向导界面的"Dependencies"列表中选择 Spring Boot 基本框架（"Web"→"Spring Web"）、Thymeleaf 引擎组件（"Template Engines"→"Thymeleaf"）、Spring RabbitMQ 框架（"Messaging"→"Spring for RabbitMQ"）。

2）开发接收器

接收器同样作为一个组件（@Component 注解），监听和接收来自消息代理（RabbitMQ）特定目的地队列中的消息。

在项目工程目录树的 com.example.rabbitreceiver 节点下创建 component 包，在其中创建接收器类 Receiver.java，代码如下：

```java
package com.example.rabbitreceiver.component;

import org.springframework.amqp.rabbit.annotation.RabbitListener;
import org.springframework.stereotype.Component;

@Component
public class Receiver {
    private String text;                                //存储消息内容

    @RabbitListener(queues = "商品促销通知")
    public void receiveMsg(String message) {
        this.text = message;
    }

    public String getText() {
        return this.text;
    }
}
```

说明：用@RabbitListener 注解监听来自 RabbitMQ 的消息，其 queues 属性设定要监听的目的地名。

3）开发控制器

在控制器中注入接收器，将接收到的消息内容发往前端页面。

在项目工程目录树的 com.example.rabbitreceiver 节点下创建 controller 包，在其中创建控制器类 ReceiveController.java，代码如下：

```java
package com.example.rabbitreceiver.controller;

import com.example.rabbitreceiver.component.Receiver;
import org.springframework.beans.factory.annotation.Autowired;
import org.springframework.stereotype.Controller;
import org.springframework.ui.Model;
import org.springframework.web.bind.annotation.RequestMapping;

@Controller
@RequestMapping("msg")
public class ReceiveController {
    @Autowired
    Receiver receiver;                                          //注入接收器

    @RequestMapping("/show")
    public String showMsg(Model model) {
        model.addAttribute("text", receiver.getText());  //获取接收器中的消息内容
        return "show";
    }
}
```

4）前端页面

在项目工程目录树的 src→main→resources→templates 下创建前端页面 show.html，代码如下：

```html
<!DOCTYPE html>
<html lang="en" xmlns:th="http://            ">
<head>
<meta charset="UTF-8">
<title>消息显示</title>
</head>
<body bgcolor="#e0ffff">
<br>
<p th:text="'收到来自RabbitMQ的消息【'+${text}+'】。'" th:if="${text!=null&&text!=''}"/>
</body>
</html>
```

5）运行

启动项目，打开浏览器，在地址栏中输入 http://localhost:8080/msg/show 并回车，页面如图 8.35 所示。

图 8.35　接收消息页面

此时，查看 RabbitMQ 的队列，看到消息条目中各字段的值已经发生了改变，如图 8.36 所示。

图 8.36 消息条目字段值的改变

其中，等待接收的消息数 "Ready" 由 1 变为 0，队列中总的消息数 "Total" 也变为了 0。

与 ActiveMQ 一样，RabbitMQ 也及时地将已被接收的消息从队列中移出，故重启接收者程序再次访问 http://localhost:8080/msg/show 同样看不到内容。

8.2 响应式编程

8.2.1 响应式编程概述

▶响应式编程（一）

1. 需求场景

目前，Spring Boot 集成的 Web 核心编程框架（也就是本书前面所有实例在创建项目时所选择的 Spring Boot 基本框架 "Web" → "Spring Web"）内部是基于单线程阻塞机制工作的，其基本工作模式如下：

主线程接收用户请求→执行任务（包括操作后台、处理数据等）→包装数据、向前端返回响应。

这种模式在绝大多数应用场景下都能够工作得很好，但若遇到高并发请求耗时任务的情形却难以胜任，例如，短时间内有大量用户同时向同一个服务器线程发起请求，而要服务器完成的又都是耗时的任务，服务器只能先处理完第 1 个用户的任务并返回响应，再继续接下一个用户的任务，但网络所允许的最长响应时间是有限的，故服务器只能在其最大负载能力范围内满足有限数量用户的请求，更多的请求由于来不及处理将直接被拒绝，使得网页长时间停滞，无刷新也无法操作，这会影响用户的使用体验。

响应式编程就是针对上述问题而提出的一种新的编程模式，它的工作过程如下：

主线程接收用户请求→立刻返回响应（响应中不包含处理的数据结果，只是告知用户请求已受理，请等待）→开启一个新的工作线程去执行任务（包括操作后台、处理数据等）→工作线程完成任务→包装结果数据返回给前端。

这种方式给用户的直观感受是，网页随时都能接收操作且一直都在运行着，页面无卡顿，故使用体验良好，即使再多的用户同时访问这个网站也不会有任何影响。

2. Reactor 模式

响应式编程的工作模式被称为 Reactor（反应器），其原理模型如图 8.37 所示。

该模型涉及客户端、分发器、处理器三方。

（1）客户端会先向服务器注册其感兴趣的事件（即"订阅"事件），这些事件并不会给服务器发送请求，只有当客户端发生了相应的注册事件时，才会触发服务器的响应。

（2）服务器上存在一个分发器线程，这个线程只负责轮询客户端的事件而并不处理具体的请求，当它监测到有客户端事件发生时，会将事件对应的请求分发给匹配的处理器，然后启用另外一条线程运行处理器。因为分发器线程只轮询，并不处理复杂的业务功能，所以它可以在轮询之后对客户端做出实时响应，速度非常快。

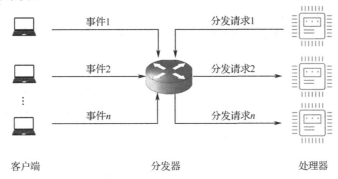

图 8.37　Reactor 原理模型

（3）当处理器处理完请求的业务时，再将结果转换为数据流返回给客户端。

从上述原理流程中可见，Reactor 其实是一种基于事件的模型，对于分发器线程而言，处理器线程执行的是异步操作，这极大地提高了系统吞吐量和处理并发的性能。

3. WebFlux 框架

在 Servlet 3.1 和 Java 8 发布后，JavaEE 就能够实现响应式编程。为了适应这个潮流，Spring 5 发布了新一代响应式 Web 框架，即 WebFlux 框架。而 Spring Boot 2.x 又是基于 Spring 5 的，所以能够很好地支持响应式编程。

与 Spring Boot 基本框架使用的 DispatcherServlet 不同，WebFlux 使用 WebHandler 接口，并通过该接口的实现类 DispatcherHandler 实现了上述模型中分发器的功能，如图 8.38 所示。

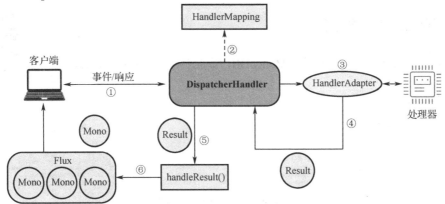

图 8.38　WebFlux 实现的响应式框架

图 8.38 中以数字序号①、②等标示出了 WebFlux 响应式框架的执行流程，具体如下：

① DispatcherHandler 监测到客户端的事件并及时响应。
② DispatcherHandler 通过 HandlerMapping 映射确定事件对应的处理器。
③ DispatcherHandler 通过 HandlerAdapter 适配器将事件的请求分发给某个处理器线程。
④ 处理器线程执行完任务后将结果数据返回给 DispatcherHandler。
⑤ DispatcherHandler 调用处理结果的 handleResult()方法。
⑥ handleResult()方法将结果转变为特定格式封装的数据流返回给客户端。

在这里，返回客户端的数据流是以 Flux 或 Mono 类型的形式封装的，它们是响应式编程的标准封装类型，单个数据对象就是一个 Mono 类型，而多个数据对象要进一步包装成 Flux 类型，每一个 Flux 类型中包含多个 Mono 类型的对象。

4. 开发方式

在 Spring Boot 中，响应式编程存在两种不同的开发方式：一种是路由函数式，另一种是 MVC 注解式。

1）路由函数式

这种方式需要先创建一个 Handler 类，它相当于 MVC 控制器中的方法体，不过此时的请求/响应不再是 HttpServletRequest/HttpServletResponse，而变成了 ServerRequest/ServerResponse。另外，还要配置一个路由函数，它的作用与注解@RequestMapping 相似，都用于提供请求访问的 URL 路径。

2）MVC 注解式

采用大家所熟悉的注解编程，以@Controller/@RestController 来代替 Handler 类，URL 路径映射也通过@RequestMapping 提供，只是在创建项目时要额外添加 WebFlux 响应式框架，以及要注意控制器的返回类型必须是 Flux 或 Mono 类型的数据流。

相对而言，MVC 注解式编程要简单得多，而这样的方式与传统 Spring Boot 编程很相似，更容易被当前大多数 Spring Boot 开发者所接受。

5. 数据库选择

WebFlux 只能支持 Spring Data Reactive，它是一种非阻塞的数据响应方式，但传统关系数据库的开发却是阻塞的，所以 Spring Data Reactive 并不能对关系数据库的开发给予有效支持，但它仍然可以支持 Redis、MongoDB 等 NoSQL 的开发，而 Redis 功能有限，更适合作为缓存使用，于是 MongoDB 就成为了 WebFlux 最理想的数据源，以响应式 Web 程序访问 MongoDB 也是当前应用最广泛的方式。

综合上述情况，接下来的应用实例将以 MongoDB 作为数据库，用 MVC 注解来开发响应式程序。

8.2.2 响应式编程举例

▶响应式编程（二）

【实例 8.3】 用 WebFlux 编程操作 MongoDB，读取保存在其中的一条或多条销售详情记录。

1. 准备数据

MongoDB 中的数据如图 8.39 所示。

图 8.39 MongoDB 中的数据

2. 创建项目

创建 Spring Boot 项目，项目名为 WebFluxMongo，在出现的向导界面的"Dependencies"列表中选择 Lombok 模型简化组件（"Developer Tools"→"Lombok"）、JPA 框架（"SQL"→"Spring Data JPA"）。

为使项目支持操作 MongoDB 的响应式编程，最重要的是添加 WebFlux 框架与 MongoDB 响应式数据源，操作如下。

1）添加 WebFlux 框架

选择"Web"→"Spring Reactive Web"。

2）添加 MongoDB 响应式数据源

选择"NoSQL"→"Spring Data Reactive MongoDB"。

【实例 8.3】依赖配置

以上两者在项目 pom.xml 文件中对应的依赖项如下：

```xml
<dependency>
<groupId>org.springframework.boot</groupId>
<artifactId>spring-boot-starter-data-mongodb-reactive</artifactId>
</dependency>                    <!--MongoDB 响应式数据源-->
<dependency>
<groupId>org.springframework.boot</groupId>
<artifactId>spring-boot-starter-webflux</artifactId>
</dependency>                    <!--WebFlux 框架-->
```

3. 配置连接

在项目 application.properties 文件中配置 MongoDB 的数据库连接，配置内容如下：

```
spring.data.mongodb.host = localhost
spring.data.mongodb.port = 27017
spring.data.mongodb.database = mgnetshop
spring.jackson.serialization.indent-output = true
```

【实例 8.3】销售详情模型

【实例 8.3】送货地址模型

4. 开发模型

由于本例操作的是 MongoDB 数据库中的销售详情记录，故采用【实例 5.7】的模型类。直接复用【实例 5.7】的两个模型类，将 model 包及其下模型类复制到本项目的包下，修改包路径与当前的项目一致即可，代码略。

5. 开发持久层

WebFlux 框架为基于 MongoDB 的响应式编程提供了 ReactiveMongoRepository 接口，通过继承它来开发持久层的数据接口，这也是一种 JPA 类型的接口。

在项目工程目录树的 com.example.webfluxmongo 节点下创建 repository 包，在其中创建接口 SaleRepository.java，定义代码如下：

```java
package com.example.webfluxmongo.repository;

import com.example.webfluxmongo.model.Saledetail;
import org.springframework.data.mongodb.repository.ReactiveMongoRepository;
import org.springframework.stereotype.Repository;
import reactor.core.publisher.Flux;
import reactor.core.publisher.Mono;

@Repository
public interface SaleRepository extends ReactiveMongoRepository<Saledetail, String>
{
    Mono<Saledetail> querySaledetailsByOidAndPid(int oid, int pid);
    Flux<Saledetail> findByScodeLike(String scode);
}
```

说明：接口中声明了两个方法，querySaledetailsByOidAndPid()方法根据订单号和商品号来查询唯一的销售详情记录，因仅有一条记录，故返回数据流以 Mono 类型封装；findByScodeLike()方法根据商家编码中的关键字模糊查询销售详情记录，因模糊查询到的符合条件的记录可能有多条，故返回数据流以 Flux 类型封装。这两个方法都是按照 JPA 约定规则由系统自动提示生成的方法名，而它们返回数据的类型也完全符合响应式编程的标准规范。

6. 开发业务层

下面基于 WebFlux 的 JPA 接口来开发操作 MongoDB 的业务层。

1)定义业务接口

在项目工程目录树的 com.example.webfluxmongo 节点下创建 service 包,在其下定义名为 SaleService 的接口,代码如下:

```java
package com.example.webfluxmongo.service;

import com.example.webfluxmongo.model.Saledetail;
import reactor.core.publisher.Flux;
import reactor.core.publisher.Mono;

public interface SaleService {
    //查询单条记录
    public Mono<Saledetail> getSale(int oid, int pid);

    //查询多条记录
    public Flux<Saledetail> findSales(String scode);
}
```

2)开发服务实体

在 service 包下创建业务接口的实现类 SaleServiceImpl,代码如下:

```java
package com.example.webfluxmongo.service;

import com.example.webfluxmongo.model.Saledetail;
import com.example.webfluxmongo.repository.SaleRepository;
import org.springframework.beans.factory.annotation.Autowired;
import org.springframework.stereotype.Service;
import reactor.core.publisher.Flux;
import reactor.core.publisher.Mono;

@Service
public class SaleServiceImpl implements SaleService {
    @Autowired
    SaleRepository saleRepository;                          //注入持久层接口

    @Override
    public Mono<Saledetail> getSale(int oid, int pid) {
        return saleRepository.querySaledetailsByOidAndPid(oid, pid);
    }

    @Override
    public Flux<Saledetail> findSales(String scode) {
        return saleRepository.findByScodeLike(scode);
    }
}
```

7. 编写控制器

在项目工程目录树的 com.example.webfluxmongo 节点下创建 controller 包,在其中创建控制器类 SaleController,代码如下:

```java
package com.example.webfluxmongo.controller;

import com.example.webfluxmongo.model.Saledetail;
import com.example.webfluxmongo.service.SaleService;
```

```java
import org.springframework.beans.factory.annotation.Autowired;
import org.springframework.web.bind.annotation.GetMapping;
import org.springframework.web.bind.annotation.PathVariable;
import org.springframework.web.bind.annotation.RequestMapping;
import org.springframework.web.bind.annotation.RestController;
import reactor.core.publisher.Flux;
import reactor.core.publisher.Mono;

@RestController
@RequestMapping("restapi")
public class SaleController {
    @Autowired
    SaleService saleService;                              //注入业务层服务实体

    @GetMapping("/sales/{oid}/{pid}")
    public Mono<Saledetail> getSaleById(@PathVariable("oid") Integer oid, @PathVariable("pid") Integer pid) {
        return saleService.getSale(oid, pid);             //获取单条销售详情记录
    }

    @GetMapping("/sales/{scode}")
    public Flux<Saledetail> findSalesByCode(@PathVariable("scode") String scode)
    {
        return saleService.findSales(scode);              //获取多条销售详情记录
    }
}
```

说明：通常在响应式编程中，流行使用 REST 风格的接口，故这个控制器方法的访问 URL 也都设计成 REST 风格的，参数用 URL 地址传递，通过@PathVariable 读取。这里 getSaleById()方法返回的是 Mono<Saledetail>，它是 0～1 个数据流序列；而 findSalesByCode()方法返回的是 Flux<Saledetail>，它是 0～N 个数据流序列。每个方法上都标注了@GetMapping 路由注解，这样请求就会被映射到 WebFlux 框架的 HandlerMapping 机制中，从而分发给不同的处理器线程去执行。

8．启用响应式接口

MVC 注解响应式编程的最后一步是用注解启用响应式接口，使其能被 Spring Boot 识别而起作用。在项目主启动文件 WebFluxMongoApplication.java 中进行配置，代码如下：

```java
package com.example.webfluxmongo;

import org.springframework.boot.SpringApplication;
import org.springframework.boot.autoconfigure.EnableAutoConfiguration;
import org.springframework.boot.autoconfigure.SpringBootApplication;
import org.springframework.boot.autoconfigure.jdbc.DataSourceAutoConfiguration;
import org.springframework.data.mongodb.repository.config.EnableReactiveMongoRepositories;

@SpringBootApplication(exclude = {DataSourceAutoConfiguration.class})
@EnableReactiveMongoRepositories(basePackages = "com.example.webfluxmongo.repository")
public class WebFluxMongoApplication {

    public static void main(String[] args) {
```

```
        SpringApplication.run(WebFluxMongoApplication.class, args);
    }
}
```

说明:

(1) 因为项目引入了 JPA 框架,默认情况下 Spring Boot 会去寻找和配置关系数据库的数据源,而本程序使用的 MongoDB 并非关系数据库,这会导致程序启动初始化错误,于是就要在主启动类的 @SpringBootApplication 注解中设定 exclude 属性(为{DataSourceAutoConfiguration.class})来排除掉自动配置的关系数据源。

(2) MongoDB 响应式数据源的 JPA 接口要通过@EnableReactiveMongoRepositories 注解驱动开启, basePackages 属性指定要扫描的包,即让 Spring Boot 到 com.example.webfluxmongo.repository 包下去寻找 MongoDB 的响应式接口。

9. 运行

启动项目,打开浏览器。

1) 查询单条记录

在地址栏中输入 http://localhost:8080/restapi/sales/4/1 并回车,查询订单号为 4、商品号为 1 的唯一一条销售详情记录,显示在前端页面上,如图 8.40 所示。

2) 查询多条记录

在地址栏中输入 http://localhost:8080/restapi/sales/SXLC 并回车,模糊查询商家编码以 SXLC 打头的销售详情记录,一共有两条,显示在前端页面上,如图 8.41 所示。

图 8.40　查询单条记录　　　　图 8.41　查询多条记录

因为采用的是响应式编程,即使 MongoDB 数据库中的文档记录数量十分庞大,查询需要耗费些时间,而恰好又碰上很多用户同时发起查询请求,也不会对系统的使用和性能造成任何不利的影响。

在互联网高并发应用(如游戏、短视频 App 等)中,响应式编程正发挥着越来越大的作用。

第 9 章 Spring Boot 综合应用

到目前为止，有关 Spring Boot 的基础知识已经介绍完了，本章通过开发"为华直购"网上商城系统来整合运用 Spring Boot 各方面的技术，让读者对本书内容有一个全面的巩固和提高。

▶第 9 章视频提纲

9.1 创建网上商城项目

9.1.1 创建 Spring Boot 项目

1. 新建项目

启动 IDEA，在初始窗口中单击"New Project"来新建项目。

（1）在窗口左侧选择项目类型为"Spring Initializr"（即 Spring Boot 项目）。

（2）"Name"栏填写项目名为"mystore"。

（3）"Group"栏填写项目所在的包路径，这里编者填写"com.net"，那么"Package name"栏就会根据包路径和项目名自动生成整个项目的 Java 源程序所在包名"com.net.mystore"。

（4）"Java"栏选择所使用的 JDK 版本，注意一定要与开发计算机上安装的 JDK 版本一致（这里是 8）。

项目名为 mystore，在出现的向导界面的"Dependencies"列表中选择 Spring Boot 基本框架（"Web"→"Spring Web"）、Thymeleaf 引擎组件（"Template Engines"→"Thymeleaf"）、Lombok 模型简化组件（"Developer Tools"→"Lombok"）、JPA 框架（"SQL"→"Spring Data JPA"）以及 MySQL 的驱动（"SQL"→"MySQL Driver"）。

2. 添加依赖

本项目作为综合实习，要用到很多 Spring Boot 的功能和技术，故需要集成的框架依赖库也有很多种，这些框架依赖库在本书前面各章都陆续介绍和使用过了，这里只是要将它们置于同一个项目之中而已。

1）选择依赖

在向导界面单击"Next"按钮，在下一个界面的"Dependencies"列表中选择依赖库，需要选择的依赖库如下。

Lombok 模型简化组件："Developer Tools"→"Lombok"。

Spring Boot 基本框架："Web"→"Spring Web"。

Thymeleaf 引擎组件："Template Engines"→"Thymeleaf"。

JPA 框架："SQL"→"Spring Data JPA"。

MyBatis 框架："SQL"→"MyBatis Framework"。

MySQL 驱动："SQL"→"MySQL Driver"。

Redis 框架："NoSQL"→"Spring Data Redis(Access+Driver)"。

MongoDB 框架:"NoSQL"→"Spring Data MongoDB"。

RabbitMQ 异步消息中间件:"Messaging"→"Spring for RabbitMQ"。

单击"Finish"按钮开始创建项目,IDEA 自动联网逐一下载和集成以上选择的各个依赖库,请读者耐心稍候片刻,直至完成。

2)手动添加依赖

此外,本项目还有一些功能所需依赖库是 Spring Boot 向导尚未集成或由第三方提供的,只能在项目创建好后手动添加到 pom.xml 文件中,具体如下。

【综合】依赖配置

(1) MyBatis 分页。

对应 pom.xml 依赖项:

```
<dependency>
<groupId>com.github.pagehelper</groupId>
<artifactId>pagehelper</artifactId>
<version>4.1.6</version>
</dependency>
```

(2) 文件上传。

对应 pom.xml 依赖项:

```
<dependency>
<groupId>commons-fileupload</groupId>
<artifactId>commons-fileupload</artifactId>
<version>1.3.3</version>
</dependency>
```

(3) 表单验证器。

对应 pom.xml 依赖项:

```
<dependency>
<groupId>org.springframework.boot</groupId>
<artifactId>spring-boot-starter-validation</artifactId>
</dependency>
```

(4) AOP。

对应 pom.xml 依赖项:

```
<dependency>
<groupId>org.springframework.boot</groupId>
<artifactId>spring-boot-starter-aop</artifactId>
</dependency>
```

请读者将以上依赖项手动写进项目 pom.xml 文件的 "<dependencies>…</dependencies>" 标签元素内,关闭项目、重启 IDEA,再次打开项目,Spring Boot 就会自动检测到它们。

3. 配置项目

在 src→main→resources 下的 application.properties 文件中对项目进行全局配置,代码如下:

```
# MySQL 数据库连接
spring.datasource.url = jdbc:mysql://127.0.0.1:3306/netshop?useUnicode=true&characterEncoding=utf-8&serverTimezone=UTC&useSSL=true
spring.datasource.username = root
spring.datasource.password = 123456
spring.datasource.driver-class-name = com.mysql.cj.jdbc.Driver
# MongoDB 数据库连接
spring.data.mongodb.host = localhost
spring.data.mongodb.port = 27017
```

```
spring.data.mongodb.database = mgnetshop
# 输出信息
spring.jackson.serialization.indent-output = true
spring.jpa.show-sql = true
logging.level.com.net.mystore = debug
# 商品图片上传参数
spring.servlet.multipart.max-file-size = 50MB
spring.servlet.multipart.max-request-size = 500MB
web.upload-path = C:/Commodity Pictures
```

9.1.2 应用 Bootstrap

▶Bootstrap 模板应用

本项目是一个综合性的网上商城系统，前端需要设计出比较丰富和复杂的页面，故必须借助第三方界面库来做，本书采用 Bootstrap 作为界面库，在与 HTML 5 和 Thymeleaf 结合的基础上实现想要的前端效果。

1. 引入 Bootstrap

访问 https://getbootstrap.com/ 下载免费开源的 Bootstrap 压缩包，得到文件 bootstrap-5.1.3-dist.zip，解压，将其中的 css 和 js 两个文件夹复制出来，直接放到本项目的\src\main\resources\static 目录下。

2. 套用网页模板

除了界面库中内置的样式和脚本，Bootstrap 官方还在线提供了现成的网页模板，套用模板开发自己的网站可极大地节省页面设计成本，起到事半功倍的效果。

1）获取初始模板

Bootstrap 官网给出的初始模板页的完整代码如下：

```
<!doctype html>
<html lang="en">
<head>
<!-- Required meta tags -->
<meta charset="utf-8">
<meta name="viewport" content="width=device-width, initial-scale=1">

<!-- Bootstrap CSS -->
<link    href="https://
     "   rel="stylesheet"    integrity="sha384-1BmE4kWBq78iYhFldvKuhfTAU6auU8tT94WrHftjDbrCEXSU1oBoqyl2QvZ6jIW3" crossorigin="anonymous">

<title>Hello, world!</title>
</head>
<body>
<h1>Hello, world!</h1>

<!-- Optional JavaScript; choose one of the two! -->

<!-- Option 1: Bootstrap Bundle with Popper -->
<script   src="https://
         " integrity="sha384-ka7Sk0Gln4gmtz2MlQnikT1wXgYsOg+OMhuP+IlRH9sENBO0LRn5q+8nbTov4+1p" crossorigin="anonymous"></script>

<!-- Option 2: Separate Popper and Bootstrap JS -->
```

```
<!--
<script src="https://
    " integrity="sha384-7+zCNj/IqJ95wo16oMtfsKbZ9ccEh31eOz1HGyDuCQ6wgnyJNSYdrPa
03rtR1zdB" crossorigin="anonymous"></script>
<script src="https://
    " integrity="sha384-QJHtvGhmr9XOIpI6YVutG+2QOK9T+ZnN4kzFN1RtK3zEFEIsxhlmW15/
YESvpZ13" crossorigin="anonymous"></script>
-->
</body>
</html>
```

这个代码可通过访问相关页面得到，如图 9.1 所示。将其中加粗的部分分别粘贴到自己网页源文件的对应位置（其中，下部 script 代码有两段，可任选一段来使用），即可在此基础上进一步套用由 Bootstrap 官方提供的各种样例。

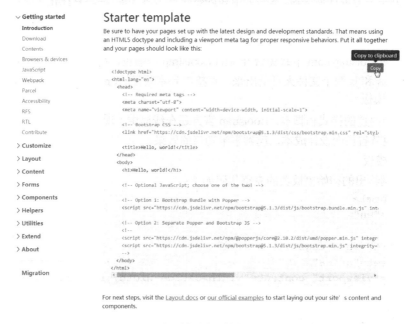

图 9.1 复制官方初始模板页代码

2）套用官方样例（Example）

一旦有了这个初始模板页，一切就好办了。Bootstrap 官方已经针对网站设计中常用的效果开发好了很多现成的样例，可直接拿来使用。

访问 https://getbootstrap.com/docs/5.1/examples/ 可浏览这些样例的效果，并可下载对应的源代码，如图 9.2 所示。

分析、截取源代码中自己所需要的部分，粘贴到套用过初始模板页的网页源文件中，就可以轻松实现想要的页面样式效果。

3. 设计基础样式

参考图 9.2 所示页面上提供的"Headers""Footers"等样例的源代码，设计出网上商城页面的基础样式。

在系统每个主要页面的头部、尾部都使用相同的样板代码，如下：

第 9 章 Spring Boot 综合应用

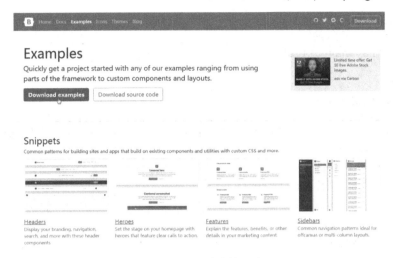

图 9.2 浏览和下载样例源代码

```html
<!DOCTYPE html>
<html lang="en" xmlns:th="http://              ">
<head>
<meta charset="UTF-8">
<meta name="viewport" content="width=device-width, initial-scale=1">
<link  href="https://
    " rel="stylesheet" integrity="sha384-1BmE4kWBq78iYhFldvKuhfTAU6auU8tT94Wr
HftjDbrCEXSU1oBoqyl2QvZ6jIW3" crossorigin="anonymous">
<title>为华网-首页</title>
<link rel="stylesheet" th:href="@{css/bootstrap.css}">
</head>
<body class="bg-dark bg-opacity-10">

<svgxmlns="http://              " style="display: none;">
<symbol id="facebook" viewBox="0 0 16 16">
<path d="M16 8.049c0-4.446-3.…… 6.75-7.951z"/>
</symbol>
<symbol id="instagram" viewBox="0 0 16 16">
<path d="M8 0C5.829 0 5.556.01 …… 0-5.334z"/>
</symbol>
<symbol id="twitter" viewBox="0 0 16 16">
<path d="M5.026 15c6.038 …… 0 0 0 5.026 15z"/>
</symbol>
</svg>

<main>
<div class="container">

    <!--网页头部-->
    <header class="d-flex flex-wrap align-items-center justify-content-center justify-content-md-between py-3 mb-4 border-bottom">
     <a href="/" class="d-flex align-items-center mb-3 mb-md-0 me-md-auto text-dark text-decoration-none">
        <svg class="bi me-2" width="40" height="32"><use xlink:href="#bootstrap"/></svg>
```

```html
            <span class="fs-4">为华直购</span>
        </a>
        <ul class="nav nav-pills">
                    ...
        </ul>
        <div class="col-md-3 text-end">
            <a th:type="button" class="btnbtn-outline-primary me-2" th:if="${result.getData().getRole().equals('匿名')}" th:href="@{/store/login}">登录</a>
            <a th:type="button" class="btnbtn-primary" th:if="${result.getData().getRole().equals('匿名')}" th:href="@{/store/register}">注册</a>
                    ...
        </div>
    </header>

        <!--页面主体部分-->
            ...

        <!--网页尾部-->
    <footer class="py-5">
        <ul class="nav justify-content-center border-bottom">
            <li class="nav-item"><a href="#" class="nav-link px-2 text-muted">关于为华</a></li>
            <li class="nav-item"><a href="#" class="nav-link px-2 text-muted">营销中心</a></li>
            <li class="nav-item"><a href="#" class="nav-link px-2 text-muted">开放平台</a></li>
            <li class="nav-item"><a href="#" class="nav-link px-2 text-muted">诚聘英才</a></li>
            <li class="nav-item"><a href="#" class="nav-link px-2 text-muted">联系我们</a></li>
        </ul>
        <div class="d-flex justify-content-between py-4">
        <p class="mb-3 text-muted">&copy; 2022 easybooks, Inc. All rights reserved.</p>
        <ul class="list-unstyled d-flex">
            <li class="ms-3"><a class="link-dark" href="#"><svg class="bi" width="24" height="24"><use xlink:href="#twitter"/></svg></a></li>
            <li class="ms-3"><a class="link-dark" href="#"><svg class="bi" width="24" height="24"><use xlink:href="#instagram"/></svg></a></li>
            <li class="ms-3"><a class="link-dark" href="#"><svg class="bi" width="24" height="24"><use xlink:href="#facebook"/></svg></a></li>
        </ul>
        </div>
    </footer>
    </div>
    </main>

    <script src="https://               " integrity="sha384-ka7Sk0Gln4gmtz2M1QnikT1wXgYsOg+OMhuP+IlRH9sENBO0LRn5q+8nbTov4+1p" crossorigin="anonymous"></script>
    </body>
</html>
```

其中，加粗部分为套用的初始模板页代码。

运行项目后，在每个主要页面的顶部和底部都会呈现如图9.3所示的统一样式效果。

页面顶部样式

页面底部样式

图9.3　每个主要页面顶部和底部的样式

9.2　首页——分类显示商品信息

▶分类显示商品信息

9.2.1　展示效果

无论用户是否登录，都可以访问网上商城首页，其上分类显示商品信息，如图9.4所示。

图9.4　分类显示商品信息

其中，左侧"所有分类"下是由程序从数据库 category（商品分类）表中加载的商品大类名称，为此，需要预先往 category 表中录入数据，如图9.5所示，TCode 字段为1位的表示大类。

单击左侧大类名，右边"特别推荐"区分页显示该大类下的商品信息，包括商品图片、名称、推广文字、价格、库存等，如果是顾客角色的用户登录，在每个商品信息的后面还会有一个"加入购物车"按钮。商品信息记录预先存储在 commodity（商品）表中，如图9.6所示。

TCode	TName
1	食品
11A	苹果
11B	梨
11G	车厘子
13B	海鲜
2	服装
3	数码
31A	手机
4	家用电器

图 9.5　category 表中的分类数据

Pid	TCode	SCode	PName	PPrice	Stocks	Total	TextAdv
1	11A	SXLC001A	洛川红富士苹果冰糖心10斤箱装	44.80	3601	161324.80	(Null)
2	11A	SDYT002A	烟台红富士苹果10斤箱装	29.80	5698	169800.40	(Null)
4	11A	XJAK003A	阿克苏苹果冰糖心5斤箱装	29.80	12680	377864.00	(Null)
6	11B	XJAK005B	库尔勒香梨10斤箱装	69.80	8902	621359.60	(Null)
1001	11B	AHSZ006B	砀山梨10斤箱装大果	19.90	14532	289186.80	(Null)
1002	11B	AHSZ006B	砀山梨5斤箱装特大果	17.90	18	322.20	中国传统三大名梨之首，以其汁多味甜且具有润肺止咳作用而驰名中外。
5001	31A	GDSZ016A	HUAWEI/华为mate 30手机	4799.00	5000	23995000.00	搭载麒麟990处理器，采用全球首颗商用旗舰5G SoC芯片

图 9.6　commodity 表中的商品记录

而商品图片则单独保存在 commodityimage（商品图片）表中，以 Pid（商品号）字段与 commodity 关联，每个商品对应一张图片，图片以 BLOB（不大于 64KB）的格式存储，如图 9.7 所示。将准备好的图片资源放在创建的 MySQL 图片目录(编者的是 C:\MySQL\pic)下，如图 9.8 所示，然后通过 Navicat Premium 工具对每张图片执行如下 SQL 语句将其录入 commodityimage 表：

```
INSERT INTO commodityimage(Pid, Image)
    VALUES(商品号, LOAD_FILE('C:/MySQL/pic/图片名.jpg'));
```

Pid	Image
1	(BLOB) 41.25 KB
2	(BLOB) 13.07 KB
4	(BLOB) 17.84 KB
6	(BLOB) 44.37 KB
1001	(BLOB) 49.60 KB
1002	(BLOB) 47.58 KB
5001	(BLOB) 40.24 KB

图 9.7　commodityimage 表中的商品图片

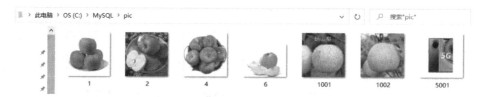

图 9.8　准备好的图片资源

9.2.2　涉及知识点

本功能所涉及的 Spring Boot 知识点及相关技术：模型实体设计、MyBatis 框架、PageHelper 分页插件、Bootstrap 框架、字符串对象#strings（Thymeleaf）、循环遍历 th:each 标签（Thymeleaf）、数值格式化#numbers（Thymeleaf）和 URL 请求@RequestParam 参数映射。

9.2.3 设计模型

显然，分类显示商品信息需要用到 3 个模型实体：分类、商品、图片。

在项目 com.net.mystore 下创建 entity 包，在其中分别创建这 3 个模型实体类。

1. 分类（Category）实体

创建 Category 类，定义如下：

```
package com.net.mystore.entity;

import lombok.Data;

@Data
public class Category {
    private String tcode;          //分类编码
    private String tname;          //分类名称
}
```

2. 商品（Commodity）实体

创建 Commodity 类，定义如下：

```
package com.net.mystore.entity;

import lombok.Data;

import javax.persistence.*;

@Entity
@Data
public class Commodity {
    @Id
    private Integer pid;           //商品号
    private String tcode;          //分类编码
    private String scode;          //商家编码
    private String pname;          //商品名称
    private Float pprice;          //商品价格
    private Integer stocks;        //商品库存
    private String textadv;        //推广文字
}
```

3. 图片（Commodityimage）实体

创建 Commodityimage 类，定义如下：

```
package com.net.mystore.entity;

import lombok.Data;

import javax.persistence.*;

@Entity
@Data
```

```java
public class Commodityimage {
    @Id
    private int pid;                            //商品号
    private byte[] image;                       //商品图片
    @OneToOne(cascade = CascadeType.ALL)
    @JoinColumn(name = "Pid")
    private Commodity commodity;
}
```

说明:

(1) 在后两个实体类中,以@Entity、@Id、@OneToOne 等注解定义了它们之间的一对一关联关系,这是为后面开发增加新商品功能、实现图片与商品记录的联动插入做准备。

(2) 一对一关联关系只能保存在 Commodityimage 中,因为外键设在 commodityimage 表上。

9.2.4 持久层开发

持久层使用 MyBatis,在其接口中定义操作 MySQL 数据库的方法及 SQL 语句。

在项目 com.net.mystore 下创建 mapper 包,在其中创建 StoreMapper 接口,定义如下:

```java
package com.net.mystore.mapper;
...

@Mapper
public interface StoreMapper {
    @Select("SELECT * FROM category WHERE LENGTH(TCode) = 1")
    List<Category> getTypes();                  //获取商品大类名称

    @Select("SELECT * FROM commodity")
    List<Commodity> queryComsAll();             //查询全部商品

    @Select("SELECT * FROM commodity WHERE LEFT(TCode,1) = #{tid}")
    List<Commodity> queryComsByTid(String tid); //按大类查询商品

    @Select("SELECT * FROM commodityimage WHERE Pid = #{pid}")
    Commodityimage queryImgByPid(int pid);      //获取商品图片
    ...
}
```

【综合】MyBatis 接口

本功能暂且只需要上面列出的 4 个方法,当然 MyBatis 接口中还有其他一些方法,在后面开发其他功能模块的时候再逐步添加。

9.2.5 表示层开发

显示商品信息并没有什么复杂的业务逻辑,因而跳过业务层,直接在表示层控制器类中调用 MyBatis 接口的方法来实现功能。不过,由于商品信息需要分页显示,还要创建一个 PageHelper 分页配置类。

1. 创建分页配置类

在项目 com.net.mystore 下创建 configer 包,在其中创建分页配置类 PageConfiger,定义如下:

```java
package com.net.mystore.configer;
```

```java
import com.github.pagehelper.PageHelper;
import org.springframework.context.annotation.Bean;
import org.springframework.context.annotation.Configuration;

import java.util.Properties;

@Configuration
public class PageConfiger {
    @Bean
    public PageHelper getHelper() {
        PageHelper helper = new PageHelper();
        Properties properties = new Properties();
        properties.setProperty("offsetAsPageNum", "true");
        properties.setProperty("rowBoundsWithCount", "true");
        properties.setProperty("reasonable", "true");
        helper.setProperties(properties);
        return helper;
    }
}
```

其中设置的各属性的作用在前面都介绍过了，这里不再赘述。

2．开发控制器类

在项目 com.net.mystore 下创建 controller 包，在其中创建控制器类 StoreController，编写两个方法：init()方法用于初始化加载分类名和商品信息，getPicture()方法用于获取并向前端返回商品图片。代码如下：

```java
package com.net.mystore.controller;
...
@Controller
@RequestMapping("store")
public class StoreController {
    @Autowired
    private StoreMapper mapper;                    //注入MyBatis接口
    ...
    //全局数据结构
    private List<Category> categoryList;
    ...
    private PageInfo<Commodity> info;
    private String tid;
    ...

    @GetMapping("/")
    public String init(Model model, @RequestParam(value = "tid", defaultValue = "") String id, @RequestParam(value = "start", defaultValue = "0") int start, @RequestParam(value = "size", defaultValue = "2") int size) throws Exception {
        //加载所有分类
        categoryList = mapper.getTypes();
        model.addAttribute("categorys", categoryList);
        //加载推荐商品
        PageHelper.startPage(start, size, "Pid DESC");//这一句必须写在接口调用之前
        List<Commodity> commodityList = new ArrayList<>();
```

【综合】控制器

```
            if (id.equals("")) commodityList = mapper.queryComsAll();
            else commodityList = mapper.queryComsByTid(id);
            info = new PageInfo<>(commodityList);
            model.addAttribute("page", info);
            tid = id;
            model.addAttribute("tid", tid);
            ...

            return "index";
    }
    ...
    @RequestMapping("/getpic")
    public ResponseEntity getPicture(int pid) {
        ResponseEntity.BodyBuilder builder = ResponseEntity.ok();
        return builder.body(mapper.queryImgByPid(pid).getImage());
    }
}
```

3. 设计前端页面

在项目目录树 src→main→resources→templates 下创建首页 index.html，编写代码如下：

```
<!DOCTYPE html>
<html lang="en" xmlns:th="http://          ">
<head>
    ...
<title>为华网-首页</title>
<link rel="stylesheet" th:href="@{css/bootstrap.css}">
</head>
<body class="bg-dark bg-opacity-10">
    ...
<main>
<div class="container">

<header class="d-flex flex-wrap align-items-center justify-content-center justify-content-md-between py-3 mb-4 border-bottom">
        ...
</header>

<div class="row">

<div class="col-md-3">
<div class="d-flex flex-column flex-shrink-0 p-3 bg-light" style="width: 280px;">
<a href="/" class="d-flex align-items-center mb-3 mb-md-0 me-md-auto link-dark text-decoration-none">
<svg class="bi me-2" width="40" height="32"><use xlink:href="#bootstrap"/></svg>
<h5>所有分类</h5>
</a>
<hr>
<ul class="nav nav-pills flex-column mb-auto">
<li class="nav-item">
<a href="/store/" class="nav-link active" aria-current="page">
<span class="fs-5">全部</span>
</a>
```

```html
            </li>
            <li th:each="category:${categorys}">
            <a th:href="'/store/?tid='+${#strings.substring(category.tcode,0,1)}" class="nav-link link-dark">                                      <!-- (a) -->
            <span th:text="${category.tname}"></span>
            </a>
            </li>
            </ul>
            <hr>
            <form class="d-flex col-12 col-lg-auto mb-2 mb-lg-0 me-lg-auto">
            <input type="search" class="form-control" placeholder="输入商品名称..." aria-label="Search">
            <button type="button" class="btnbtn-outline-primary me-2">搜</button>
            </form>
            </div>
            </div>

            <div class="col-md-9">
            <div class="container">
            <h3 class="pb-2 border-bottom">特别推荐</h3>
            <div class="row">
            <div class="col-md-6 col-sm-6" th:each="commodity:${page.list}">
                                                        <!-- (b) -->
            <a href="">
            <img  class="rounded-circle"  th:src="'/store/getpic?pid='+${commodity.pid}" alt="商品图片" style="height: 160px;width: 160px;"/>
                                                        <!-- (c) -->
            </a>
            <h5 th:text="${commodity.pname}"></h5>
            <p th:text="${commodity.textadv}" style="width: 300px;font-family: 楷体;color: gray"></p>
            <p th:text="'价格：'+${#numbers.formatDecimal(commodity.pprice,1,'COMMA',2,'POINT')}+'￥'"></p>                       <!-- (d) -->
            <p th:text="'库存：'+${#numbers.formatInteger(commodity.stocks,1,'COMMA')}"></p>                                      <!-- (d) -->
            <a th:href="'/store/addtocart?pid='+${commodity.pid}" class="btnbtn-primary" th:if="${result.getData().getRole().equals('顾客')}">
            加入购物车
            </a>
            </div>
            <div><p></p></div>
            <div style="text-align: right" th:unless="${page.pages==0}">
            <a th:href="@{/store/(tid=${tid},start=1)}">[首页]</a>
            <a th:if="${not page.isFirstPage}" th:href="@{/store/(tid=${tid},start=${page.pageNum-1})}">[上一页]</a>
            <a th:if="${not page.isLastPage}" th:href="@{/store/(tid=${tid},start=${page.pageNum+1})}">[下一页]</a>
            <a th:href="@{/store/(tid=${tid},start=${page.pages})}">[尾页]</a>
                                                        <!-- (e) -->
            <div style="font-size: x-small">
            第<a th:text="${page.pageNum}"></a>页
                        /共<a th:text="${page.pages}"></a>页
```

```
                </div>
              </div>
            </div>
          </div>
        </div>

      </div>

      <footer class="py-5">
          ...
      </footer>
    </div>
  </main>
  ...
  </body>
</html>
```

说明：

(a) **<a th:href="'/store/?tid='+${#strings.substring(category.tcode,0,1)}" class="nav-link link-dark">**：用 Thymeleaf 内置的字符串对象#strings 的 substring()方法截取商品分类编码的首位，即大类号，由此 URL 向后台请求获取该大类下的商品。

(b) **<div class="col-md-6 col-sm-6" th:each="commodity:${page.list}">**：用 th:each 标签实现对商品实体集合数据的循环遍历显示。

(c) **<img class="rounded-circle" th:src="'/store/getpic?pid='+${commodity.pid}" alt="商品图片" style="height: 160px;width: 160px;"/>**：请求 URL 路径/store/getpic 调用控制器中的 getPicture()方法，根据给定的商品号获取对应商品的图片加以显示，这里还通过应用 Bootstrap 的样式 rounded-circle 将商品图片显示为圆形边框，更加美观。

(d) **<p th:text="'价格：'+${#numbers.formatDecimal(commodity.pprice,1,'COMMA',2,'POINT')}+'￥'"></p>**、**<p th:text="'库存：'+${#numbers.formatInteger(commodity.stocks,1,'COMMA')}"></p>**：用 Thymeleaf 的#numbers 对象对前端价格、库存数值进行格式化显示，使之符合日常应用的实际情况。

(e) **<a th:href="@{/store/(tid=${tid},start=1)}">[首页]</a>**、**<a th:if="${not page.isFirstPage}" th:href="@{/store/(tid=${tid},start=${page.pageNum-1})}">[上 一 页]</a>**、**<a th:if="${not page.isLastPage}" th:href="@{/store/(tid=${tid},start=${page.pageNum+1})}">[下一页]</a>**、**<a th:href="@{/store/(tid=${tid},start=${page.pages})}">[尾页]</a>**：这里每个分页控制的请求 URL 路径中都必须携带一个 tid 参数，用于指示需要显示的是哪一个大类下的商品数据，tid 为空白字符表示显示全部商品。

至此，首页分类显示商品信息的功能开发完成。

启动项目，访问 http://localhost:8080/store/，可看到如图 9.4 所示的页面效果。

9.3 登录/注销、注册——用户角色控制

▶用户角色控制

9.3.1 展示效果

本项目网上商城系统涉及 3 种不同角色的用户：匿名、商家、顾客。

任何人访问网站默认以匿名用户身份，只能浏览首页上的分类商品信息，而无法进行更进一步的操作；

商家用户登录网站，网页导航栏显示"首页""商品管理""买家留言"，如图9.9所示，单击可转至相应功能的页面；顾客用户登录网站，看到的导航栏则变成了"首页""购物车""关于我"，如图9.10所示。

图9.9　商家的导航栏

图9.10　顾客的导航栏

单击"注销"按钮则退出登录，回到匿名访问状态。

数据库中用 supplier（商家）表存储所有已被商城平台认证准入的商家用户数据，表中内容如图9.11所示。

图9.11　supplier 表中的商家用户数据

用 user（用户）表存储所有在商城注册过的顾客用户数据，表中预置内容如图9.12所示。

图9.12　user 表中的顾客用户数据

9.3.2　涉及知识点

本功能所涉及的 Spring Boot 知识点及相关技术：Java 接口编程应用、JavaEE 三层架构、JPA 框架、Bootstrap 框架、条件判断 th:if/th:unless 标签（Thymeleaf）和 Hibernate Validator 验证器。

9.3.3　设计模型与实体

本功能要设计多种不同角色的模型对象，它们既有差异也存在着相同的行为，基于这样的特点，运用 Java 面向对象的接口编程技术，抽象出一个通用的角色 Role 接口，它对外提供这些角色所共有的方法（行为），如此一来，就能够方便地实现对多种不同角色的用户对象实行完全统一的编程操作。

1. 角色（Role）接口

在项目 entity 包下创建 Role 接口，定义如下：

```java
package com.net.mystore.entity;

public interface Role {
    public String getRole();        //获取角色名
    public String getCode();        //获取角色编码（账号）
    public String getPassword();    //获取角色密码
    public String getName();        //获取注册名
}
```

2. 匿名（Anonymous）实体

在项目 entity 包下创建 Anonymous 类，它用于实现角色接口，代码如下：

```java
package com.net.mystore.entity;

public class Anonymous implements Role{
    @Override
    public String getRole() {
        return "匿名";
    }

    @Override
    public String getCode() {
        return "anonymous";
    }

    @Override
    public String getPassword() {
        return "";
    }

    @Override
    public String getName() {
        return "访客";
    }
}
```

3. 商家（Supplier）实体

在项目 entity 包下创建 Supplier 类，实现角色接口，代码如下：

```java
package com.net.mystore.entity;

import lombok.Data;

import javax.persistence.Entity;
import javax.persistence.Id;

@Entity
@Data
public class Supplier implements Role {
    @Id
    private String scode;           //商家编码
    private String spassword;       //商家密码
```

```java
        private String sname;                    //商家名称

        @Override
        public String getRole() {
            return "商家";
        }

        @Override
        public String getCode() {
            return this.scode;
        }

        @Override
        public String getPassword() {
            return this.spassword;
        }

        @Override
        public String getName() {
            return this.sname;
        }
}
```

4. 顾客（User）实体

在项目 entity 包下创建 User 类，实现角色接口，代码如下：

```java
package com.net.mystore.entity;

import lombok.Data;

import javax.persistence.Entity;
import javax.persistence.Id;
import javax.validation.constraints.NotBlank;
import javax.validation.constraints.NotNull;
import javax.validation.constraints.Pattern;
import java.util.Date;

@Entity
@Data
public class User implements Role {
    @Id
    private String ucode;                    //用户编码（账号）
    private String upassword;                //登录密码
    private String uname;                    //用户名

    @Override
    public String getRole() {
        return "顾客";
    }

    @Override
    public String getCode() {
        return this.ucode;
```

```
    }

    @Override
    public String getPassword() {
        return this.upassword;
    }

    @Override
    public String getName() {
        return this.uname;
    }
}
```

5. 响应（Result）实体

本程序将后台的角色对象统一封装在一个响应实体中返回给前端，供页面使用，故还要设计一个响应实体类。

在项目 com.net.mystore 下创建 core 包，在其中创建响应实体 Result 类，代码如下：

```
package com.net.mystore.core;

import com.net.mystore.entity.Role;

public class Result {
    private int code;                           //响应码
    private String msg;                         //返回消息
    private Role data;                          //数据内容（封装角色对象）

    public int getCode() {
        return this.code;
    }

    public void setCode(int code) {
        this.code = code;
    }

    public String getMsg() {
        return this.msg;
    }

    public void setMsg(String msg) {
        this.msg = msg;
    }

    public Role getData() {
        return this.data;
    }

    public void setData(Role data) {
        this.data = data;
    }
}
```

9.3.4 持久层开发

由于登录验证仅仅是查询数据库中对应角色的用户表，对 SQL 语句并无任何定制与优化的要求，故可以简单地通过 JPA 接口执行查询。

在项目 com.net.mystore 下创建 repository 包，在其中分别创建用于查询商家和顾客账号信息的 JPA 接口。

1. 查询商家的 JPA 接口

创建查询商家账号的 SupRepository 接口，定义如下：

```java
package com.net.mystore.repository;

import com.net.mystore.entity.Supplier;
import org.springframework.data.jpa.repository.JpaRepository;

public interface SupRepository extends JpaRepository<Supplier,String> {
    Supplier findByScode(String code);            //根据商家编码查询
}
```

2. 查询顾客的 JPA 接口

创建查询顾客账号的 UserRepository 接口，定义如下：

```java
package com.net.mystore.repository;

import com.net.mystore.entity.User;
import org.springframework.data.jpa.repository.JpaRepository;

public interface UserRepository extends JpaRepository<User,String> {
    User findByUcode(String code);                //根据用户编码查询
}
```

9.3.5 业务层开发

由于登录验证过程需要判断用户所属的角色，如果验证不通过，还需要进一步判断是密码错还是用户账号不存在，以此向前端反馈信息，这是一个具备一定逻辑的业务过程，所以开发验证功能有必要引入三层架构中的业务层。

在项目 com.net.mystore 下创建 service 包，在其中存放业务层代码。

在 service 包中创建用于登录验证的服务实体 CheckService 类，代码如下：

```java
package com.net.mystore.service;

import com.net.mystore.core.Result;
import com.net.mystore.entity.Role;
import com.net.mystore.repository.SupRepository;
import com.net.mystore.repository.UserRepository;
import org.springframework.beans.factory.annotation.Autowired;
import org.springframework.stereotype.Service;

@Service
public class CheckService {
    @Autowired
```

```
    private SupRepository supRepository;              //注入查询商家的JPA接口
    @Autowired
    private UserRepository userRepository;            //注入查询顾客的JPA接口

    public Result check(String code, String password) {
        Role role = supRepository.findByScode(code);
        if (role == null) role = userRepository.findByUcode(code);
        Result result = new Result();
        if (role == null) {
            result.setCode(404);
            result.setMsg("用户不存在！");
        } else {
            if (!password.equals(role.getPassword())) {
                result.setCode(403);
                result.setMsg("密码错！");
            } else {
                result.setCode(200);
                result.setMsg("验证通过");
                result.setData(role);
            }
        }
        return result;
    }
}
```

说明：由于之前所设计的商家实体和顾客实体均实现了角色 Role 接口，故无论登录的用户角色是商家还是顾客，JPA 的查询结果都可以以统一的 Role 类型返回，并将其封装入 Result 的 data 属性中返回给前端。

9.3.6 表示层开发

1. 编写控制器方法

在项目 com.net.mystore.controller 下的控制器类 StoreController 中增加登录验证、注销退出以及在此过程中用于页面间定向的方法，代码如下：

```
package com.net.mystore.controller;
...
@Controller
@RequestMapping("store")
public class StoreController {
    @Autowired
    private StoreMapper mapper;
    @Autowired
    private CheckService checkService;              //注入用于登录验证的服务实体
    ...
    //全局数据结构
    private List<Category> categoryList;
    ...
    private PageInfo<Commodity> info;
    private String tid;
    private Result result;                          //响应实体
```

【综合】控制器

```java
...
    @GetMapping("/")
    public String init(Model model, @RequestParam(value = "tid", defaultValue =
"") String id, @RequestParam(value = "start", defaultValue = "0") int start,
@RequestParam(value = "size", defaultValue = "2") int size) throws Exception {
        //加载所有分类
        ...
        //加载推荐商品
        ...
        //创建初始的 Result 响应实体
        if (result == null) {
            result = new Result();
            result.setCode(100);
            result.setMsg("初始状态");
            result.setData(new Anonymous());      //初始默认是匿名访问
        }
        model.addAttribute("result", result);

        return "index";
    }

    @GetMapping("/index")
    public String toIndex(Model model) {              //定向到首页 index.html
        model.addAttribute("categorys", categoryList);
        model.addAttribute("page", info);
        model.addAttribute("tid", tid);
        model.addAttribute("result", result);
        return "index";
    }

    @GetMapping("/login")
    public String toLogin(Model model) {              //定向到登录页 login.html
        model.addAttribute("result", result);
        return "login";
    }
    ...

    @GetMapping("/logout")
    public String toLogout(Model model) {             //注销退出
        result.setCode(100);
        result.setMsg("初始状态");
        result.setData(new Anonymous());              //重设为匿名访问
        model.addAttribute("result", result);
        model.addAttribute("categorys", categoryList);
        model.addAttribute("page", info);
        model.addAttribute("tid", tid);
        return "index";
    }

    @RequestMapping("/check")                         //登录验证
```

```
        public String loginCheck(Model model, String code, String password) {
            result = checkService.check(code, password);//调用业务层方法来执行验证逻辑
            model.addAttribute("result", result);
            if (result.getCode() == 200) {
                model.addAttribute("categorys", categoryList);
                model.addAttribute("page", info);
                model.addAttribute("tid", tid);
                return "index";
            } else return "login";                      //若验证不通过则重新返回登录页
        }
        ...
}
```

2. 开发前端页面

1）登录页

在项目目录树 src→main→resources→templates 下创建登录页 login.html，源代码如下：

```html
<!DOCTYPE html>
<html lang="en" xmlns:th="http://          ">
<head>
<meta charset="UTF-8">
<meta name="viewport" content="width=device-width, initial-scale=1">
<link   href="https://
     "   rel="stylesheet"   integrity="sha384-1BmE4kWBq78iYhFldvKuhfTAU6auU8tT94
WrHftjDbrCEXSU1oBoqyl2QvZ6jIW3" crossorigin="anonymous">       <!--应用 Bootstrap 的初
始模板-->
<style>
        .mytd {
            width: 80px;
            font-size: xx-small;
            color: red;
        }
</style>
<title>为华网-登录</title>
<link rel="stylesheet" th:href="@{css/bootstrap.css}">
</head>
<body class="bg-dark bg-opacity-10">
<br>
<div style="text-align: center">
<form action="/store/check" method="post">
<table style="text-align: center;margin: auto">
<h1 class="h3 mb-3 fw-normal">欢迎光临
<span>        </span>
</h1>
<hr>
<tr>
<td>
<div class="form-floating">         <!--使用 Bootstrap 的浮动框样式-->
    <input th:type="text" name="code" th:value="easy-bbb.com" style="text-align:
center" class="form-control" id="floatingInput" placeholder="USR">
    <label for="floatingInput">用户</label>
</div>
</td>
```

```
      <td class="mytd"><span th:if="${result.getCode()==404}" th:text="${result.getMsg()}"></span></td>
    </tr>
    <tr>
    <td>
      <div class="form-floating">          <!--使用Bootstrap的浮动框样式-->
      <input th:type="password" name="password" th:value="abc123" style="text-align: center" class="form-control" id="floatingPassword" placeholder="PWD">
      <label for="floatingPassword">密码</label>
      </div>
    </td>
      <td class="mytd"><span th:if="${result.getCode()==403}" th:text="${result.getMsg()}"></span></td>
    </tr>
    <tr>
    <td>
      <button class="w-100 btnbtn-lg btn-primary" th:type="submit">登      录</button>
    </td>
    </tr>
    </table>
    <p class="mt-5 mb-3 text-muted">&copy; 2010-2022 easybooks
      <span>               </span>
    </p>
    </form>
    </div>
    <script src="https://cdn.jsdelivr.net/npm/bootstrap@5.1.3/dist/js/bootstrap.bundle.min.js" integrity="sha384-ka7Sk0Gln4gmtz2MlQnikT1wXgYsOg+OMhuP+IlRH9sENBO0LRn5q+8nbTov4+1p" crossorigin="anonymous"></script>          <!--应用Bootstrap的初始模板-->
    </body>
    </html>
```

说明：由于登录页比较简单，所以这里不再像首页那样为其设计复杂的头部和尾部，只是简单地套用 Bootstrap 初始模板。为了增强界面的视觉美感，尝试使用 Bootstrap 的 form-floating 样式将用户名、密码输入框呈现为浮动效果。

最终运行程序显示的登录界面如图 9.13 所示。

图 9.13　登录界面

2）登录控制

为在页面头部对登录进来的不同角色用户显示不一样的导航栏，需要进行控制。使用后台返回前端的 Result 响应实体，通过角色 Role 接口中的方法提取当前登录用户的信息，再结合 Thymeleaf 的 th:if/th:unless 条件判断标签，就可以轻松地实现对导航栏显示内容的灵活控制。

在首页 index.html 头部加入代码：

```html
...
<header class="d-flex flex-wrap align-items-center justify-content-center justify-content-md-between py-3 mb-4 border-bottom">
    <a href="/" class="d-flex align-items-center mb-3 mb-md-0 me-md-auto text-dark text-decoration-none">
        <svg class="bi me-2" width="40" height="32"><use xlink:href="#bootstrap"/></svg>
        <span class="fs-4">为华直购</span>
    </a>
    <ul class="nav nav-pills">
        <li class="nav-item" th:unless="${result.getData().getRole().equals('匿名')}"><a th:href="@{/store/index}" class="nav-link active" aria-current="page">首页</a></li>
        <li class="nav-item" th:if="${result.getData().getRole().equals('商家')}"><a th:href="@{/store/com}" class="nav-link">商品管理</a></li>
        <li class="nav-item" th:if="${result.getData().getRole().equals('商家')}"><a th:href="@{/store/board}" class="nav-link">买家留言</a></li>
        <li class="nav-item" th:if="${result.getData().getRole().equals('顾客')}"><a th:href="@{/store/cart}" class="nav-link">购物车</a></li>
        <li class="nav-item" th:if="${result.getData().getRole().equals('顾客')}"><a href="#" class="nav-link">关于我</a></li>
    </ul>
    <div class="col-md-3 text-end">
        <a th:type="button" class="btnbtn-outline-primary me-2" th:if="${result.getData().getRole().equals('匿名')}" th:href="@{/store/login}">登录</a>
        <a th:type="button" class="btnbtn-primary" th:if="${result.getData().getRole().equals('匿名')}" th:href="@{/store/register}">注册</a>
        <span th:text="'欢迎您！'+${result.getData().getName()}" th:if="${result.getData().getRole().equals('顾客')}" style="font-size: x-small"></span>
        <span th:text="'供货商：'+${result.getData().getName()}" th:if="${result.getData().getRole().equals('商家')}" style="font-size: x-small"></span>
        <span>    </span>
        <a th:type="button" class="btnbtn-outline-primary me-2" th:unless="${result.getData().getRole().equals('匿名')}" th:href="@{/store/logout}">注销</a>
    </div>
</header>
...
```

说明：在后面开发"商品管理""购物车"页面的时候，页面头部也用上述代码来控制用户的导航栏。

9.3.7 用户注册

注册功能是专门针对顾客用户的（现实中商家用户信息由平台认证录入），为防止用户输入非法的注册信息，需要添加表单验证功能，使用 Spring Boot 的 Hibernate Validator 验证器实现。

1. 模型添加属性约束

给顾客（User）实体模型增加性别、身份证号、电话等属性，并在其中一些属性上以 Hibernate Validator 注解定义约束条件，修改后的 User 类代码如下：

```java
package com.net.mystore.entity;

import lombok.Data;

import javax.persistence.Entity;
import javax.persistence.Id;
import javax.validation.constraints.NotBlank;
import javax.validation.constraints.Pattern;
import java.util.Date;

@Entity
@Data
public class User implements Role {
    @Id
    @NotBlank(message = "不能为空")
    private String ucode;
    private String upassword;
    @NotBlank(message = "必须输入姓名")
    private String uname;
    private String sex;                    //性别
    @Pattern(regexp = "/(^\\d{15}$)|(^\\d{18}$)|(^\\d{17}(\\d|X|x)$)/",message = "身份证号不合法")
    private String sfznum;                 //身份证号
    private String phone;                  //电话
    private Date logintime;                //最近登录时间

    @Override
    public String getRole() {
        return "顾客";
    }

    @Override
    public String getCode() {
        return this.ucode;
    }

    @Override
    public String getPassword() {
        return this.upassword;
    }

    @Override
    public String getName() {
        return this.uname;
    }
}
```

2. 编写控制器方法

在控制器类 StoreController 中增加 toRegister()、registerEnrol()两个方法，分别用于定向到注册页和

实现注册功能，代码如下：

```java
package com.net.mystore.controller;
...
@Controller
@RequestMapping("store")
public class StoreController {
    @Autowired
    private StoreMapper mapper;
    @Autowired
    private CheckService checkService;              //注入用于登录验证的服务实体
    ...
    @Autowired
    private UserRepository userRepository;          //注入顾客用户的 JPA 接口
    ...
    //全局数据结构
    private List<Category> categoryList;
    ...
    private PageInfo<Commodity> info;
    private String tid;
    private Result result;                          //响应实体
    ...
    private User user;                              //暂存注册用户的数据
    ...
    @GetMapping("/register")
    public String toRegister(Model model) {         //定向到注册页
        model.addAttribute("result", result);
        //为表单录入初始模型
        user = new User();
        user.setUcode("sunrh-phei.net");
        user.setUpassword("abc123");
        user.setUname("孙瑞涵");
        user.setSex("女");
        user.setSfznum("3206231977032800@$");
        user.setPhone("1385156273X");
        model.addAttribute("usr", user);
        return "register";
    }
    ...
    @RequestMapping("/enrol")
    public String registerEnrol(Model model, @ModelAttribute("usr") @Validated
User usr, BindingResultbindingResult) {             //实现注册功能
        if (!bindingResult.hasErrors()) {
            usr.setLogintime(new Date());
            user = usr;
            userRepository.save(usr);               //保存注册用户信息
            result = checkService.check(usr.getCode(), usr.getPassword());
            model.addAttribute("result", result);
            model.addAttribute("categorys", categoryList);
            model.addAttribute("page", info);
            model.addAttribute("tid", tid);
            return "index";                         //注册成功，直接以该账号登录首页
        }
```

```
            return "register";                              //注册失败，返回注册页
        }
        ...
}
```
说明：程序中直接通过顾客 JPA 接口的 save()方法往数据库中保存注册用户的信息，十分便捷。在注册完成后紧接着就调用登录验证服务的 check()方法以新注册的用户账号登录系统。

3. 设计前端页面

与登录页一样，注册页也没有头部和尾部，只简单套用 Bootstrap 初始模板。

在项目 src→main→resources→templates 下创建注册页 register.html，源代码如下：

```html
<!DOCTYPE html>
<html lang="en" xmlns:th="http://             ">
<head>
<meta charset="UTF-8">
<meta name="viewport" content="width=device-width, initial-scale=1">
<link href="https://                  " rel="stylesheet" integrity="sha384-1BmE4kWBq78iYhFldvKuhfTAU6auU8tT94WrHftjDbrCEXSU1oBoqyl2QvZ6jIW3" crossorigin="anonymous">   <!--应用 Bootstrap 的初始模板-->
<style>
        .mylabel {
            margin-top: 8px;
            font-size: large;
            text-align: right;
        }
        .myerr {
            width: 80px;
            font-size: xx-small;
            color: red;
        }
</style>
<title>为华网-注册</title>
<link rel="stylesheet" th:href="@{css/bootstrap.css}">
</head>
<body class="bg-dark bg-opacity-10">
<br>
<div style="text-align: center">
<form th:action="@{/store/enrol}" th:object="${usr}" method="post">
<div class="container">
<div class="row">
<div class="col-md-12">
<h1 class="h3 mb-3 fw-normal">注册信息
<span>        </span>
</h1>
<hr>
</div>
</div>
<div class="row">
<div class="col-md-4"></div>
<div class="col-md-1 mylabel"><span>账   号</span></div>
<div class="col-md-2">
<span th:errors="*{ucode}" class="myerr"></span>
```

```html
            <input th:type="text" th:field="*{ucode}" class="form-control"/>
        </div>
    </div>
    <div class="row">
        <div class="col-md-4"></div>
        <div class="col-md-1 mylabel"><span>密   码</span></div>
        <div class="col-md-2"><input th:type="password" th:field="*{upassword}" class="form-control"/></div>
    </div>
    <div class="row">
        <div class="col-md-4"></div>
        <div class="col-md-1 mylabel"><span>姓   名</span></div>
        <div class="col-md-2">
            <span th:errors="*{uname}" class="myerr"></span>
            <input th:type="text" th:field="*{uname}" class="form-control"/>
        </div>
    </div>
    <div class="row">
        <div class="col-md-4"></div>
        <div class="col-md-1 mylabel"><span>性   别</span></div>
        <div class="col-md-2">
            <select th:field="*{sex}" class="form-control">
                <option selected="selected" value="男">男</option>
                <option value="女">女</option>
            </select>
        </div>
    </div>
    <div class="row">
        <div class="col-md-4"></div>
        <div class="col-md-1 mylabel"><span>身份证</span></div>
        <div class="col-md-2">
            <span th:errors="*{sfznum}" class="myerr"></span>
            <input th:type="text" th:field="*{sfznum}" class="form-control"/>
        </div>
    </div>
    <div class="row">
        <div class="col-md-4"></div>
        <div class="col-md-1 mylabel"><span>电   话</span></div>
        <div class="col-md-2"><input th:type="text" th:field="*{phone}" class="form-control"/></div>
    </div>
    <div class="row">
        <div class="col-md-5"></div>
        <div class="col-md-2"><button class="w-100 btnbtn-lg btn-primary" th:type="submit">注      册</button></div>
    </div>
</div>
<p class="mt-5 mb-3 text-muted">&copy; 2010-2022 easybooks
    <span>                </span>
</p>
```

```
        </form>
    </div>
    <script src="https://cdn.jsdelivr.net/npm/bootstrap@5.1.3/dist/js/bootstrap.
bundle.min.js" integrity="sha384-ka7Sk0Gln4gmtz2MlQnikT1wXgYsOg+OMhuP+IlRH9sENBO0
LRn5q+8nbTov4+1p" crossorigin="anonymous"></script>          <!--应用Bootstrap的初
始模板-->
    </body>
</html>
```

4. 运行效果

运行项目，在匿名状态下单击首页右上方"注册"按钮，在商城系统中注册一个新的顾客账号。为方便测试，程序已自动在表单中录入了一个用户的模型数据，如图9.14所示，读者可试着将账号或姓名栏中的内容删除，单击"注册"按钮后就会看到验证框架给出的提示文字。

图9.14 注册界面

当输入合法的内容注册成功后，页面自动转至首页，显示该用户的导航栏和欢迎信息，同时从数据库 user 表中也可看到新注册的用户记录，如图9.15所示。

图9.15 注册成功后的结果

9.4 商品管理页——增加新商品

▶增加新商品

9.4.1 展示效果

当登录用户的角色为商家时，导航栏上可见"商品管理"项，单击可转至商品管理页，如图9.16

所示。该页面是供商家对商品信息进行管理操作的，这里只演示增加新商品的功能，其余功能的实现与其类似。

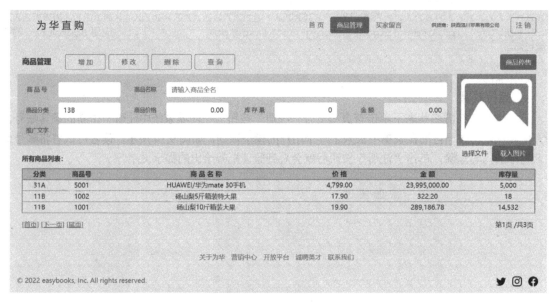

图 9.16　商品管理页

9.4.2　涉及知识点

本功能所涉及的 Spring Boot 知识点及相关技术：JPA 框架实现"一对一"关联、Apache Commons FileUpload 文件上传、PageHelper 分页插件、HTML 5 样式、Bootstrap 布局和 Thymeleaf 标签及对象。

9.4.3　持久层开发

增加的商品信息包含商品记录和商品图片，故涉及对 commodity（商品）和 commodityimage（商品图片）两个表的联动操作，9.2.3 节设计模型时已在这两个表上定义了"一对一"实体关联，持久层还需要分别定义操作这两个表的 JPA 接口。

1. 操作 commodity（商品）表的 JPA 接口

在项目 repository 包中创建 ComRepository 接口，定义如下：

```
package com.net.mystore.repository;

import com.net.mystore.entity.Commodity;
import org.springframework.data.jpa.repository.JpaRepository;

public interface ComRepository extends JpaRepository<Commodity,Integer> {
    Commodity queryByPid(int pid);
}
```

2. 操作 commodityimage（商品图片）表的 JPA 接口

在项目 repository 包中创建 ImgRepository 接口，定义如下：

```
package com.net.mystore.repository;
```

```
import com.net.mystore.entity.Commodityimage;
import org.springframework.data.jpa.repository.JpaRepository;

public interface ImgRepository extends JpaRepository<Commodityimage,Integer> {
    void deleteById(int pid);
}
```

9.4.4 表示层开发

1. 编写控制器方法

在项目控制器类 StoreController 中编写定向到商品管理页、上传/回显商品图片、增加新商品的方法，代码如下：

```
package com.net.mystore.controller;
...
@Controller
@RequestMapping("store")
public class StoreController {
    ...
    @Autowired
    private ComRepository comRepository;          //注入操作商品表的JPA接口
    @Autowired
    private ImgRepository imgRepository;          //注入操作商品图片表的JPA接口
    //全局数据结构
    ...
    private PageInfo<Commodity> info;
    private String tid;
    private Result result;
    private String picname;
    private Commodity commodity;
    private User user;
    //商品图片资源加载器
    private ResourceLoader loader;

    @Autowired
    public StoreController(ResourceLoader loader) {
        this.loader = loader;
    }

    @Value("${web.upload-path}")
    private String uploadpath;                    //商品图片上传目录
    ...
    @GetMapping("/com")
    public String toCom(Model model, @RequestParam(value = "start", defaultValue = "0") int start) {                                  //定向到商品管理页
        model.addAttribute("result", result);
        picname = "up.jpg";                       //初始默认图片（存放于上传目录）
        model.addAttribute("picname", picname);
        PageHelper.startPage(start, 3, "Pid DESC");
        List<Commodity> commodityList = mapper.queryComsAll();
        info = new PageInfo<>(commodityList);
```

【综合】控制器

```java
            model.addAttribute("page", info);

            commodity = new Commodity();
            commodity.setPprice(Float.parseFloat("0.00"));
            commodity.setStocks(0);
            model.addAttribute("commodity", commodity);

            return "com";
        }
        ...
        @RequestMapping("/up")                                          //上传图片
        public String upload(Model model, HttpServletRequest request, @RequestParam
("picfile") MultipartFile mulFile) throws IllegalStateException, IOException {
            if (!mulFile.isEmpty()) {
                String filename = mulFile.getOriginalFilename();
                File filepath = new File(uploadpath + File.separator + filename);
                if (!filepath.getParentFile().exists()) {
                    filepath.getParentFile().mkdirs();
                }
                mulFile.transferTo(filepath);
                picname = filename;
                model.addAttribute("picname", picname);        //暂存图片名用于回显
            }
            model.addAttribute("result", result);
            model.addAttribute("page", info);
            model.addAttribute("commodity", commodity);

            return "com";
        }

        @RequestMapping("/show")
        public ResponseEntity showPicture(String mypic) {     //回显图片
            try {
                //由于读取本机的文件,路径前面必须加上file:
                return ResponseEntity.ok(loader.getResource("file:" + uploadpath +
File.separator + mypic));
            } catch (Exception e) {
                return ResponseEntity.notFound().build();
            }
        }

        @RequestMapping("/add")
        public String addCom(Model model, Commodity com) {    //增加新商品
            model.addAttribute("result", result);
            model.addAttribute("picname", picname);
            //执行联动插入操作
            com.setScode(result.getData().getCode());
            //设置商家编码(来自当前登录商家的账号)
            Commodityimage commodityimage = new Commodityimage();
            commodityimage.setPid(com.getPid());
            try {                                                       //设置商品图片
```

```
                File file = new File(uploadpath + File.separator + picname);
                BufferedImage bufImage = ImageIO.read(file);
                ByteArrayOutputStream stream = new ByteArrayOutputStream();
                ImageIO.write(bufImage, "jpg", stream);
                commodityimage.setImage(stream.toByteArray());
            } catch (IOException e) {
                e.printStackTrace();
            }
            commodityimage.setCommodity(com);
            imgRepository.save(commodityimage);                     //联动插入
            //回显结果
            commodity = comRepository.queryByPid(com.getPid());
            model.addAttribute("commodity", commodity);
            PageHelper.startPage(1, 3, "Pid DESC");
            List<Commodity> commodityList = mapper.queryComsAll();
            info = new PageInfo<>(commodityList);
            model.addAttribute("page", info);

            return "com";
        }
        ...
}
```

2. 开发前端页面

前端页面采用 HTML 5 样式结合 Bootstrap 容器的行列布局功能设计开发。

在项目 src→main→resources→templates 下创建商品管理页 com.html，源代码如下：

```
<!DOCTYPE html>
<html lang="en" xmlns:th="http://                    ">
<head>
<meta charset="UTF-8">
    ...
<style>
        /**"商品管理"文字*/
        .label-row1 {
            margin-top: 14px;
            font-size: 18px;
            font-family: 微软雅黑;
            font-weight: bold;
            text-align: left;
        }
        /**第一行按钮*/
        .button-row1 {
            margin-top: 10px;
        }
        .buttonstyle-row1 {
            width: 100px;
        }
        /**"商品停售"按钮*/
        .buttonsize-shptsh {
            width: 90px;
```

```css
}
/**表单*/
.form {
    margin-top: 10px;
    height: 175px;
    background-color: lightgray;
}
/**表单中的文字*/
.label-form {
    font-size: 14px;
}
/**表单第一行文字*/
.labelform-row1 {
    margin-top: 26px;
    text-align: right;
}
/**表单第二行文字*/
.labelform-row2 {
    margin-top: 18px;
    text-align: right;
}
/**表单第三行文字*/
.labelform-row3 {
    margin-top: 18px;
    text-align: right;
}
/**表单第一行输入框*/
.inputform-row1 {
    margin-top: 20px;
}
/**表单第二行输入框*/
.inputform-row2 {
    margin-top: 12px;
}
/**表单第三行输入框*/
.inputform-row3 {
    margin-top: 12px;
}
/**输入框靠右显示文字*/
.input-right {
    text-align: right;
}
/**"商品分类"下拉选择框*/
.selectform {
    margin-top: 12px;
}
/**图片框*/
.image {
    margin-top: 10px;
    width: 197px;
    height: 175px;
```

```css
            }
            /**"选择文件"按钮*/
            .buttonstyle-file {
                width: 91px;
            }
            /**"载入图片"按钮*/
            .buttonsize-zrtp {
                width: 106px;
            }
            /**"所有商品列表："文字*/
            .labeltitle-table {
                margin-top: 20px;
                font-weight: bold;
                text-align: left;
            }
            /**表格*/
            .table {
                margin-top: 12px;
            }
            .mytbl {
                margin: auto;
                text-align: center;
                width: 1276px;
            }
        </style>
        <title>为华网-商品管理</title>
        <link rel="stylesheet" th:href="@{css/bootstrap.css}">
    </head>
    <body class="bg-dark bg-opacity-10">
    ...
    <main>
    <div class="container">

    <header class="d-flex flex-wrap align-items-center justify-content-center justify-content-md-between py-3 mb-4 border-bottom">
                ...
    </header>

    <div class="container">
    <form th:action="@{/store/add}" th:object="${commodity}" th:method="post">
    <div class="row">
    <div class="col-md-1">
    <div class="label-row1"><span>商品管理</span></div>
    </div>
    <div class="col-md-1">
    <div class="button-row1"><button class="btnbtn-outline-primary me-2 buttonstyle-row1" th:type="submit">增加</button></div>
    </div>
    <div class="col-md-1">
    <div class="button-row1"><button class="btnbtn-outline-primary me-2 buttonstyle-row1">修改</button></div>
```

```html
            </div>
            <div class="col-md-1">
            <div class="button-row1"><button class="btnbtn-outline-primary me-2 buttonstyle-row1">删除</button></div>
            </div>
            <div class="col-md-1">
            <div class="button-row1"><button class="btnbtn-outline-primary me-2 buttonstyle-row1">查询</button></div>
            </div>
            <div class="col-md-6"></div>
            <div class="col-md-1">
            <div class="button-row1"><a class="btnbtn-primary me-2 buttonstyle-row1 buttonsize-shptsh">商品停售</a></div>
            </div>
            </div>
            <div class="row">
            <div class="col-md-10">
            <div class="row">
            <div class="form">
            <div class="row">
            <div class="col-md-1">
            <div class="labelform-row1">
            <span class="label-form">商品号 </span>
            </div>
            </div>
            <div class="col-md-2">
            <div class="inputform-row1">
            <input th:type="text" th:name="pid" th:value="${commodity.pid}" class="form-control input-right">
            </div>
            </div>
            <div class="col-md-1">
            <div class="labelform-row1">
            <span class="label-form">商品名称</span>
            </div>
            </div>
            <div class="col-md-8">
            <div class="inputform-row1">
            <input th:type="text" th:name="pname" th:value="${commodity.pname}" class="form-control" th:placeholder="请输入商品全名">
            </div>
            </div>
            </div>
            <div class="row">
            <div class="col-md-1">
            <div class="labelform-row2">
            <span class="label-form">商品分类</span>
            </div>
            </div>
            <div class="col-md-2">
            <div class="selectform">
```

```html
    <select th:name="tcode" class="form-control">
    <option>11A</option>
    <option>11B</option>
    <option>11G</option>
    <option selected="selected">13B</option>
    <option>31A</option>
    </select>
    </div>
    </div>
    <div class="col-md-1">
    <div class="labelform-row2">
    <span class="label-form">商品价格</span>
    </div>
    </div>
    <div class="col-md-2">
    <div class="inputform-row2">
    <input  th:type="text"  th:name="pprice"  th:value="${#numbers.formatDecimal
(commodity.pprice,1,'COMMA',2,'POINT')}" class="form-control input-right">
    </div>
    </div>
    <div class="col-md-1">
    <div class="labelform-row2">
    <span class="label-form">库存量</span>
    </div>
    </div>
    <div class="col-md-2">
    <div class="inputform-row2">
    <input th:type="text" th:name="stocks" th:value="${commodity.stocks}" class=
"form-control input-right">
    </div>
    </div>
    <div class="col-md-1">
    <div class="labelform-row2">
    <span class="label-form">金额</span>
    </div>
    </div>
    <div class="col-md-2">
    <div class="inputform-row2">
    <input  th:type="text"  th:value="${#numbers.formatDecimal(commodity.pprice*
commodity.stocks,1,'COMMA',2,'POINT')}"  readonly="readonly"  class="form-control
input-right">
    </div>
    </div>
    </div>
    <div class="row">
    <div class="col-md-1">
    <div class="labelform-row3">
    <span class="label-form">推广文字</span>
    </div>
    </div>
    <div class="col-md-11">
```

```html
        <div class="inputform-row3">
        <input th:type="text" th:name="textadv" th:value="${commodity.textadv}" class="form-control">
        </div>
        </div>
        </div>
        </div>
        </div>
        </div>
        <div class="col-md-2">
        <div class="image">
        <imgth:src="'/store/show?mypic='+${picname}" style="width: 197px;height: 175px"/>
        </div>
        </div>
        </div>
        </form>
        <div class="row">
        <div class="col-md-10">
        <div class="labeltitle-table">
        <span>所有商品列表：</span>
        </div>
        </div>
        <div class="col-md-2">
        <form th:action="@{/store/up}" th:method="post" enctype="multipart/form-data" class="d-flex">
        <input th:type="file" th:name="picfile" class="form-control buttonstyle-file">
        <button th:type="submit" th:text="载入图片" class="btnbtn-success buttonsize-zrtp"></button>
        </form>
        </div>
        </div>
        <div class="row">
        <div class="col-md-8">
        <div class="table">
        <table border="1" cellspacing="0" class="mytbl">
        <tr style="background-color: lightblue">
        <th>分类</th>
        <th>商品号</th>
        <th>商品名称</th>
        <th>价格</th>
        <th>金额</th>
        <th>库存量</th>
        </tr>
        <tr th:each="commodity:${page.list}">
        <td><span th:text="${commodity.tcode}"/></td>
        <td><span th:text="${commodity.pid}"/></td>
        <td><span th:text="${commodity.pname}"/></td>
        <td><span th:text="${#numbers.formatDecimal(commodity. pprice,1,'COMMA', 2,'POINT')}"/> </td>
        <td><span th:text="${#numbers.formatDecimal(commodity.pprice*commodity.stocks,1,'COMMA',2,'POINT')}"/></td>
```

```html
<td><span th:text="${#numbers.formatInteger(commodity.stocks,1,'COMMA')}"/></td>
</tr>
</table>
</div>
</div>
</div>
<div class="row">
<div class="col-md-3">
<div style="text-align: left" th:unless="${page.pages==0}">
<a th:href="@{/store/com/(start=1)}">[首页]</a>
<a th:if="${not page.isFirstPage}" th:href="@{/store/com/(start=${page.pageNum-1})}">[上一页]</a>
<a th:if="${not page.isLastPage}" th:href="@{/store/com/(start=${page.pageNum+1})}">[下一页]</a>
<a th:href="@{/store/com/(start=${page.pages})}">[尾页]</a>
</div>
</div>
<div class="col-md-6"></div>
<div class="col-md-3">
<div style="text-align: right">
第<a th:text="${page.pageNum}"></a>页
        /共<a th:text="${page.pages}"></a>页
</div>
</div>
</div>
</div>
<footer class="py--5">
        ...
</footer>
</div>
</main>
...
</body>
</html>
```

【综合】商品管理页

9.4.5 运行

（1）启动项目，访问 http://localhost:8080/store/，单击首页右上方"登录"按钮，进入登录页面，以商家用户 LNDL0A3A/密码 888（大连凯洋世界海鲜有限公司）登录系统。

（2）单击导航栏"商品管理"进入商品管理页，在其上表单中录入一个新商品的各项信息，单击右侧图片框下方的"选择文件"按钮，从弹出的对话框中选择要上传的商品图片，再单击"载入图片"按钮将其加载到页面上。

（3）单击表单顶部"商品管理"栏上的"增加"按钮，就可以将该商品信息添加到数据库中，此时，页面下方列表中会同步刷新显示新增的商品记录，如图 9.17 所示。

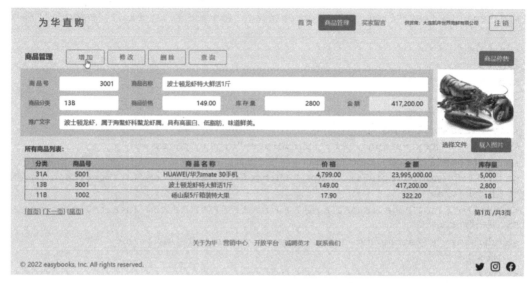

图 9.17 增加商品记录

9.5 购物车页——加入购物车和结算

▶加入购物车和结算

9.5.1 展示效果

当登录用户的角色为顾客时,首页上每个商品的信息项后面会出现一个"加入购物车"按钮,如图 9.18 所示,用户单击它可将对应商品放入自己的购物车。

图 9.18 顾客登录可看到商品信息项后面的"加入购物车"按钮

选择几个商品加入购物车,编者选了洛川红富士、波士顿龙虾和华为手机(读者也可任选其他商品做测试），然后单击导航栏上的“购物车”可转至购物车页，如图 9.19 所示。该页面上部显示的就是用户加入购物车中的商品，对于其中的每一个商品条目，用户都可以通过单击“数量”栏的上下箭头来修改购买数量，通过勾选/取消条目前的复选框来变更要结算的商品。在用户操作某个商品条目时，其金额会随购买数量的变化而变动，而最下方合计的总金额也会相应刷新。

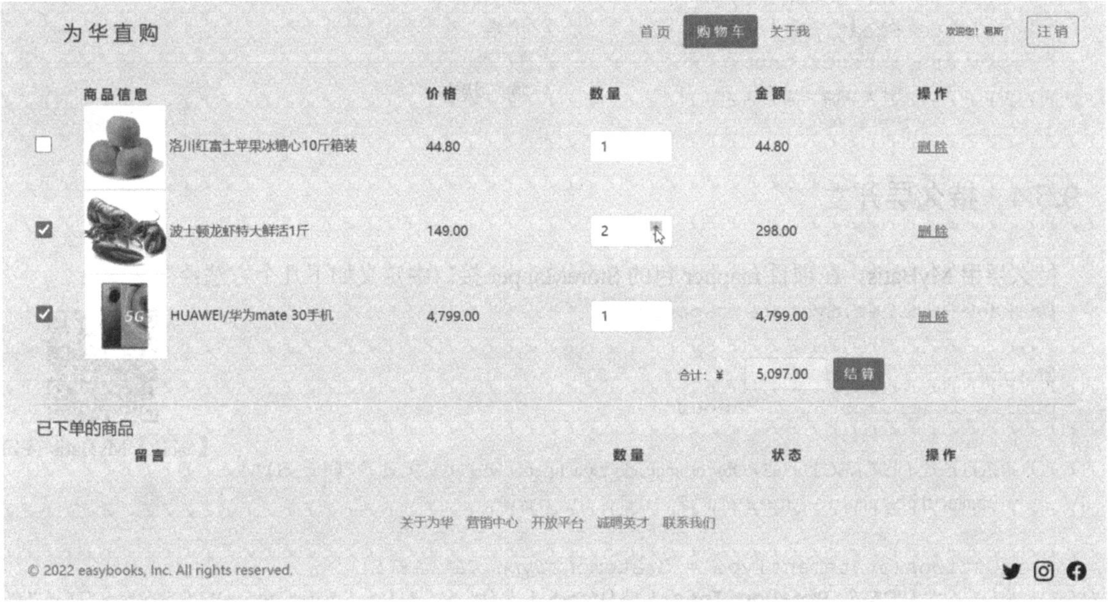

图 9.19　购物车页

结算前，数据库 preshop（购物车）表中的记录如图 9.20 所示。

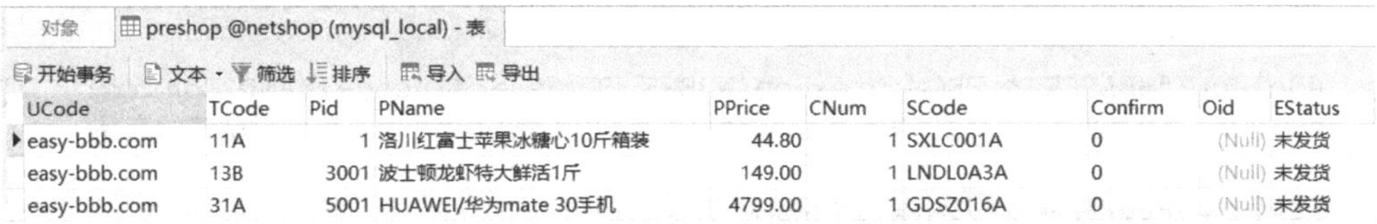

UCode	TCode	Pid	PName	PPrice	CNum	SCode	Confirm	Oid	EStatus
easy-bbb.com	11A	1	洛川红富士苹果冰糖心10斤箱装	44.80	1	SXLC001A	0	(Null)	未发货
easy-bbb.com	13B	3001	波士顿龙虾特大鲜活1斤	149.00	1	LNDL0A3A	0	(Null)	未发货
easy-bbb.com	31A	5001	HUAWEI/华为mate 30手机	4799.00	1	GDSZ016A	0	(Null)	未发货

图 9.20　结算前 preshop 表中的记录

9.5.2　涉及知识点

本功能所涉及的 Spring Boot 知识点及相关技术：MyBatis 执行存储过程、@Transactional 事务、JavaEE 三层架构、HTML 5 页面 JS 应用。

9.5.3　设计模型

因为购物车页显示的内容来自 preshop（购物车）表，故要对其设计模型。

在项目 entity 包中创建 Preshop 类，代码如下：

```
package com.net.mystore.entity;

import lombok.Data;
```

```java
@Data
public class Preshop {
    private Integer pid;              //商品号
    private Boolean confirm;          //确认购物
    private String pname;             //商品名称
    private Float pprice;             //价格
    private Integer cnum;             //数量
    private String estatus;           //物流状态
}
```

9.5.4 持久层开发

持久层用 MyBatis，在项目 mapper 包的 StoreMapper 接口中定义如下几个方法：

```java
package com.net.mystore.mapper;
...
@Mapper
public interface StoreMapper {
    ...
    @Select("SELECT * FROM commodityimage WHERE Pid = #{pid}")
    Commodityimage queryImgByPid(int pid);

    @Options(statementType = StatementType.CALLABLE)
    @Select("CALL Preshop_Insert(#{ucode},#{pid},#{yes,jdbcType=BIT,mode=OUT})")
    void insertComToPreshop(String ucode, int pid);     //加入购物车（用存储过程）

    @Select("SELECT * FROM preshop WHERE UCode = #{ucode} AND Confirm = 0")
    List<Preshop> queryPresByUCode(String ucode);       //查询购物车中的商品

    @Select("SELECT * FROM preshop WHERE UCode = #{ucode} AND Confirm = 1")
    List<Preshop> queryCfmsByUCode(String ucode);       //查询已结算的商品

    @Select("SELECT MAX(Oid)+1 FROM orders")
    int getOid();                                       //生成订单号

    @Insert("INSERT INTO orders(Oid, UCode, PayMoney, PayTime) VALUES(#{oid}, #{ucode}, #{paymoney}, NOW())")
    int insertOrder(@Param("oid") int oid, @Param("ucode") String ucode,
@Param("paymoney") float paymoney);                     //向订单表添加新产生的订单

    @Update("UPDATE commodity SET Stocks=Stocks-#{cnum} WHERE Pid = #{pid}")
    int updateStocks(@Param("pid") int pid, @Param("cnum") int cnum);
                                                        //更新商品库存

    @Update("UPDATE preshop SET CNum=#{cnum}, Confirm=1, Oid=#{oid} WHERE UCode = #{ucode} AND Pid = #{pid}")
    int confirmPreshop(@Param("ucode") String ucode, @Param("pid") int pid,
@Param("cnum") int cnum, @Param("oid") int oid);        //填写购买数量和订单号、置确认位
}
```

【综合】MyBatis 接口

本功能需要 MyBatis 执行存储过程 Preshop_Insert 来完成加入购物车操作，该存储过程的定义代码如下：

```sql
CREATE PROCEDURE Preshop_Insert(IN myUCodechar(16), IN myPid int, OUT Yes bit)
BEGIN
    DECLARE transErr int DEFAULT 0;
    DECLARE CONTINUE HANDLER FOR SQLEXCEPTION SET transErr =1;
    START TRANSACTION;
    SELECT TCode, PName, PPrice, SCode INTO @tcode, @pname, @pprice, @scode
        FROM commodity WHERE Pid = myPid;
    INSERT INTO preshop(UCode, TCode, Pid, PName, PPrice, SCode)
        VALUES(myUCode, @tcode, myPid, @pname, @pprice, @scode);
    IF transErr=1 THEN
        ROLLBACK;
        SET Yes = 0;
    ELSE
        COMMIT WORK;
        SET Yes = 1;
    ENDIF;
END;
```

通过 Navicat Premium 查询窗口输入以上代码并运行，即可创建 Preshop_Insert 存储过程。

9.5.5 业务层开发

下单结算过程是一个逻辑严密的业务过程，所以必须专门开发业务层来实现，且所有的操作都必须置于一个事务中以确保完整一致性。

在项目 service 包中开发业务层逻辑。

1. 定义业务接口

业务接口 OrderService 定义如下：

```java
package com.net.mystore.service;

import com.net.mystore.entity.Preshop;

import java.util.List;

public interface OrderService {
    public void payOrder(String ucode, List<Preshop> preshopList);
}
```

说明：接口中只有一个 payOrder()方法，传入两个参数，ucode 是当前执行结算操作的用户账号，preshopList 是要结算的购物车商品条目列表数据。

2. 开发服务实体

业务接口的实现类 OrderServiceImpl 的代码如下：

```java
package com.net.mystore.service;

import com.net.mystore.entity.Preshop;
import com.net.mystore.mapper.StoreMapper;
import org.springframework.beans.factory.annotation.Autowired;
import org.springframework.stereotype.Service;
import org.springframework.transaction.annotation.Transactional;
```

```
import java.util.List;

@Service
public class OrderServiceImpl implements OrderService {
    @Autowired
    StoreMapper mapper;                          //注入MyBatis接口

    @Override
    @Transactional                               //声明该业务方法放在一个事务中
    public void payOrder(String ucode, List<Preshop> preshopList) {
        //确定订单号
        int oid = mapper.getOid();
        //确认购物及更新库存
        for (int i = 0; i<preshopList.size(); i++) {
            if (preshopList.get(i).getConfirm()) {
                mapper.confirmPreshop(ucode,       preshopList.get(i).getPid(),
preshopList.get(i).getCnum(), oid);
                mapper.updateStocks(preshopList.get(i).getPid(), preshopList.
get(i).getCnum());
            }
        }
        //生成订单
        float total = 0;
        for (int i = 0; i<preshopList.size(); i++) {
            if (preshopList.get(i).getConfirm()) {
                total += preshopList.get(i).getPprice() * preshopList.get(i).
getCnum();
            }
        }
        mapper.insertOrder(oid, ucode, total);
    }
}
```

9.5.6 表示层开发

1. 编写控制器方法

在项目控制器类 StoreController 中编写定向到购物车页、加入购物车、变更要结算的商品、修改购买数量、下单结算等方法，代码如下：

```
package com.net.mystore.controller;
...
@Controller
@RequestMapping("store")
public class StoreController {
    @Autowired
    private StoreMapper mapper;                         //注入持久层接口
    @Autowired
    private CheckService checkService;
    @Autowired
    private OrderService orderService;                  //注入业务层下单结算服务实体
```

```java
...
//全局数据结构
        private List<Category> categoryList;
        private List<Preshop> preshopList;                          //购物车未结算的商品列表
        private List<Preshop> cfmShopList;                          //已下单结算过的商品列表
        private PageInfo<Commodity> info;
        private String tid;
        private Result result;
...
        @GetMapping("/cart")
        public String toCart(Model model) {                         //定向到购物车页
            model.addAttribute("result", result);
            preshopList = mapper.queryPresByUCode(result.getData().getCode());
            model.addAttribute("preshops", preshopList);
            cfmShopList = mapper.queryCfmsByUCode(result.getData().getCode());
            model.addAttribute("cfmshops", cfmShopList);
            model.addAttribute("total", 0);
            model.addAttribute("msg", new Msg());
            return "cart";
        }

        @RequestMapping("/addtocart")
        public String addToCart(Model model, int pid) {   //加入购物车
            mapper.insertComToPreshop(result.getData().getCode(), pid);
            model.addAttribute("result", result);
            model.addAttribute("categorys", categoryList);
            model.addAttribute("page", info);
            model.addAttribute("tid", tid);
            return "index";
        }

        @RequestMapping("/changeconfirm")
        public String changeConfirm(Model model, int pid) {          //变更要结算的商品
            model.addAttribute("result", result);
            for (int i = 0; i<preshopList.size(); i++) {
                if (preshopList.get(i).getPid() == pid) {
                    if  (!preshopList.get(i).getConfirm())  preshopList.get(i).setConfirm(true);
                    else preshopList.get(i).setConfirm(false);
                    break;
                }
            }
            model.addAttribute("preshops", preshopList);
            model.addAttribute("cfmshops", cfmShopList);
            float total = 0;
            for (int i = 0; i<preshopList.size(); i++) {
                if (preshopList.get(i).getConfirm()) {
                    total += preshopList.get(i).getPprice() * preshopList.get(i).getCnum();                                                                    //累加金额
                }
            }
```

```java
            model.addAttribute("total", total);
            model.addAttribute("msg", new Msg());
            return "cart";
        }

        @RequestMapping("/changecnum")
        public String changeCnum(Model model, int pid, int cnum) {        //修改购买数量
            model.addAttribute("result", result);
            for (int i = 0; i<preshopList.size(); i++) {
                if (preshopList.get(i).getPid() == pid) {
                    preshopList.get(i).setCnum(cnum);
                    break;
                }
            }
            model.addAttribute("preshops", preshopList);
            model.addAttribute("cfmshops", cfmShopList);
            float total = 0;
            for (int i = 0; i<preshopList.size(); i++) {
                if (preshopList.get(i).getConfirm()) {
                    total += preshopList.get(i).getPprice() * preshopList.get(i).getCnum();
                }
            }
            model.addAttribute("total", total);         //刷新合计金额
            model.addAttribute("msg", new Msg());
            return "cart";
        }

        @RequestMapping("/pay")
        public String payOrder(Model model) {               //下单结算
            model.addAttribute("result", result);
            orderService.payOrder(result.getData().getCode(), preshopList);
            preshopList = mapper.queryPresByUCode(result.getData().getCode());
            model.addAttribute("preshops", preshopList);
            cfmShopList = mapper.queryCfmsByUCode(result.getData().getCode());
            model.addAttribute("cfmshops", cfmShopList);
            model.addAttribute("total", 0);
            model.addAttribute("msg", new Msg());
            return "cart";
        }
        ...
        @RequestMapping("/getpic")
        public ResponseEntity getPicture(int pid) {
            ResponseEntity.BodyBuilder builder = ResponseEntity.ok();
            return builder.body(mapper.queryImgByPid(pid).getImage());
        }
    }
```

2. 开发前端页面

前端页面采用 HTML 5/Thymeleaf/Bootstrap 设计开发。其中，当用户变更结算商品及修改数量时，金额的动态变化通过 JS 函数实现。

在项目 src→main→resources→templates 下创建购物车页 cart.html，源代码如下：

```html
<!DOCTYPE html>
<html lang="en" xmlns:th="http://                    ">
<head>
<meta charset="UTF-8">
    ...
<style>
        /**购物车条目表*/
        .mytbl {
            margin: auto;
            text-align: left;
            width: 1276px;
        }
        /**购买数量设置框*/
        .number-input {
            width: 100px;
        }
</style>
<title>为华网-购物车</title>
<link rel="stylesheet" th:href="@{css/bootstrap.css}">
</head>
<body class="bg-dark bg-opacity-10">
...
<main>
<div class="container">

<header class="d-flex flex-wrap align-items-center justify-content-center justify-content-md-between py-3 mb-4 border-bottom">
            ...
</header>

<div class="container">
<div class="row">
<div class="col-md-12">
<table class="mytbl">
<tr>
<th></th>
<th>商品信息</th>
<th>价格</th>
<th>数量</th>
<th>金额</th>
<th>操作</th>
</tr>
<tr th:each="preshop:${preshops}">
<td style="width: 60px">
    <input th:type="checkbox" th:checked="${preshop.confirm}" th:value="${preshop.pid}" class="check-box" style="height: 20px;width: 20px" th:id="curbox" onchange="changeConfirm(this)">          <!--勾选/取消条目时执行 JS 函数-->
    </td>
    <td>
    <img th:src="'/store/getpic?pid='+${preshop.pid}" style="height: 100px;width: 100px;"/>
```

```html
        <span th:text="${preshop.pname}"/>
    </td>
    <td style="width: 200px">
        <span th:text="${#numbers.formatDecimal(preshop.pprice,1,'COMMA',2,'POINT')}"/>
    </td>
    <td style="width: 200px">
        <input  th:type="number"  th:value="${preshop.cnum}"  th:id="${preshop.pid}"
th:min="1" class="form-control number-input" onchange="changeCnum(this)">
                            <!--修改数量时执行 JS 函数-->
    </td>
    <td style="width: 200px">
        <span th:text="${#numbers.formatDecimal(preshop.pprice*preshop.cnum,1,'COMMA',
2,'POINT')}"/>
    </td>
    <td style="width: 200px">
        <a href="#">删除</a>
    </td>
    <script>              <!--定义 JS 函数-->
                        function changeConfirm(cbx) {
window.open("/store/changeconfirm?pid=" + cbx.value, "_self");
                        }
                        function changeCnum(nbx) {
window.open("/store/changecnum?pid=" + nbx.id + "&cnum=" + nbx.value, "_self");
                        }
    </script>
    </tr>
    </table>
    </div>
    </div>
    <div class="row">
    <div class="col-md-7"></div>
    <div class="col-md-1">
    <div style="margin-top: 8px;text-align: right">
    <span th:text="&quot;合计：￥&quot;" style="font-size: 14px"/>
    </div>
    </div>
    <div class="col-md-1">
    <input  th:type="text"  th:value="${#numbers.formatDecimal(total,1,'COMMA',2,
'POINT')}" readonly="readonly" style="width: 100px" class="form-control">
    </div>
    <div class="col-md-2">
    <a th:href="@{/store/pay}" class="btnbtn-primary">结算</a>
    </div>
    <div class="col-md-1"></div>
    </div>
    <hr>
    <h5>已下单的商品</h5>
    <div class="row">
    <div class="col-md-12">
    <table class="mytbl">
    <tr>
    <th></th>
    <th></th>
```

```html
<th>
                       
    留言
</th>
<th>数量</th>
<th>状态</th>
<th>操作</th>
</tr>
<tr th:each="cfmshop:${cfmshops}">
<td></td>
<td>
    <img th:src="'/store/getpic?pid='+${cfmshop.pid}" style="height: 100px;width: 100px;"/>
    <span th:text="${cfmshop.pname}"/>
</td>
<td style="width: 300px">
    <form th:action="@{/store/msg}" th:object="${msg}" method="post" class="d-flex">
    <input th:type="text" th:field="*{text}" style="width: 250px" class="form-control">
    <input th:type="submit" value="↑" class="btnbtn-outline-primary me-2">
    </form>
</td>
<td style="width: 200px">
    <input th:type="text" th:value="${cfmshop.cnum}" readonly="readonly" style="width: 100px" class="form-control">
</td>
<td style="width: 200px">
    <input th:type="text" th:value="${cfmshop.estatus}" readonly="readonly" style="width: 100px" class="form-control">
</td>
<td style="width: 200px">
    <a href="#">退货</a>
</td>
</tr>
</table>
</div>
</div>
</div>

<footer class="py--5">
        ...
</footer>
</div>
</main>
...
</body>
</html>
```

【综合】购物车页

9.5.7 运行

（1）启动项目，访问 http://localhost:8080/store/，单击首页右上方的"登录"按钮，进入登录页面，以顾客用户 easy-bbb.com/密码 abc123（易斯）登录系统。

（2）单击导航栏"购物车"进入该用户的购物车页，可看到其购物车中存放的商品条目，如图 9.21 所示。

图 9.21　用户购物车中的商品条目

（3）选择要结算的商品并设置购买数量（编者选择波士顿龙虾 2 斤、华为手机 1 部），单击"结算"按钮执行下单结算操作，完成后参与此次结算的商品条目被移至下方"已下单的商品"列表中，如图 9.21 所示。

此时查看数据库，可见购物车表中已下单的两条商品记录已被正确填写了购买数量（CNum）、订单号（Oid）并置了购物确认（Confirm）位，订单表中生成了一条新的订单记录，而商品表中对应商品的库存也发生了一致的变化，如图 9.22 所示。

图 9.22　结算完成数据一致

9.6 买家留言

▶买家留言

9.6.1 展示效果

在下单结算之后，对"已下单的商品"列表中的每个商品条目项都有一个"留言"栏，供顾客在其中输入留言，向商家提出一些额外的要求，如图9.23所示；这样，商家登录之后就可以看到留言并及时满足顾客的需求，如图9.24所示。这也是目前各大电商网站通行的互动方式。

图 9.23　顾客给商家留言

图 9.24　商家看到留言

9.6.2 实现方式——RabbitMQ

采用 RabbitMQ 异步消息来实现买家留言功能。前提是在系统中安装了 RabbitMQ 消息中间件并启动为 Windows 服务，这些在本书前面章节都有详细介绍，这里不再赘述。

9.6.3 编程开发

1. 定义消息实体

在项目 entity 中创建消息实体类 Msg.java，定义如下：

```
package com.net.mystore.entity;

import lombok.Data;
```

```
@Data
public class Msg {
    private String text;
}
```

实体类的 text 属性存储消息的内容。

2. 开发接收器

在项目 com.net.mystore 下创建 component 包，在其中创建接收器类 Receiver.java，代码如下：

```
package com.net.mystore.component;

import org.springframework.amqp.rabbit.annotation.RabbitListener;
import org.springframework.stereotype.Component;

@Component
public class Receiver {
    private String text;

    @RabbitListener(queues = "买家留言")
    public void receiveMsg(String message) {
        this.text = message;
    }

    public String getText() {
        return this.text;
    }
}
```

3. 编写控制器方法

在项目控制器类 StoreController 中要编写两个方法：

（1）sendMsg()方法用 RabbitTemplate 模板向 RabbitMQ 发消息。

（2）toBoard()方法则定向到"买家留言"页面，将从接收器获取到的消息内容解析后呈现在页面上。

代码如下：

```
package com.net.mystore.controller;
...
@Controller
@RequestMapping("store")
public class StoreController {
    ...
    @Autowired
    private RabbitTemplate rabbitTemplate;           //注入 RabbitTemplate 模板
    @Autowired
    private Receiver receiver;                       //注入接收器
    //全局数据结构
    private List<Category> categoryList;
    private List<Preshop> preshopList;               //购物车未结算的商品列表
    private List<Preshop> cfmShopList;               //已下单结算过的商品列表
    ...
    private Result result;
    ...
    @Bean
```

【综合】控制器

```java
        public Queue myQueue() {                         //创建消息队列
            return new Queue("买家留言");
        }
        ...
        @GetMapping("/board")
        public String toBoard(Model model) {             //定向到"买家留言"页面
            model.addAttribute("result", result);
            String text = receiver.getText();            //接收消息
            //解析消息内容
            if (text != null && text != "") {
                model.addAttribute("text", text.split("&")[0]);
                model.addAttribute("name", text.split("&")[1]);
            } else {
                model.addAttribute("text", "");
                model.addAttribute("name", "");
            }
            return "board";
        }
        ...
        @RequestMapping("/msg")
        public String sendMsg(Model model, Msg msg) {    //发送消息
            if (msg.getText() != null &&msg.getText() != "") {
                msg.setText(msg.getText() + "&" + result.getData().getName());
                rabbitTemplate.send(" 买 家 留 言 ", new Message(msg.getText().getBytes()));
                                                         //将留言内容封装为Message实体
                msg.setText("");
            }
            model.addAttribute("msg", msg);
            model.addAttribute("result", result);
            model.addAttribute("preshops", preshopList);
            model.addAttribute("cfmshops", cfmShopList);
            model.addAttribute("total", 0);
            return "cart";
        }
        ...
    }
```

4. 开发前端页面

在项目 src→main→resources→templates 下创建 board.html，代码如下：

```html
<!DOCTYPE html>
<html lang="en" xmlns:th="http://          ">
<head>
<meta charset="UTF-8">
<meta name="viewport" content="width=device-width, initial-scale=1">
<link  href="https://          
  " rel="stylesheet" integrity="sha384-1BmE4kWBq78iYhFldvKuhfTAU6auU8tT94WrHftjDbrCEXSU1oBoqyl2QvZ6jIW3" crossorigin="anonymous">
<title>为华网-买家留言</title>
<link rel="stylesheet" th:href="@{css/bootstrap.css}">
</head>
```

```html
<body class="bg-dark bg-opacity-10">
<br>
<div style="text-align: center">
<table style="text-align: center;width: 400px;margin: auto">
<h1 class="h3 mb-3 fw-normal">留言板</h1>
<hr>
<tr style="background-color: darkgray">
<th>消息</th>
<th>来自</th>
</tr>
<tr style="background-color: lightgray">
<td style="width: auto"><span th:text="${text}"></span></td>
<td style="width: 100px"><span th:text="${name}"></span></td>
</tr>
</table>
<p class="mt-5 mb-3 text-muted">&copy; 2010-2022 easybooks</p>
</div>
<script src="https://cdn.jsdelivr.net/npm/bootstrap@5.1.3/dist/js/bootstrap.bundle.min.js" integrity="sha384-ka7Sk0Gln4gmtz2MlQnikT1wXgYsOg+OMhuP+IlRH9sENBO0LRn5q+8nbTov4+1p" crossorigin="anonymous"></script>
</body>
</html>
```

这样，留言功能就完成了。商家用户登录后，单击导航栏"买家留言"即可进入留言板（"买家留言"页面）查看留言内容。

9.7 活跃用户刷新

▶活跃用户刷新

9.7.1 功能描述

实际应用中，往往有大量用户同时在线，为提高性能，系统必须采用一种机制随时记录每个用户最近的一次操作，以便甄别出活跃用户，优先满足他们的需求。在 user 表中，我们设计了 LoginTime 和 OnLineYes 两个字段，分别用于记录用户登录后最近一次操作的时间及当前是否活跃。某个用户操作了一次页面，系统就会刷新其 LoginTime 的内容为当前时刻，同时将 OnLineYes 置为 1，如图 9.25 所示。

LoginTime	OnLineYes
2021-12-01 08:16:55	0
2022-01-24 19:49:24	1
2022-01-24 01:39:27	0

图 9.25 user 表中标示用户活跃度的字段

9.7.2 实现方式——Spring AOP

由于用户的不同操作代码分散于系统各功能模块的方法中，如果处处都加入相同的刷新代码肯定不利于维护，显然，此功能最适合用 AOP 来实现。

9.7.3 编程开发

1. 开发持久层

对数据库的刷新需要通过持久层去执行，故先来开发持久层。

（1）在项目 repository 包中创建 AopRepository 接口，定义如下：

```java
package com.net.mystore.repository;

import com.net.mystore.entity.User;

public interface AopRepository {
    public int setOnLine(User user);
}
```

其中的 setOnLine()方法就是执行刷新操作的。

（2）创建 AopRepository 接口的实现类 AopRepositoryImpl，代码如下：

```java
package com.net.mystore.repository;

import com.net.mystore.entity.User;
import org.springframework.beans.factory.annotation.Autowired;
import org.springframework.jdbc.core.JdbcTemplate;
import org.springframework.stereotype.Repository;

import java.text.SimpleDateFormat;
import java.util.Date;

@Repository
public class AopRepositoryImpl implements AopRepository {
    @Autowired
    private JdbcTemplate jdbcTemplate;

    @Override
    public int setOnLine(User user) {
        try {
            String sql = "UPDATE user SET LoginTime = ?,OnLineYes = 1 WHERE UCode = ?";

            Date now = new Date();
            SimpleDateFormat sdf = new SimpleDateFormat();
            sdf.applyPattern("yyyy-MM-dd HH:mm:ss");
            String loginTime = sdf.format(now);
            String uCode = user.getUcode();
            int rows = jdbcTemplate.update(sql, loginTime, uCode);
            return rows;
        } catch (Exception e) {
            e.printStackTrace();
            return 0;
        }
    }
}
```

2. 开发业务层

本功能开发业务层不像通常那样是为了封装业务逻辑,而是为了提供一个标准的服务实体供切点使用,以便将切面更贴合地"织入"系统中存在很大差异(如参数、路径)的各方法中。

在项目 service 包中创建 AopService 类,代码如下:

```
package com.net.mystore.service;

import com.net.mystore.entity.User;
import org.springframework.stereotype.Service;

@Service
public class AopService {
    public void activateUser(User user) {      //通用方法(有着标准的参数)
    }
}
```

3. 开发切面

有了上面的持久层和业务层做铺垫,切面的开发就变得简单多了。

在项目 com.net.mystore 下创建 interceptor 包,在其中创建拦截器 MyInterceptor 类,代码如下:

```
package com.net.mystore.interceptor;

import com.net.mystore.entity.User;
import com.net.mystore.repository.AopRepository;
import org.aspectj.lang.JoinPoint;
import org.aspectj.lang.annotation.After;
import org.aspectj.lang.annotation.Aspect;
import org.aspectj.lang.annotation.Pointcut;
import org.springframework.beans.factory.annotation.Autowired;

@Aspect
public class MyInterceptor {
    @Autowired
    private AopRepository aopRepository;   //注入持久层接口

    @Pointcut("execution(* com.net.mystore.service.AopService.activateUser(..))")
    public void pointActivate() {
    }                                       //切点绑定的是业务层服务实体中的通用方法

    @After("(pointActivate() &&args(user))")
    public void setOnLine(JoinPoint point, User user) {
        Object[] args = point.getArgs();
        aopRepository.setOnLine(user);
    }                                       //定义后置通知
}
```

4. 注册 AOP 切面

在项目启动类中注册 AOP 切面,修改 MystoreApplication.java 的代码如下:

```
package com.net.mystore;

import com.net.mystore.interceptor.MyInterceptor;
import org.springframework.boot.SpringApplication;
import org.springframework.boot.autoconfigure.SpringBootApplication;
```

```
import org.springframework.context.annotation.Bean;

@SpringBootApplication
public class MystoreApplication {
    @Bean                                           //注册切面
    public MyInterceptor getMyInterceptor() {
        return new MyInterceptor();
    }

    public static void main(String[] args) {
        SpringApplication.run(MystoreApplication.class, args);
    }
}
```

5. 使用 AOP

在系统中所有需要 AOP 功能的地方简单地调用业务层服务实体的通用 activateUser()方法，即可织入切面，实现 AOP 操作。

例如，若想在用户操作"加入购物车"和"结算"功能后执行 AOP，只需要修改控制器中的方法，添加如下加粗语句：

```
package com.net.mystore.controller;
...
@Controller
@RequestMapping("store")
public class StoreController {
    @Autowired
    private StoreMapper mapper;
    @Autowired
    private CheckService checkService;
    @Autowired
    private OrderService orderService;
    @Autowired
    private AopService aopService;                              //注入 AOP 服务实体
    ...
    //全局数据结构
    private List<Category> categoryList;
    private List<Preshop> preshopList;
    private List<Preshop> cfmShopList;
    private PageInfo<Commodity> info;
    private String tid;
    private Result result;
    ...
    @RequestMapping("/addtocart")
    public String addToCart(Model model, int pid) {              //加入购物车
        mapper.insertComToPreshop(result.getData().getCode(), pid);
        model.addAttribute("result", result);
        model.addAttribute("categorys", categoryList);
        model.addAttribute("page", info);
        model.addAttribute("tid", tid);
        aopService.activateUser((User) result.getData());        //使用 AOP
        return "index";
    }
```

【综合】控制器

```
...
@RequestMapping("/pay")
public String payOrder(Model model) {                            //结算
    model.addAttribute("result", result);
    orderService.payOrder(result.getData().getCode(), preshopList);
    preshopList = mapper.queryPresByUCode(result.getData().getCode());
    model.addAttribute("preshops", preshopList);
    cfmShopList = mapper.queryCfmsByUCode(result.getData().getCode());
    model.addAttribute("cfmshops", cfmShopList);
    model.addAttribute("total", 0);
    model.addAttribute("msg", new Msg());
    aopService.activateUser((User) result.getData());            //使用 AOP
    return "cart";
}
...
}
```

运行项目，登录后每当用户操作"加入购物车"或"结算"功能时，都会触发 AOP 去刷新数据库 user 表的 LoginTime 和 OnLineYes 字段。当然，读者还可以试验在其他操作中也引入 AOP 功能。

第二部分　网络文档

习题及参考答案部分

习题 1 及参考答案

一、选择题
共 10 题
二、简答题
共 5 题
参考答案

习题 2 及参考答案

一、选择题
共 6 题
二、简答题
共 4 题
参考答案

习题 3 及参考答案

一、选择题
共 3 题
二、编程题
共 1 题
三、简答题
共 4 题
参考答案

习题 4 及参考答案

简答题
共 5 题
参考答案

习题 5 及参考答案

一、选择题
共 5 题

二、简答题

共 5 题

参考答案

习题 6 及参考答案

简答题

共 3 题

参考答案

习题 7 及参考答案

一、选择题

共 3 题

二、编程题

共 1 题

三、简答题

共 2 题

参考答案

习题 8 及参考答案

简答题

共 4 题

参考答案

习题 9 及参考答案

简答题

共 3 题

参考答案

实验部分

实验 1

【实验 1.1】～【实验 1.8】

实验 2

【实验 2.1】～【实验 2.4】

实验 3

【实验 3.1】～【实验 3.4】

实验 4

【实验 4.1】～【实验 4.4】

实验 5

【实验 5.1】～【实验 5.5】

实验 6

【实验 6.1】～【实验 6.2】

实验 7

【实验 7.1】～【实验 7.2】

实验 8

【实验 8.1】～【实验 8.3】

综合应用实习

实习任务包含 10 个方面的内容

本书所有网络文档，请登录电子工业出版社华信教育资源网免费下载浏览。